常压页岩气地质特征与形成富集主控因素

——以彭水及邻区五峰组—龙马溪组为例

翟常博　邓　模　杨振恒　等著

地质出版社

·北　京·

内容提要

常压页岩气分布面积广，资源潜力大，已成为我国天然气勘探开发中一种重要的资源类型。本书从齐岳山断裂两侧五峰组—龙马溪组页岩特征对比入手，系统分析了以彭水地区五峰组—龙马溪组为代表的常压页岩气基本地质特征，包括优质页岩纵横向展布、成烃生物组合、有机地化特征、储集空间特征以及构造保存条件等，明确了典型常压与超压页岩气藏地质特征的异同。通过开展模拟实验，建立了页岩生排滞烃模式，揭示了沉降-抬升过程中滞留气量变化规律，总结了常压页岩气富集主控因素，针对复杂构造区页岩气勘探选区提出了建议。本书可供从事页岩气勘探开发的科研人员参考，也可供高等院校相关专业的师生阅读使用。

图书在版编目（CIP）数据

常压页岩气地质特征与形成富集主控因素：以彭水及邻区五峰组—龙马溪组为例／翟常博等著. —北京：地质出版社，2023. 7

ISBN 978-7-116-13199-6

Ⅰ. ①常… Ⅱ. ①翟… Ⅲ. ①油页岩—石油天然气地质—研究—中国 Ⅳ. ①P618. 130. 2

中国版本图书馆 CIP 数据核字（2022）第 119023 号

CHANGYA YEYANQI DIZHI TEZHENG YU XINGCHENG FUJI ZHUKONG YINSU

责任编辑：刘云龙　张玉洁
责任校对：张　冬
出版发行：地质出版社
社址邮编：北京市海淀区学院路 31 号，100083
电　　话：（010）66554528（邮购部）；（010）66554643（编辑室）
网　　址：https：//www. gph. clmpg. com
传　　真：（010）66554686
印　　刷：北京地大彩印有限公司
开　　本：787mm×1092mm　1/16
印　　张：11. 5
字　　数：300 千字
版　　次：2023 年 7 月北京第 1 版
印　　次：2023 年 7 月北京第 1 次印刷
定　　价：68. 00 元
书　　号：ISBN 978-7-116-13199-6

序

在“双碳”目标下，天然气在未来能源中的地位与作用明显提高。中国将迎来一个天然气快速发展时期，国内天然气增储上产压力进一步增大。页岩气资源潜力大，是增储上产的重要领域。

“十三五”期间，中国页岩气探明地质储量、产量呈现跨越式增长，目前页岩气产量仅次于美国，跃居全球第二位。从页岩气探明储量的分布来看，大部分页岩气都集中在盆地内，以超压型页岩气藏为主。随着页岩气开发的不断推进，涪陵、长宁、威远等超压页岩气田开采难度不断增加，面临的发展压力日趋凸显。四川盆地外围广大地区志留系、寒武系、二叠系等的富有机质页岩广泛叠置分布，埋深适中，资源前景广阔，但由于构造复杂，现今多以常压、负压为主，与超压页岩气藏相比，表现为资源丰度低、吸附气占比高、初期产量低、整体递减慢的特点。2020 年，中国石化在涪陵页岩气田东胜-平桥西提交了近 2000×10^{8} m^{3} 的五峰组—龙马溪组页岩气探明储量，发现了国内首个探明且投入商业开发的规模常压页岩气区，标志着常压页岩气已成为中国能源版图中重要的一种资源类型。

彭水武隆地区五峰组—龙马溪组是四川盆地外围常压、负压页岩气的典型代表。常压区和超压区五峰组—龙马溪组页岩静态地质特征的差异性、沉降-抬升过程中页岩生烃、储层如何协同演化？生烃演化过程对页岩滞留气量如何控制？这些基础性的问题目前还没有得到很好解决，导致对常压负压页岩气形成富集规律认识不清。

针对上述问题，翟常博、邓模等人的年轻团队近年来在前人研究的基础上持续攻关，利用超显微有机岩石学对五峰组—龙马溪组的成烃生物开展了系统识别与鉴定，利用高分辨率场发射扫描电镜和 FIB-SEM 三维重构技术，开展常压页岩储层孔隙结构表征；选取海相低熟页岩样品，根据典型常压区埋藏史设计模拟实验温压条件，开展地层孔隙热压模拟实验，建立了页岩生排滞模式，结合不同演化阶段页岩孔隙空间表征和压力预测，揭示了生烃演化对滞留气量的控制作用；利用盆地模拟，估算了彭水及邻区主要构造的页岩气资源量，开展了彭水常压和涪陵超压页岩气藏对比分析，总结了常压页岩气形成富集主控因素。

该书是一部将微观与宏观、实验与地质、静态与动态相结合来研究常压、负压页岩气形成富集规律和资源评价的专著，在成烃生物识别、生排滞模拟等方面具有鲜明的特色，对于南方复杂构造区常压、负压页岩气勘探评价具有一定的指导意义，也可作为科研人员和高校研究生的参考书，值得一读，特此推荐。

中国科学院院士

2021. 12. 23

前　　言

当前全球能源战略和供需格局进入深度调整变革期，构建以清洁能源为主体的清洁低碳、安全高效能源体系，已成为全世界的共识和新一轮能源革命不可逆转的必然趋势。“碳达峰”和“碳中和”目标对我国能源行业提出了新的要求，天然气作为绿色低碳能源，是我国能源结构调整的桥梁和低碳转型的主力军。页岩气是一种重要天然气资源类型，我国页岩气资源丰富，发育多层系、多类型富有机质泥页岩，据 2015 年国土资源部资源评价结果，全国页岩气地质资源量为 $121.86\times10^{12}m^3$，可采资源量 $21.81\times10^{12}m^3$，其中海相 $13.0\times10^{12}m^3$、海陆过渡相 $5.1\times10^{12}m^3$、陆相 $3.7\times10^{12}m^3$，页岩气资源潜力巨大，在天然气增储上产和保障国家能源安全中发挥着日益重要的作用。

目前，我国页岩气在不同埋深（浅层、深层）、不同压力系统（常压、超压）以及不同层系（海相、海陆过渡相、陆相）均取得突破，其中五峰组—龙马溪组页岩气在四川盆地涪陵、威远等地区已实现商业开发。我国南方大部分地区受中新生代以来多期构造运动改造，现今多以残留向斜、浅层背斜等构造样式存在。“十三五”以来，四川盆地外常压页岩气勘探开发取得长足发展，中国石油、中国石化以及地调系统在复杂构造区如彭水-武隆、道真-南川、长宁-昭通、宜昌、咸丰等地区取得了页岩气勘探突破，展示出常压页岩气具有广阔的勘探前景。

与超压页岩气藏相比，常压页岩气藏表现为页岩裂缝发育程度较高、物性较低、含气丰度较低，吸附气占比高，初期产量低以及整体递减慢的特点。齐岳山断裂两侧的五峰组—龙马溪组是研究超压和常压页岩气地质特征的理想地区和层系，以涪陵页岩气田为代表的系列超压气藏主体分布于齐岳山断裂西侧，彭水、武隆、南川等常压页岩气藏则主体位于齐岳山断裂东侧。系统开展齐岳山断裂两侧五峰组—龙马溪组页岩沉积环境、生烃物质基础、储集空间以及构造保存条件对比分析，有助于我们更加深入地了解不同压力页岩气藏的地质特征异同点，总结常压页岩气形成富集的主控因素，对于进一步推进广大复杂构造区页岩气勘探开发进程具有重要意义。

作者团队自 2009 年以来一直从事中国南方页岩气形成条件与选区评价工作，先后承担“十三五”国家科技重大专项“彭水常压页岩气勘探开发示范工程”002 任务“生烃演化对常压页岩气富集的控制作用”（2016zx05061-002）以及中国石化科技部、油田事业部、中国石化华东油气分公司、中国石化勘探分公司、中国石化西南油气分公司、中国石化江汉油田分公司以及中国石化国际石油勘探开发公司页岩气相关科研项目十余项，针对中国南方开展了宏观页岩气选区评价、重点探区页岩气甜点评价以及新层系（孤峰组、龙潭组/吴家坪组、大隆组）页岩气形成条件、有利区带优选和风险探井论证部署研究。

本书主要是作者团队近年来从事五峰组—龙马溪组常压页岩气研究基础上的成果总结，共分为七章，翟常博负责总体思路、整体结构及章节设计策划。前言由翟常博撰写，第一章由翟常博、邓模、杨振恒、杨俊、吴小奇、黄娟撰写，第二章由杨振恒、邓模、张培先、曾华盛撰写，第三章由邓模、赵国伟、杨振恒、俞凌杰撰写，第四章由鲍云杰、方成名、邓模、吕俊祥、翟常博撰写，第五章由邓模、杨振恒、马中良撰写，第六章由邓模、王杰、俞凌杰撰写，第七章由翟常博、邓模、杨振恒、鲍云杰撰写。

全书由邓模、杨振恒负责统稿，翟常博最终审查定稿。

在本书研究和编辑过程中，得到了中国石化石油勘探开发研究院无锡石油地质研究所、非常规油气与新能源研究所、油气勘探研究所以及中国石化华东油气分公司等单位各级领导和专家的帮助和支持，同时参考了国家科技重大专项“彭水常压页岩气勘探开发示范工程”课题一“彭水地区常压页岩气富集规律与目标优选”为代表的大量内部研究报告和国内外大量文献资料，刘栩、杨帆、李龙龙、汪远征参与了部分图件清绘、数据统计工作，龙胜祥教授、何希鹏研究员、高玉巧研究员、彭勇民教授、袁玉松研究员、郑伦举研究员、何贵松副研究员、聂海宽研究员、申宝剑研究员、罗开平研究员、王果寿教授、段新国教授、姚素平教授、黄泽光教授、胡广教授、曹涛涛副教授、汤济广教授等专家在本书撰写过程中提出了诸多建设性意见，史政副研究员、邓平教授、彭金宁高级工程师在编辑出版工作中做了大量基础工作，在此一并致以最诚挚的谢意。

在本书即将出版之际，承蒙我国著名石油地质学家、中国科学院金之钧院士欣然为本书作序，特此感谢！

本书可供从事页岩气研究的科研院所、高校、石油企业等机构的科研人员和师生参考。由于资料及认识程度的限制，书中的观点难免有不妥之处，恳请读者批评指正。

目　　录

第一章 常压页岩气勘探开发进展

第一节 中国页岩气资源现状与勘探历程

在多旋回构造-沉积演化过程中，中国含油气盆地发育了海相、陆相和海陆过渡相多层系、多类型的富有机质泥页岩，并经历了多期构造改造。据2015年中国油气资源动态评价，中国页岩气地质资源量为121.86×10^{12} m^3，可采资源量为21.81×10^{12} m^3，资源量高居全球第一。目前，中国页岩气产量仅次于美国，为全球第二位。2021年10月8日，涪陵页岩气田累计生产页岩气达400×10^8 m^3，创造了中国页岩气田累产新纪录，气田日产气量近2000×10^4 m^3，可满足4000万户家庭的日常用气需求。在当前全球天然气价格飞涨、供应紧张，而且我国天然气对外依存度不断攀升的大背景下，页岩气开采的价值不言而喻。

中国自20世纪80年代便开始了页岩气的理论研究，1982年，张义纲教授在《多种天然气资源的勘探》文中首次阐述了页岩气气藏特征及工程工艺技术。中国页岩气勘探开发始于2009年，“十二五”期间，中国页岩气勘探处于探索实践阶段，2009年12月中石油开钻了中国第一口页岩气井——威201井，2010年10月投产初期日产气量约2000 m^3，为中国的页岩气勘探开发提供了重要参考。2011年5月，中石化在湘鄂西地区桑柘坪向斜的彭页1井完钻井深为2208 m，侧钻水平段1020 m，分12段压裂，初期日产气2.52×10^4 m^3。2012年涪陵焦石坝地区焦页1HF井在上奥陶统五峰组—下志留统龙马溪组钻获高产气流，日产页岩气20.3×10^4 m^3，实现了海相页岩气勘探战略性突破。该井被重庆市人民政府命名为“页岩气开发功勋井”2014年涪陵页岩气田首次在国内提交页岩气探明地质储量为1068×10^8 m^3，成为中国首个商业开发的页岩气田，中国也成为世界第三个实现页岩气商业开发的国家。2015年，涪陵国家级页岩气示范区50×10^8 m^3产能成功建成，产量达到31.68×10^8 m^3，占中国页岩气产量的71%。

“十三五”期间中国页岩气进入创新突破与快速发展快车道，页岩气已成为天然气增储上产的重要领域。截至2020年，已在四川盆地上奥陶统五峰组—下志留统龙马组相继发现涪陵、威荣、长宁、威远、昭通和永川6个大中型页岩气田，累计探明地质储量超过2×10^{12} m^3，与“十二五”末累计的探明地质储量5441×10^8 m^3相比，增长了2.7倍；页岩气产量由2015年的45×10^8 m^3增至2019年的154×10^8 m^3，增长了2.4倍，在中国天然气产量占比中由3.6%增至8.9%。

“十三五”以来，我国常压页岩气勘探开发取得了长足发展，中石油、中石化以及地调系统在南方复杂构造区如彭水-武隆、道真-南川、长宁-昭通、宜昌、咸丰等地区取得了常压页岩气勘探突破。中石化发现并探明了中国首个常压页岩气田——南川气田。南川东胜构造带位于涪陵页岩气田南部，在构造带南部五峰组—龙马溪组已出露地表（图1-

1)。东胜背斜由盆地边缘出露区向盆地内部，剥蚀区距离变远、埋深加大、保存条件变好，具有较好的勘探潜力。按照“由深向浅、滚动部署”的思路，中石化先后部署实施焦页 10、焦页 10-10、胜页 2 和胜页 9 等探井并获得成功，其中焦页 10 和胜页 2 井获得日产 $19\times10^4 \sim 32\times10^4\ m^3$ 的高产工业气流。

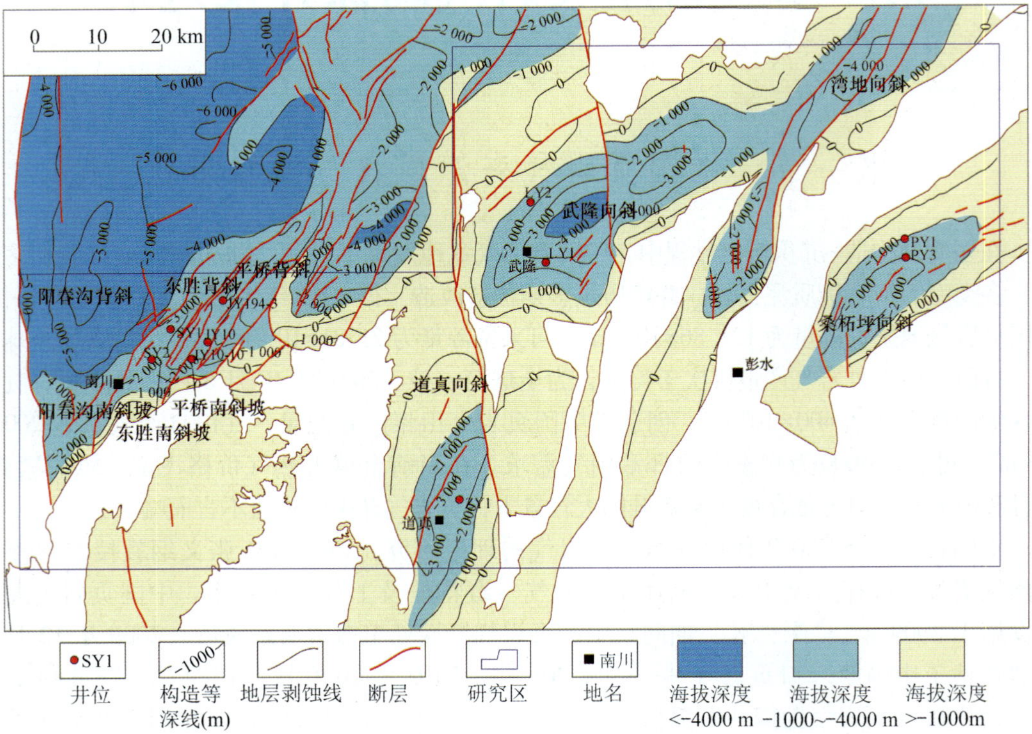

图 1-1 彭水-南川地区五峰组底面构造与重点井分布图

（据何希鹏，2021）

探井揭示东胜构造主体区地层压力系数小于 1.2，属常压页岩气区。2020 年东胜-平桥西区块新增探明地质储量 $1918\times10^8\ m^3$，其中常压页岩气区探明地质储量 $1446.58\times10^8\ m^3$，实现了中国首个常压页岩气规模商业发现。按照评建一体化组织管理模式，探井落实资源、评价试验井组开展低成本攻关，落实开发技术政策部署思路，胜页 2-胜页 27 井区成功开展 $5\times10^8\ m^3$ 产能建设，实现常压页岩气区当年探明、当年建产。

2021 年底，涪陵页岩气田白马区块经自然资源部认定，新增探明储量 $1048.83\times10^8\ m^3$，展示出常压页岩气广阔的勘探前景，常压页岩气已成为重要的页岩气勘探类型。

第二节 美国常压页岩气藏地质与生产特征

目前美国成功开采的页岩气田，如 Ohio、Marcellus、Lewis、Antrim、Barnett、Fayetteville 和 Niobrara 页岩，均属于常压和低压页岩气田，诸多专家、学者对美国的常压页岩气地质特征进行了系统研究，现以 Ohio 页岩、Antrim 页岩和 Barnett 页岩为例，重点介绍如下。

一、Big Sandy 地区上泥盆统 Ohio 页岩气藏

1. 地质特征

Big Sandy 页岩气产区位于 Appalachian 盆地的中部高原区，包括肯塔基州、田纳西州、弗吉尼亚州、西弗吉尼亚州，以及俄亥俄州这 5 个州的一部分，主要为上泥盆统页岩层段，厚度从西南部的 30 m 增加到东北部的近 760 m，主力产层——黑色页岩净厚度也逐渐增大，最大可达 120 m。Big Sandy 地区从西南到东北，*TOC* 含量逐渐减小，从 Perry 区的 3.5%减小到 Jackson 区的 1.56%。镜质体反射率（R_o）在西部地区多数介于 0.6%～1.0%之间，在东部地区最高达到 1.5%（图 1-2）。干酪根为多类型混合，测井孔隙度值为 1.5%～11%，平均为 4.3%，渗透率小于 $0.0001\times10^{-3}\ \mu m^2$。Rowan 建立的盆地模型表明，在 Big Sandy 北部（俄亥俄-西弗吉尼亚边界附近），基底泥盆系页岩在 325～330 Ma（中密西西比世）进入生油窗，在 230Ma 左右（中三叠世）进入生气窗（郭彤楼，2020）。

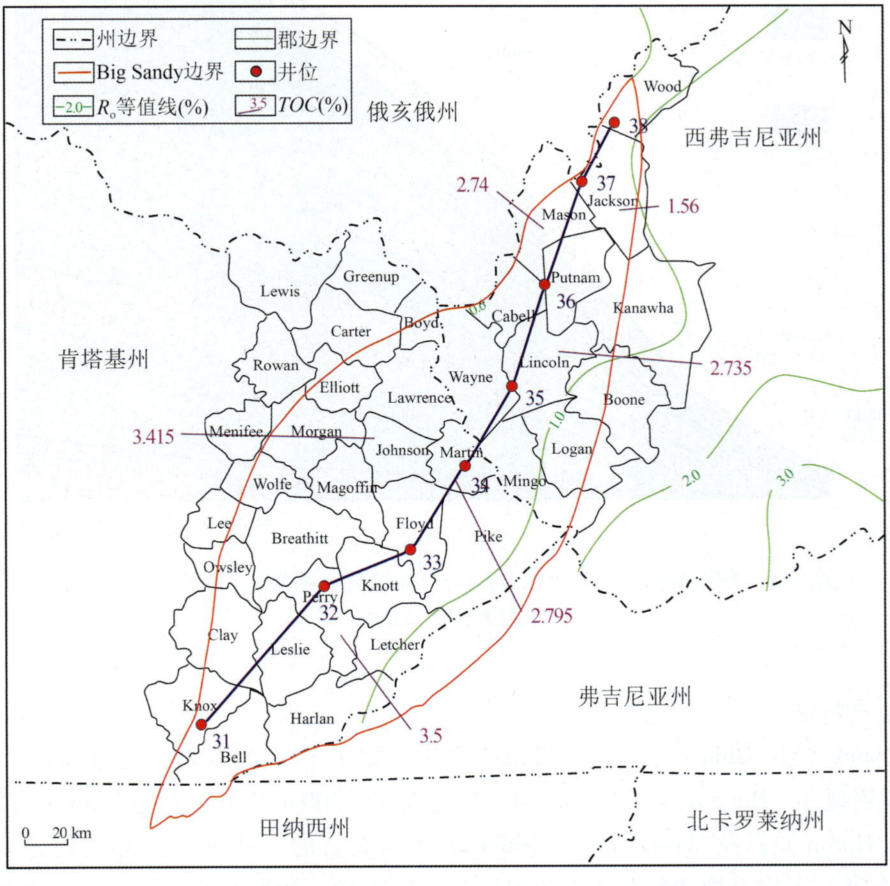

图 1-2　美国 Appalachian 盆地 Big Sandy 页岩气产区成熟度（R_o）与有机质含量（*TOC*）分布图

（据郭彤楼，2020）

Big Sandy 地区上泥盆统 Ohio 页岩主要为不整合面之下的 Catskill 三角洲向上变粗的沉积序列中的一部分。Catskill 三角洲并未发育主干流，而是由诸多小河流组成的，延伸至

浅海陆棚。底部为中泥盆统 Hamilton 组 Marcellus 段页岩，但仅在东北地区（西弗吉尼亚州）可见，厚度较小（图 1-3）。中上部为上泥盆统 West Falls 组 Rhinestreet 段页岩到 Cleveland 段页岩之间的多段黑色富气页岩，与灰色/灰绿色页岩、粉砂岩和细粒砂岩互层，主力页岩产层为 West Falls 组 Rhinestreet 段页岩、俄亥俄页岩的上、下 Huron 段页岩和 Cleveland 段页岩，统称为 Ohio 页岩。Big Sandy 地区下石炭统缺失较多，仅可见薄层的 Bedford 砂岩、Berea 砂岩和 Sunbury 页岩。下二叠统到新近系之间地层缺失，反映了长期抬升和地层剥蚀造成了 Big Sandy 低压的 Ohio 页岩（郭彤楼，2020）。

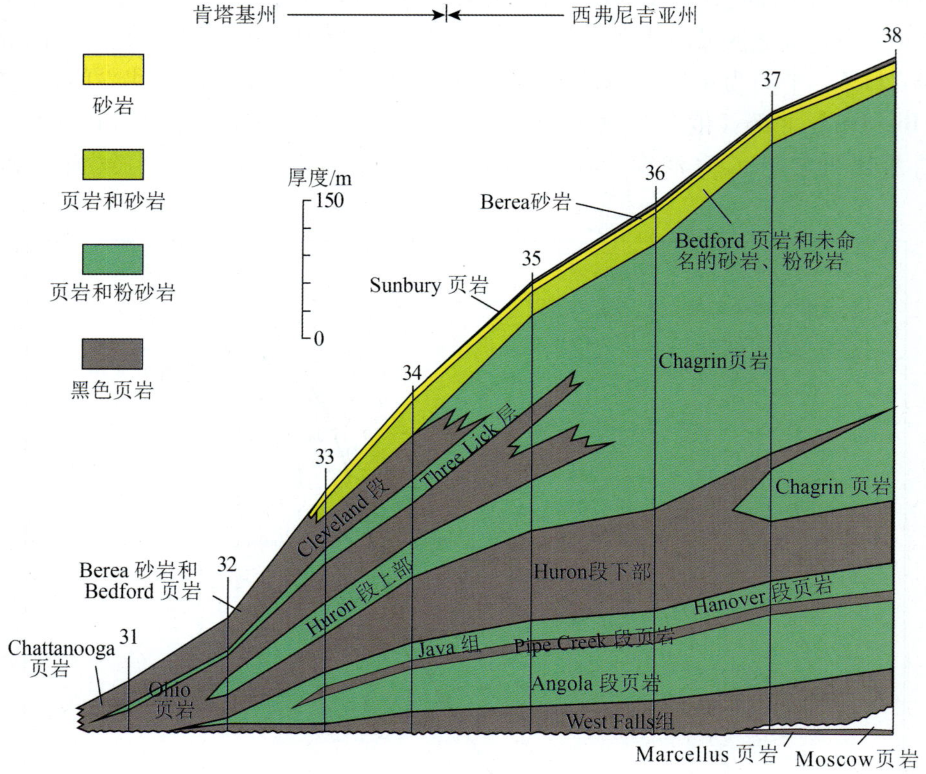

图 1-3　美国 Appalachian 盆地 Big Sandy 页岩气产区北东—南西向地层剖面

（据郭彤楼，2020）

2. 生产特征

Big Sandy 地区 Ohio 页岩中的商业天然气生产始于 1921 年，钻井超过 3800 口，生产一直持续到现在。Big Sandy 气田平均完井厚度在 57~300 m 之间，其中 Ohio 页岩的 Cleveland 段和 Huron 段以及 West Falls 组 Rhinestreet 段页岩的天然气地质储量约为 2.2×10^{12} m^3。由于 Ohio 页岩中构造复杂和天然裂缝分布的不均，初始产量变化较大，自然产量大于 8476 m^3/d 的井在没有任何增产方法的情况下自然完井是很平常的，但产量低的井需要压裂。由于 Big Sandy 地区 Ohio 页岩具有非常低的孔隙度和渗透率以及高的水敏性和天然裂缝发育，氮气泡沫压裂比水力和泡沫压裂更适合。Wozniak 研究结果表明氮气泡沫压裂的采收率要提高 28%。通常压裂的时候采用超轻的支撑剂取代传统的 20/40 目砂支撑剂，总用量（质量）只有传统的 1/10。每口井储量为 $283\times10^4 \sim 2832\times10^4$ m^3，典型直井 30 年的产量为 850×10^4 m^3（郭彤楼，2020）。

3. 低压成因

Big Sandy 天然气产区从肯塔基州的 Pine Mountain 地块向东北方向延伸至肯塔基州和西弗吉尼亚州的 Rome 槽地（图 1-4）。由于该地区位于 Rome 槽地和 Perry-Pike 县隆起及 Arches Fork 和 Burning Springs 背斜中，导致该地区地质历史期间构造复杂，Young 通过钻井证实了南部 Pine Mountain 地块泥盆系页岩中存在近水平压缩型滑脱运动，同时证明了该滑脱运动明显地促进了富有机质黑色页岩的孔缝发育和压力释放。中部地处伸展-压缩型滑脱运动的过渡带，Charpentier 等认为 Rome 槽地晚古生代正断层的垂直运动与 Pine

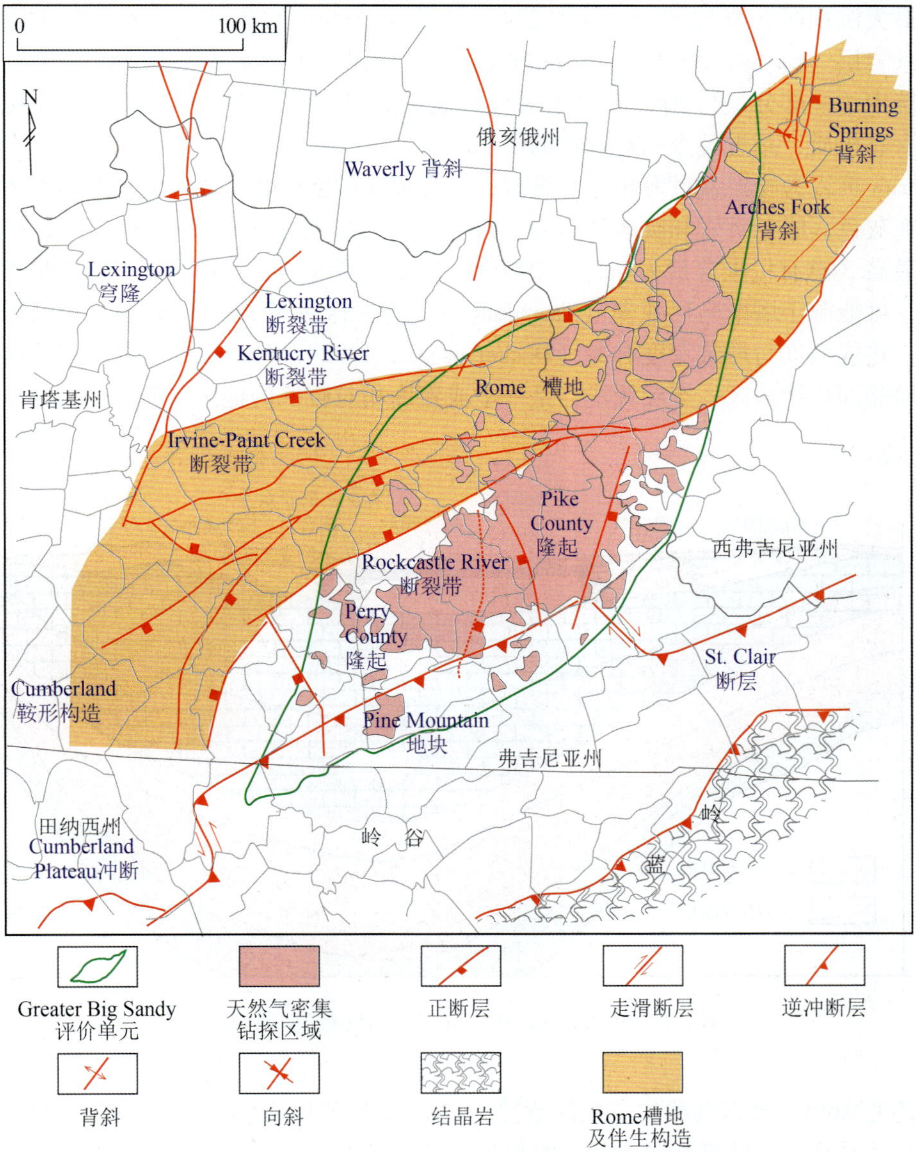

图 1-4 美国 Appalachian 盆地 Big Sandy 页岩气田及周边构造简图

（据 Charpentier et al.，1993）

Mountain 冲断作用共同导致了泥盆系页岩中裂缝孔隙的增加和地层压力的释放。Shumaker 提出在北部 Rome 槽地伸展型滑脱变形使得富有机质黑色页岩孔缝增加和压力释放。而且 Ohio 页岩沉积后，只沉积了部分石炭系，然后就是长期的沉积间断，所以导致了该地区地层压力较低（郭彤楼，2020）。

二、Michigan 盆地 Antrim 页岩气藏

Michigan 盆地位于美国东北部，为一椭圆形的内克拉通盆地，面积约为 31.6×10^4 km^2。Michigan 盆地为内陆海道东部沿岸众多沉积中心之一，地跨美国和加拿大，构造简单。地层自下而上为前寒武系、寒武系、奥陶系、志留系、泥盆系、石炭系、侏罗系和第四系，最大沉积厚度约 5200 m，其中 274 m 组成了 Antrim 页岩和与之相关的泥盆系—密西西比系岩层（Curtis，2002）。Antrim 页岩为中-晚泥盆世覆盖大部分古北美大陆的页岩沉积系统中的一部分，与 Appalachian 盆地泥盆系富有机质页岩一样，该页岩系统分布广泛且富含有机质，接近现今构造盆地的中心。

Antrim 页岩为晚泥盆世海相深水页岩，由含黄铁矿薄层状粉砂质泥岩和富有机质页岩组成，夹灰色、绿色页岩和碳酸盐岩层。可分为 4 段，其中 Norwood 段和 Lachine 段有机质含量最高（总有机碳含量为 0.5%~24%），为最主要的页岩气勘探层。干酪根类型以 I 型为主，可能源于塔斯马尼亚藻（Tasmanites），通常存在于 Antrim 页岩沉积的局限陆缘浅海中，热成熟度与埋藏深度有关（Decker et al.，1992）。Michigan 盆地的产烃区一般分布于盆地北部边缘地区，产层较浅，是一个成熟度相对较低的地区（图 1-5）。

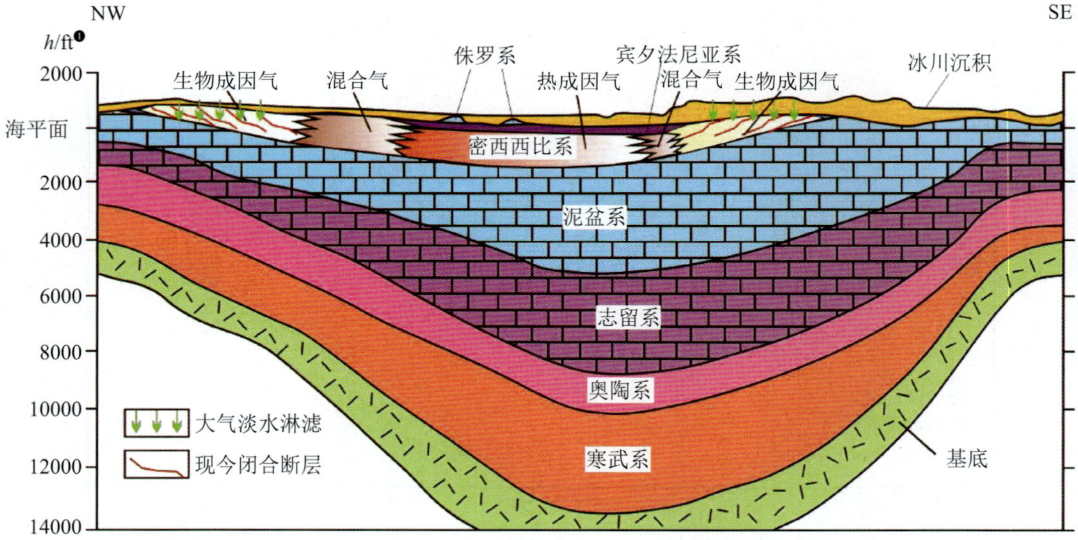

图 1-5 Michigan 盆地 Antrim 页岩气藏成藏模式图

裂缝是 Antrim 页岩气藏的主控因素之一。发育北东和北西向两组近直立的裂缝，裂缝纵穿整个泥盆系，横贯盆地北部，两组裂缝产状近垂直。这些裂缝通常未被胶结或者仅

❶ ft 为英尺，1 ft=0.3048 m。

有很薄的方解石包覆层，其垂向延伸为数米，水平延伸可达几十米（Martini et al.，2008）。在主产区以外，尽管也钻到了富含天然气的 Antrim 页岩，但由于天然裂缝不发育，渗透率很低而不具备商业价值。Antrim 页岩产气区位于盆地北部 Michigan 湖和 Huron 湖之间高角度裂缝发育带，埋深 120~600 m，厚 36~180 m，页岩气以吸附气为主，含气量 1.4~2.83 m^3/t，含气高低与有机碳含量呈现良好的正相关性。

目前，该地区拥有 10000 多口井，单井产量为 1.4×10^4~2.7×10^4 m^3/d。虽然该地区页岩气最初产量较低，但生产井长期保持稳产，而且埋藏浅，钻井费用低，具备良好的勘探前景。

三、Fort Worth 盆地 Barnett 页岩气藏

Fort Worth 盆地位于美国得克萨斯州中北部，长约 240 km，宽从 16 km 到 113 km 不等，呈西北—东南走向，是晚古生代沃希托（Quachita）造山运动形成的几个弧后前陆盆地之一。盆地东部边界为沃希托逆冲褶皱带，北部边界是基底边界断层控制的红河背斜（Red River Arch）和曼斯特背斜（Muenster Arch），西部边界为本德背斜（Bend Arch）、东部陆棚等一系列坡度较缓的正向构造，南部边界为大草原隆起（Llano uplift）。福特沃斯盆地发育的地层主要有寒武系、奥陶系、密西西比系、宾夕法尼亚系、二叠系和白垩系。下古生界上部为一区域性角度不整合，盆地内缺失志留系和泥盆系。上密西西比统和下宾夕法尼亚统表现为连续沉积，在某些地区可能表现为平行不整合（如在曼斯特隆起附近）。

晚密西西比世，得克萨斯州中北部沉积了一套富含有机质的黑色页岩，该套页岩由灰质页岩、黏土页岩、石英质页岩和含白云石页岩组成。生物标志化合物和轻烃地球化学研究表明密西西比系 Barnett 页岩是 Fort Worth 盆地得克萨斯州中北部的主要烃源岩。在盆地中部和东部，Barnett 页岩底部一般发育较薄的富含磷酸盐层，主要是磷灰石，向盆地的北部，富含有机质的黑色页岩相变为富含碳酸盐相，碳酸盐物质可能是由一系列洪流导致的碎屑流沉积。生物标志化合物研究表明，Barnett 页岩的沉积环境为海相、缺氧、强烈上升流、正常盐度，黑色富含油气的泥岩和海绿石、磷酸盐岩证据同样表明，页岩是在还原条件下缓慢沉积的（图 1-6）。

Barnett 页岩是 Fort Worth 盆地世界级非常规天然气聚集的源岩和储层。表现出低渗透率和岩性复杂的特征，需要人工增产才能生产。目前，生产主要局限于北部盆地的有限部分，那里的 Barnett 页岩相对较厚（>300ft），富含有机物（总有机碳>3.0%，镜质体反射率 R_o>1.1%），并被致密灰岩包围。Barnett 的油气赋存模式，结合成熟度和埋藏历史数据，表现出复杂、多阶段的热演化过程，在古温度特别升高的部分地区，烃类的间歇性排出和原生油二次裂解成气。这些和其他数据表明整个盆地 Barnett 页岩资源潜力巨大（可能存在>200×10^{12} ft^3 的天然气）。美国地质调查局评估表明，Fort Worth 盆地中部的未发现、技术上可采天然气的平均体积为 26.2×10^{12} ft^3。为实现未发现资源的动用，将需要持续改进 Barnett 储层的压裂方法。

随着勘探技术不断提高以及技术可采储量逐年增长。1996 年 Barnett 页岩技术可采储量仅为 8.5×10^{10} m^3，2002 年以后发展迅猛，2004 年达到 74.1×10^{10} m^3，到 2008 年该区页岩气的技术可采储量上升到 180×10^{10} m^3。Barnett 页岩是美国最早的页岩气产区，产层位

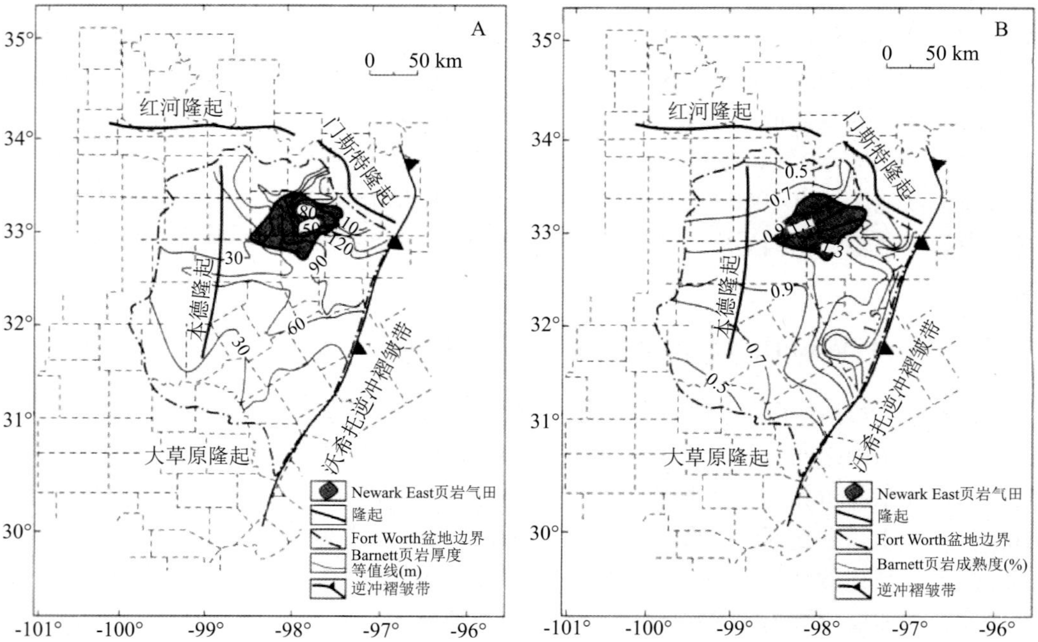

图 1-6　Fort Worth 盆地 Barnett 页岩厚度图（A）和成熟度等值线图（B）
（据聂海宽等，2009）

于地下 1981～2895 m，其储层厚度为 35 m，孔隙度为 4.5%，产气量为 $1.4×10^{12}$ m^3/km^2。Barnett 富有机质黑色页岩主要由含钙硅质页岩和含黏土灰质泥岩构成。最早发现的页岩气产于该区块的东部，随后向西逐步发现页岩气储层。1999 年，Barnett 页岩气产量几乎为零，2005 年达到 $1.3×10^{12}$ m^3/d，其中水平井的产量巨大。2007 年 Barnett 页岩为美国提供 $2.5×10^9$ m^3 页岩气，2009 年产量增长到 $1.1×10^8$ m^3/d。

该区已有生产井 5900 口。其中 23%为水平井。钻探工作迅速开展。不同地区的收益率不同，从核心区的 131%降至非核心区的 32%。前者钻井成本高，但是每口井的总收益也相应比后者高。

四、美国其他常压页岩气藏的地质和生产特征

表 1-1 列出了美国典型常压和低压页岩气藏的构造、沉积、地化、岩石物理、压力、含气量和产量特征等信息。这些页岩多数发育于前陆盆地陆棚沉积环境，部分如 Antrim 页岩发育于克拉通构造沉积背景。典型储层的岩相为硅质页岩，有机质含量基本都高于 2%，成熟度主要分布于低成熟的生物气和高成熟的热成因气 2 个阶段。孔隙度在 2%～12%之间。压力系数均小于 1.2，大部分小于 0.9，其中 Ohio、Lew、Antrim 和 Fayetteville 页岩总体处于低压环境。而 Barnett 和 Marcellus 页岩处于压力系数为 1.0 附近的常压区。大部分低压页岩气藏中吸附气含量超过 50%。大部分单井日产气为 850～14160 m^3，部分压力系数在 1.2 的 Marcellus 页岩日产气可以达到 $8.5×10^4$～$10×10^4$ m^3。Barnett 和 Marcellus 常压页岩气平均直井产量可高达 $3964×10^4$ m^3。Marcellus 常压区水平井单井产量超过

$1 \times 10^8\ m^3$（表 1-1）。

表 1-1　美国已经开发的典型常压页岩特征

页岩气藏	地区	地层	构造沉积背景	岩相	TOC /%	成熟度 /%	孔隙度 /%	压力系数	吸附气含量占比/%	单井日产气 $(10^4\ m^3 \cdot d^{-1})$	平均直井产量 $10^4\ m^3$	平均水平井产量 $10^8\ m^3$
Ohio	Appalachian 盆地 BigSandy 地区	上泥盆统	前陆浅海陆棚	富含有机质及石英页岩夹粉砂岩	2~6	0.6~1.5	2~6	0.5~0.7	50	850~14160	283~1416	水平井少
Lewis	SanJuan 盆地	上白垩统	前陆近海	富含有机质及石英页岩夹粉砂岩	0.6~3.2	0.8~1.5	3~5	0.50~0.52	60~85	2830~5660	283~1416	水平井少
Marcellus	Appalachian 盆地西南	中泥盆统	前陆陆棚-斜坡	硅质-黏土页岩	2~8	1.3~3	2~7	0.7~1.2	40	14160~101940	3964	85~113
Antrim	Michigan 盆地	上泥盆统	克拉通	硅质页岩	11	0.4~0.6	9	0.7~0.8	70	1132~14160	2124	水平井少
Fayetteville	Arkoma 盆地	下石炭统	前陆陆棚	硅质页岩	2~10	1.5~4	4~5	0.8~1	50	14160	566~1699	17~57
Niobrara	Denver 盆地	上白垩统	前陆陆棚	细粒白垩页岩	1.5~4	1	7~12	0.6~0.98	生物气区 >70	850~1416		
Barnett	FortWorth 盆地	下石炭统	前陆盆地	硅质页岩	2~7	1~2	4~10	1~1.2	35	16990~87780	3964	71

（据郭彤楼，2020）

从图 1-7 可见，常压页岩气藏的初始产量和月产量均比超压页岩气藏低，但月产量递减速率比超压页岩气藏低。该曲线统计的 Marcellus 页岩大部分为超压区的页岩气藏。但由于 Appalachian 盆地构造复杂，盆地西南地区为常压，所以 Marcellus 页岩是介于常压和超压之间。即使在 Marcellus 页岩超压区，由于压力系数比 Haynesville 等低，其产量比典型超压页岩气藏低，但其产量高于压力比其低的 Barnett 和 Fayetteville 页岩（郭彤楼，2020）。

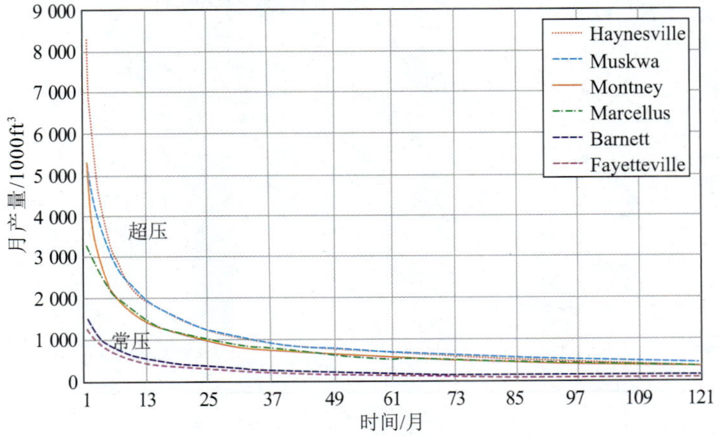

图 1-7　美国典型页岩月产量递减曲线

（据 Jarvie，2014）

第三节 四川盆地外复杂构造区页岩气勘探开发进展

对于中国南方来说，富有机质页岩发育区多处于盆地边缘和盆地外围，以残留向斜构造样式为主，绝大部分为常压页岩气藏。四川盆地周缘常压页岩气藏与高压、超高压页岩气藏具有相似的沉积背景，但后期经历的构造改造不同，从而造成两者具有明显的地质差异性。

一、川东南常压区典型井地质特征

以川东地区盆地内缘的南川、焦石坝和盆地外缘的武隆、彭水等地区常压页岩为例（图 1-8），两者在沉积环境、静态指标等方面具有一定的相似性，同处于滞留盆地深水陆棚相沉积，富碳富硅富笔石页岩发育。四川盆地东部及盆地外五峰组—龙马溪组 *TOC* 含量>1%的页岩段厚度一般在 89～115 m 之间，分为 9 个小层，R_o 介于 2.2%～3.0%之间；优质页岩 *TOC* 含量>2%，下部 5 个小层厚度为 24～40 m，*TOC* 含量为 2%～6%；从硅质含量、黏土矿物含量、孔隙度、泊松比、杨氏模量等参数来看，下部明显优于上部。常压区优质页岩厚度和孔隙度略低于高压区，但整体来看静态评价指标基本相当（表 1-2），但常压页岩气藏与高压、超高压页岩气藏产量和 EUR（最终可采储量）差异很大。

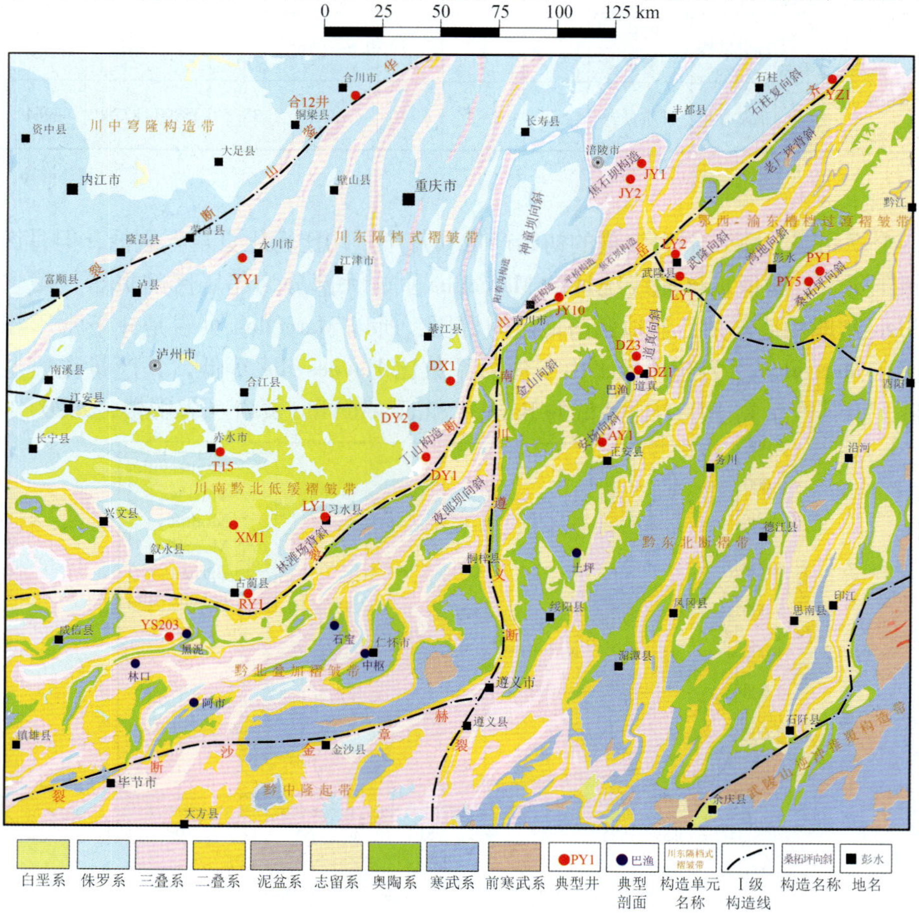

图 1-8 彭水及邻区基本地质概况

表 1-2　四川盆地东南缘不同区块典型井优质页岩段评价参数对比

地区	代表井	优质页岩（①~⑤小层）							
		厚度/m	*TOC* 含量/%	孔隙度/%	R_o/%	石英含量/%	黏土含量/%	泊松比	杨氏模量/GPa
道真	DZ1	31	3.5	4.77	2.45	52.57	26.56	0.22	22.50
武隆	LY1	32	4.4	4.21	2.58	62.56	25.59	0.20	41.04
桑柘坪	PY5	24	2.9	4.23	3.17	47.32	32.73	0.21	35.83
南川	JY194-3	35	3.2	3.77	2.72	54.87	28.64	0.18	40.54
焦石坝	JY1	38	3.6	5.86	2.65	48.56	31.53	0.15	33.00

二、常压页岩气勘探开发进展

齐岳山以东广大地区，构造样式以隔槽式、槽档过渡式褶皱为主，主要的勘探层系有寒武系牛蹄塘组（水井沱组）、五峰组—龙马溪组、二叠系龙潭组（吴家坪组）、大隆组等，目前五峰组—龙马溪组已在彭水、武隆、道真、宜昌等地区获得工业气流，获得突破的构造类型以残留向斜为主，且表现出较为相似的页岩气富集规律，下面主要介绍彭水桑柘坪向斜、武隆向斜、道真向斜等盆外残留向斜勘探开发进展。

1. 桑柘坪向斜

桑柘坪向斜位于“槽-档”转换带，为北东走向、东缓西陡的残留向斜，面积550 km^2。核部出露下三叠统嘉陵江组，两翼依次出露二叠系—奥陶系（图 1-9），核部宽缓，翼部较陡。志留系底面埋深在4000 m以浅。发育近南北向和北东向两组断裂，近南北向断层断距较大，一般大于300 m，延伸长度2~10 km；北东向断层断距20~60 m，延伸长度1.5~5.3 km。

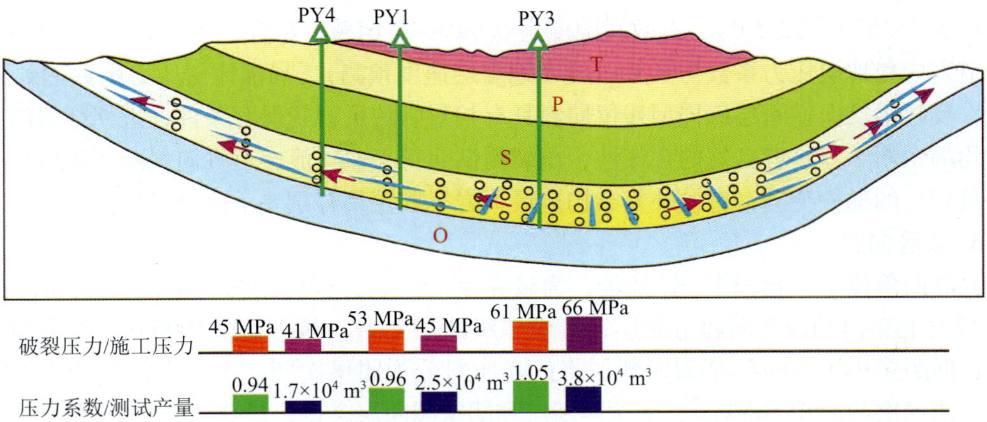

图 1-9　桑柘坪向斜残留向斜型页岩气藏示意图
（据李东海，2022）

2011年以来，先后钻探了页岩气探井5口，进展如表1-3所示。这5口井都是采用电潜泵排水采气，且都属于常压低产，地层压力系数为0.96~1.03，从试采情况来看，随着埋深加大、地层压力系数增高，产量也相对增高。

表1-3 重庆市东南部桑柘坪向斜页岩气井生产参数

代表井	测试时间	测试产量/（10^4 m^3·d^{-1}）	关井前产气量/（10^4 m^3·d^{-1}）	累计试采天数/d	开井天数/d	累产气量/（10^4 m^3·d^{-1}）	平均产气量/（10^4 m^3·d^{-1}）
PY1	2012.07	2.52	0.62	1431	786	666.7	0.85
PY2	2015.02	1.11	0.48	386	279	147.0	0.53
PY3	2013.04	3.80	0.69	1177	1028	931.0	0.91
PY4	2014.05	2.68	0.83	667	542	515.3	0.95
PY5	2019.07	3.50	/	184	179	219.2	1.96

（据郭彤楼，2020）

2. 道真向斜

道真向斜位于齐岳山断裂以东，向斜轴面近南北向，南部向西弯曲，轴长约40 km，宽约15 km，地表出露地层为嘉陵江组，两翼依次出露三叠系、二叠系、志留系、奥陶系、寒武系，倾角为10°~25°。

道真向斜发育断层6条，北东向4条、近南北向2条。茶园断层为二级主控逆断层，受茶园断层控制，道真向斜分为两个构造单元，西侧为道真次凹，东侧为洛龙背斜，埋深1000~4000 m的面积为692 km^2，埋深2000~4000 m的面积为266 km^2（图1-10）

早期部署在道真向斜东翼的DY1井（图1-11），龙马溪组底界埋深597.1 m左右，优质页岩厚度为27 m，*TOC*平均为3.38%。全烃最大值为2.947%；现场解吸气量为1.32~1.63 m^3/t，总含气量为1.84~2.69 m^3/t；气体以CH_4为主，CH_4含量最大为99.3%，DY1井优质页岩段埋深过浅，距离出露区较近，含气性总体较低。

近期在道真向斜断下盘实施的DZ1完钻井深3213 m，揭示五峰组—龙马溪组优质页岩31 m，优质页岩段*TOC*为1.43%~4.94%，黏土矿物含量为14.35%~43.93%，硅质矿物含量为25.57%~72.54%，有效孔隙度为0.98%~5.61%，总含气量为2.62~9.4 m^3/t。

道真向斜地层压力系数为0.9~1.1（地震层速度预测），局部地层压力系数达到1.15以上，反映出反向逆断层遮挡型残留向斜具有相对好的页岩气保存条件，近期部署的多口钻井均揭示断下盘具有良好的含气性，压裂测试获得工业气流。道真向斜断下盘构造类型常压页岩气的勘探突破，对盆外复杂构造区页岩气勘探具有重要示范意义。

3. 武隆向斜

武隆向斜位于“槽-档”转换带，为较完整的向斜，整体结构简单，长60 m，宽22 km，发育北东向和南北向两组断层，其中二级断层2条，断距50~1000 m，其余为三级断层，断距多小于50 m。胡家园断层将武隆向斜分为团堡次凹、火炉次凹两个次级构造单元，团堡次凹面积566 km^2，受茶园断层和胡家园断层夹持，长29 km，宽22 km，呈盾型，团堡次凹北翼地层倾角8°~25°，页岩埋深1300~4000 m，南翼地层倾角15°~25°，页岩埋深1500~4000 m，核部地层倾角2°~15°，页岩埋深4000~5000 m；火炉次凹面积560 km^2（图1-12）。

武隆向斜五峰组—龙马溪组沉积早期处于深水陆棚中心，物质基础好，优质页岩厚度

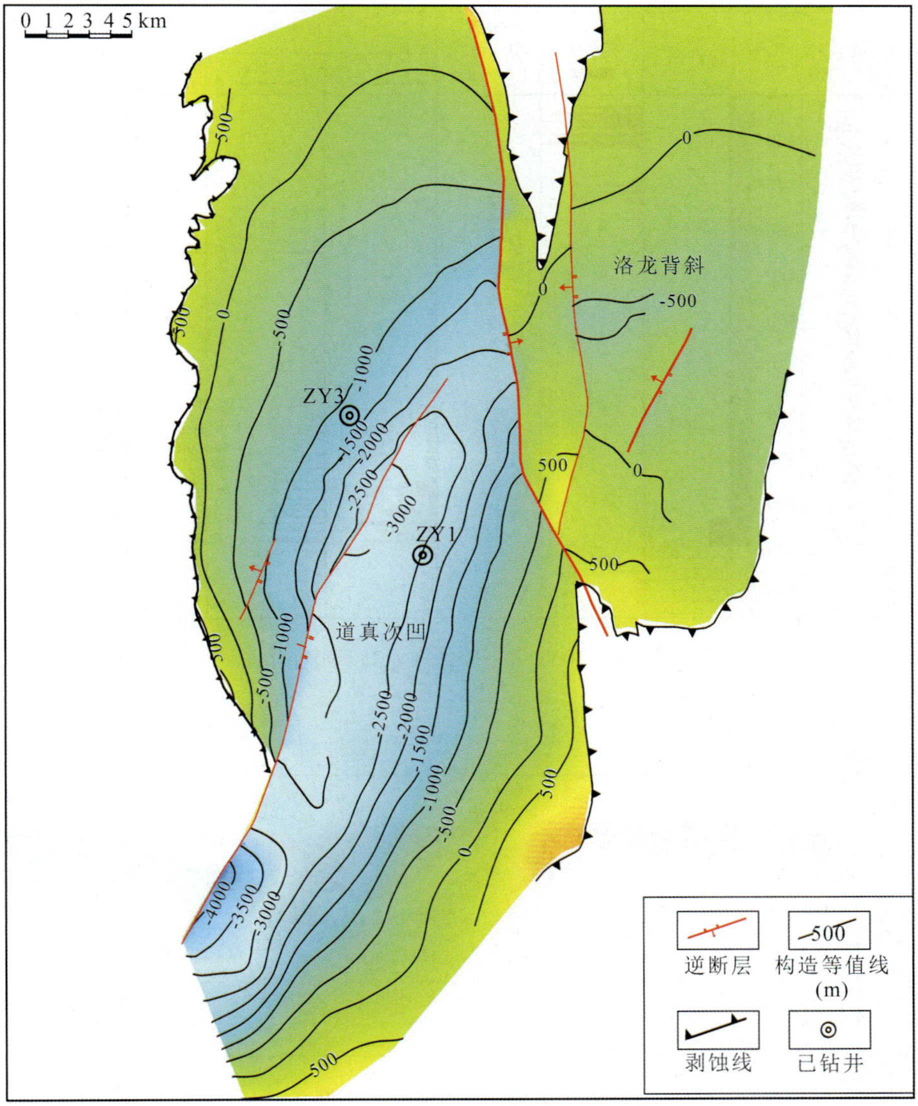

图 1-10　道真向斜五峰组底面构造图

（据李东海，2022）

32~35 m，*TOC* 为 4.0%~4.5%，石英含量 55%~-65%，孔隙度 2.99%~6.45%，部署在武隆向斜的 3 口井均揭示具较好的含气性：LY1 测井解释总含气量 5.56 m^3/t，压力系数 1.08；LY2 测井解释总含气量 5.65 m^3/t，压力系数 1.06；LY3 测井解释总含气量 5.36 m^3/t，压力系数 1.17。地震资料综合预测武隆地区地层压力系数在 1.0~1.2 之间，向斜核部压力系数达到 1.1~1.2，综合来看，武隆向斜五峰组—龙马溪组含气性好，同样具有向斜核部页岩气富集程度高的特征，与桑柘坪向斜的富集规律类似。

3 口井的测试和试采效果较好，LY1 井 2015 年 11 月完成测试，测试稳定日产气为 5.8×10^4 m^3，自喷生产。2016 年 1 月开始试采，截至 2020 年 7 月，日产气 1.26×10^4 m^3，累计试采 1626d，开井天数 1382d，累产气 3582×10^4 m^3，平均日产气 2.59×10^4 m^3。LY2

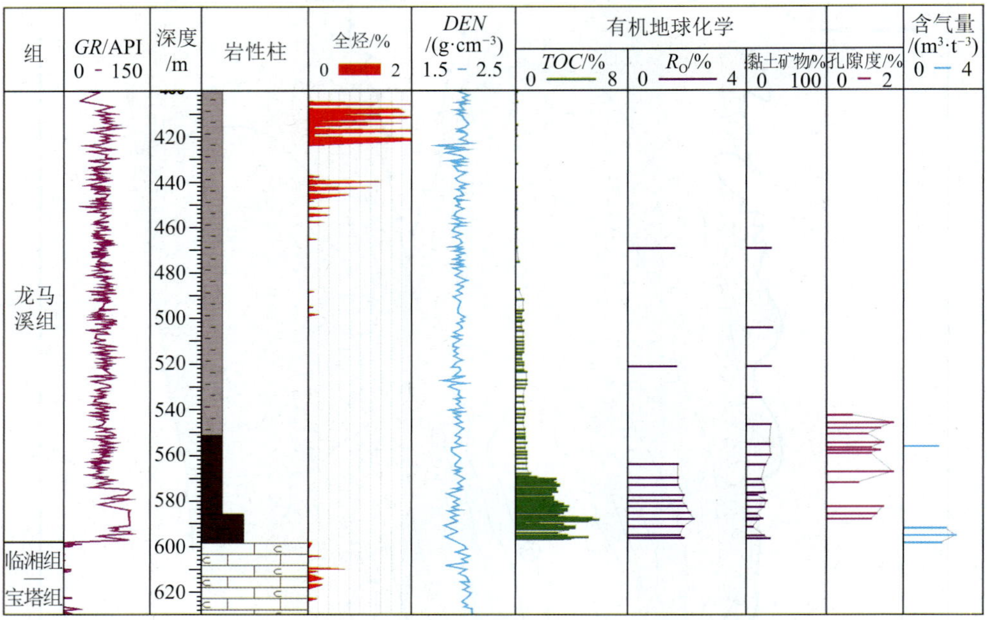

图 1-11　DY1 井五峰组—龙马溪组柱状图

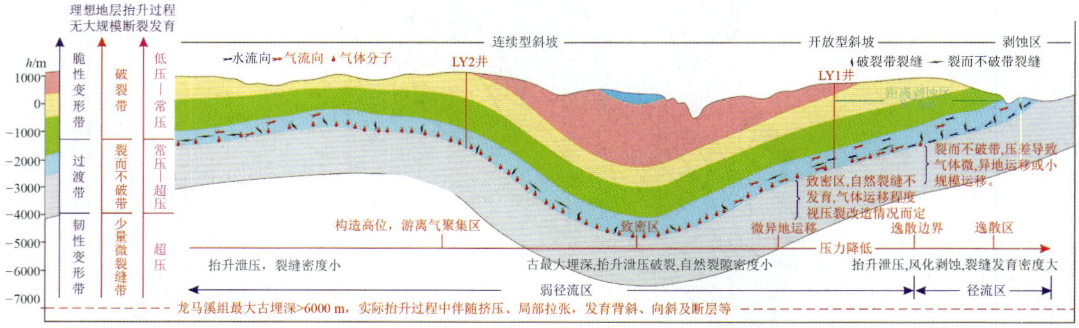

图 1-12　武隆向斜页岩气富集模式图

（据张海涛，2018）

井 2018 年 2 月测试稳定日产气 9.22×10^4 m^3。2018 年 9 月开始试采，截至 2020 年 7 月，日产气 1.05×10^4 m^3，累计试采 679d，开井天数 619d，累产气 1431×10^4 m^3，平均日产气 2.31×10^4 m^3（郭彤楼 2020）。LY3HF 井在五峰组—龙马溪组试获日产气 7.2×10^4 m^3。

武隆地区优质页岩厚 32 m，孔隙度 4.21%，含气量 4.83 m^3/t，地层压力系数 1.06，这些参数略低于焦石坝地区，但高于彭水地区（表 1-2）。

近期在老厂坪背斜部署的风险探井——坪地 1HF，目的层埋深 1000 m 左右，压力系数 0.99，自投产 2 年多来累计产气超 800×10^4 m^3，展现出浅层常压页岩气广阔的勘探前景。

第二章 页岩生烃物质基础

第一节 富有机质页岩空间展布特征

一、区域构造沉积背景

彭水及邻区下古生界上奥陶统五峰组—下志留统龙马溪组页岩在建造和改造过程受中国南方盆地构造演化控制明显（表 2-1），以志留纪末的加里东运动和中、晚三叠世的印支运动为界，南方中生代、古生代海相沉积盆地演化划分为新元古代—早古生代、晚古生代—中生代早期两大沉积建造阶段，印支运动结束了南方海相沉积盆地的发育史，并使之后的盆地构造演化进入了一个全新的时期，在与古生代完全不同的构造运动控制下，盆地经历了多次陆内变革与相应的发育过程。

表 2-1 中国南方盆地构造演化过程

演化阶段			区域构造特点	发育的主要盆地原型
中新生代	陆内造山-挤榨排斥	N-Q	区域隆升、盆地萎缩	陆内坳陷（中下扬子）
		K_2-E	西部弱挤压，挤榨-排斥、东部伸展	西部挤榨前渊、走滑，东部中下扬子拉张断陷
		J_3-K_1	西部挤榨-排斥、东部走滑	以齐岳山断裂为界，西部挤榨前渊，东部走滑
		T_3-J_{1-2}	陆内造山	挤榨前渊
晚古生代—中生代早期	古特提斯扩张-俯冲-关闭	P_2-T_{1-2}	幕式伸展拉张	裂陷、台内坳陷或断坳，形成龙潭组含煤黑色泥页岩
		C_2-P_1		台内拗陷或断-坳
		D-C_1		裂陷（南缘）、前陆盆地（北缘）及台内坳陷
新元古代—早古生代	华南古陆裂解-离散-拼贴增生	O_3-S	陆块拼贴造山	前陆盆地、台内坳陷形成龙马溪组黑色页岩
		Z_2-O_2	陆块离散	被动大陆边缘盆地，形成牛蹄塘组黑色页岩
		Qb-Z_1	华南古陆裂解	裂陷

新元古代—早古生代盆地主要发育在陆缘，并呈现由裂谷（Qb-Z_1）-被动大陆边缘坳陷（Z_2-O_2）-碰撞前渊（O_3-S）有规律的盆地原型演化序列，陆内则相应由隆起

（Qb-Z_1）下沉为稳定的碳酸盐台地（Z_2-O_2，中间高、四周低）至整体坳陷下沉的台内坳陷（O_3-S，中间低、四周高），它们分别对应于该阶段陆块的裂解-离散-汇聚碰撞不同的构造运动体制。五峰组—龙马溪组黑色页岩形成和发育于 O_3-S 台内坳陷中。

晚奥陶世—志留纪期间（图 2-1），受华夏裂解的一些地块及湘桂等地块先后与扬子陆块东南缘的碰撞拼贴作用影响，扬子东南先前被动边缘转化为前陆盆地，主要表现为：自晚奥陶世起东南部沉积了一套巨厚浅水碎屑复理石，并在江南-雪峰一带形成前陆后缘隆起。同时，受此造山影响，扬子地台沉降，形成滞流坳陷盆地，发育了区域稳定分布的五峰组—龙马溪组富有机质碳、硅质泥页岩。

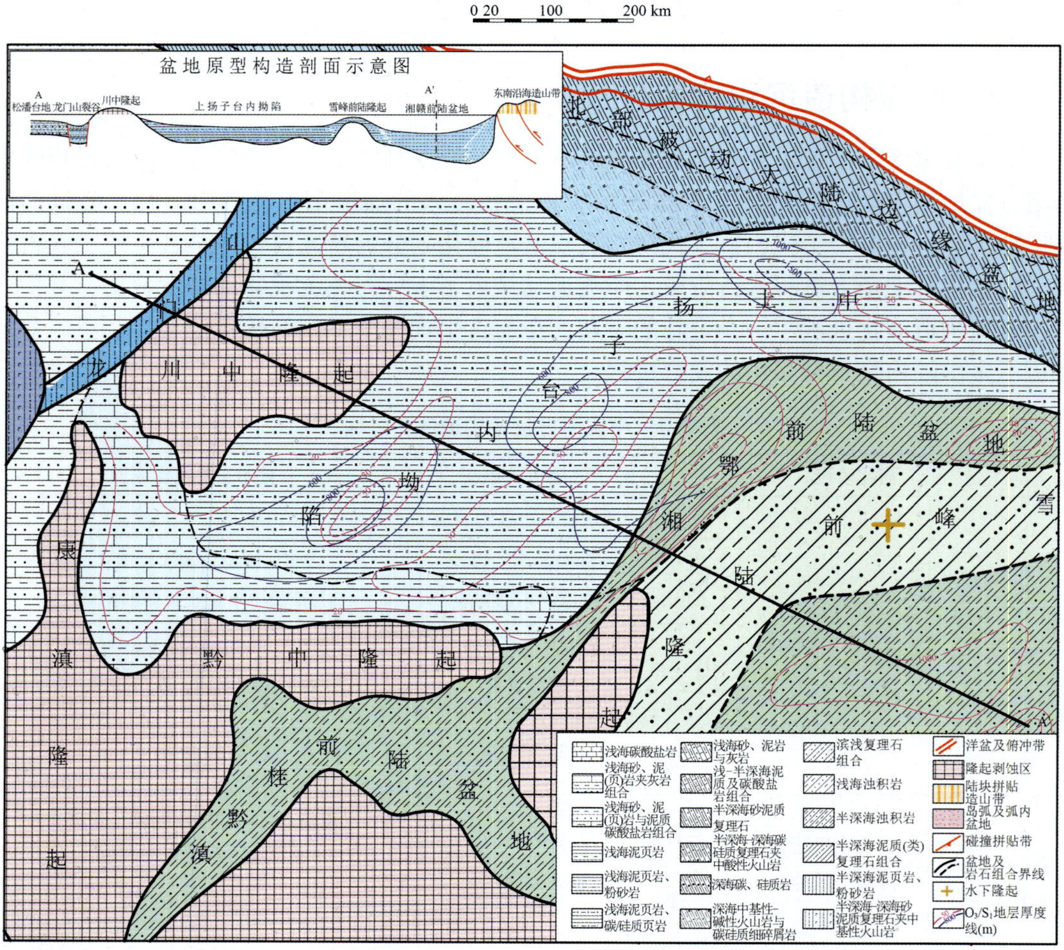

图 2-1　彭水及邻区晚奥陶世—志留纪盆地原型分布图

五峰组沉积期：发生大面积海侵，以川中隆起、黔中、雪峰隆起为限，四川盆地及周缘主体处于深水陆棚相沉积环境，沉积了厚 2~7 m 的黑色硅质页岩层系，可见大量放射虫、笔石等生物化石。

观音桥段沉积期：海水快速退缩，泸州、永川、南川、彭水等地区沉积一套 0.4~0.6 m 厚，含腕足、棘皮、介形虫的介壳泥灰岩。

龙马溪组一段（下文简称龙一段）沉积期：基本保持五峰组的沉积格局，再次发生大面积较长时期海侵，泸州–南川–武隆–焦石坝等地区处于深水陆棚相沉积中心，沉积一套 80～120 m 厚的富含笔石硅质页岩，硅质以呈分散状的隐晶质燧石、蛋白石为主，黄铁矿及笔石、放射虫等生物丰富，页理较发育，笔石生物群常呈层状分布，*TOC* 含量高，分布稳定。

龙马溪组二–三段（下文简称龙二段—三段）沉积期：发生缓慢持续海退，由半深水陆棚逐步过渡为浅水陆棚，岩性变粗，颜色变浅，笔石等化石含量减少，厚度差异较大，在 120～240 m 之间。

二、五峰组—龙马溪组沉积特征

1. 沉积模式

浅海陆棚的上限位于正常浪基面附近，下限水深一般在 200 m 左右，平面上向陆方向紧靠滨岸相带，沉积物多以暗色的泥级碎屑物质为特征。依据水动力条件、岩石类型及其组合关系、岩石颜色、沉积构造、沉积环境、古生物组合、指相矿物等特征，将浅海陆棚进一步划分为浅水陆棚和深水陆棚两种亚相环境沉积（图 2–2）。

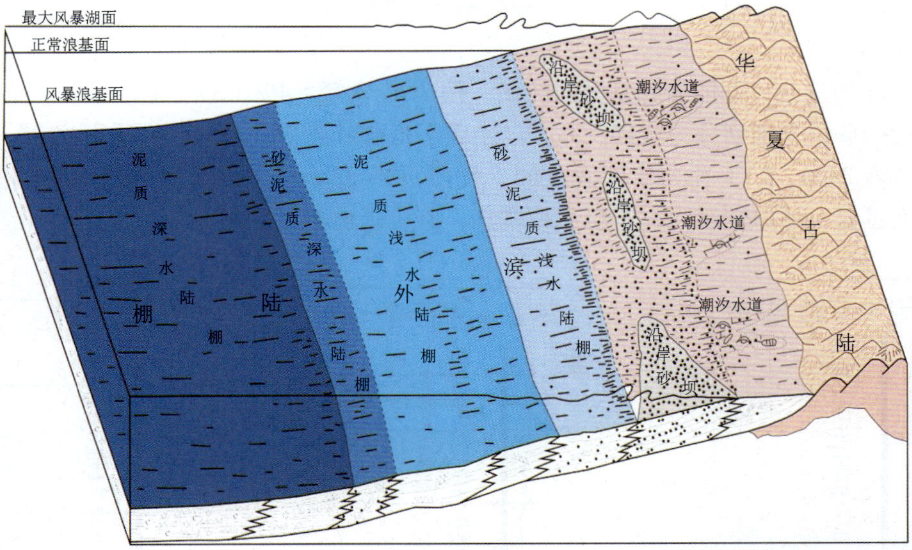

图 2–2　川东南及邻区晚奥陶世—志留纪沉积相模式图

深水陆棚亚相：位于风暴浪基面以下，水深一般处于 40～200 m，属静水环境，偶受特大风暴浪影响，沉积物常以细粒黑色岩系为典型特征。岩性主要由灰黑色泥岩、页岩、含粉砂页岩组成。其中，暗色页岩常具毫米级纹层状或片状页理构造，黄铁矿常呈星散粒状、小透镜状、条带状或纹层状产出，水平纹层发育。生物化石丰富，门类单调。其中，笔石占绝对优势，同时见硅质放射虫和硅质海绵骨针等生物化石，属安静、贫氧、深水的还原环境沉积，有利于有机质富集与保存，可细分为硅质深水陆棚、含钙质硅质深水陆棚、泥质深水陆棚 3 种微相。一般发育于五峰组—龙马溪组一段下部。

浅水陆棚亚相：位于正常浪基面之下至风暴浪基面之间的相对浅水区，水深一般处于

20~40 m，属静水低能环境，常有特大风暴浪影响。沉积物以暗色陆源泥级和粉砂级碎屑物质为主，为弱还原-还原环境，可细分为砂泥质浅水陆棚、泥质浅水陆棚、钙质浅水陆棚 3 种微相沉积。

2. 沉积特征

彭水-武隆-涪陵地区五峰组—龙马溪组优质页岩段（*TOC* 含量≥2.0%）发育规模与所处的沉积环境密切相关。从图 2-3 中可以看出，JY1 井、LY1 井和 PY1 井五峰组—龙马溪组优质页岩沉积时期均处于深水陆棚环境，沉积水体深度具有一定差异，PY1 井相对更靠隆起。

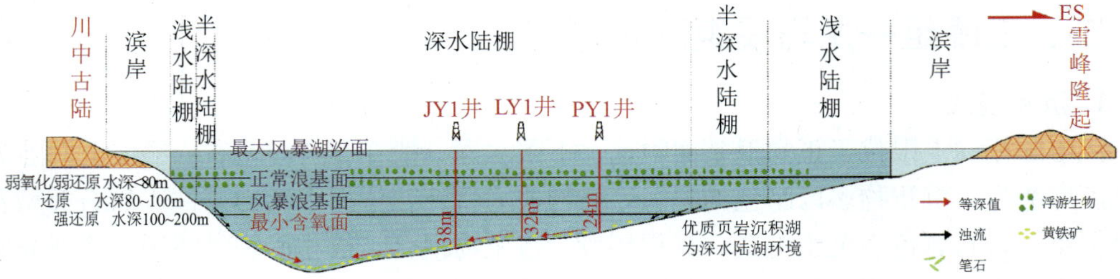

图 2-3 彭水-涪陵地区五峰组—龙马溪组优质页岩发育模式图

（据何希鹏等，2019）

图 2-4 为这三口井的岩相划分对比图。按 *TOC* 含量≥4%、3%~4%、2%~3%、1%~2%和小于 1%，分别划分为富碳、高碳、中碳、低碳和含碳，JY1 井优质页岩 38 m，PY1 井优质页岩 24 m，LY1 井介于两者之间，优质页岩 32 m。由此可以看出，在陆棚相内，水体深度越深，还原性越强，有机质越富集，有机碳也相对更高。

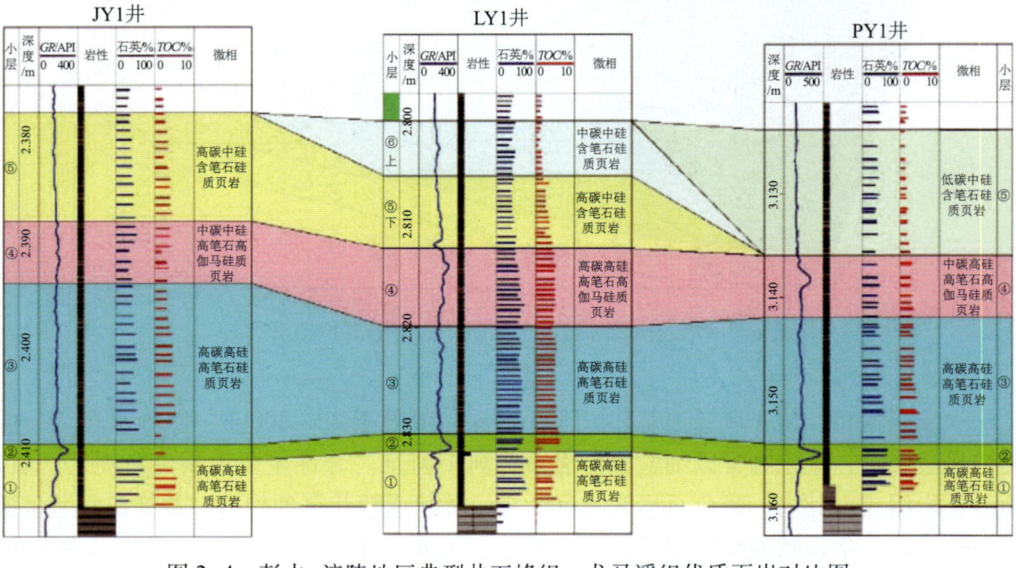

图 2-4 彭水-涪陵地区典型井五峰组—龙马溪组优质页岩对比图

（据方志雄等，2016）

3. 沉积相展布

晚奥陶世—早志留世，在康滇古陆、川中古隆起（古陆）、黔中古隆起、雪峰古隆起所围限的坳陷内，发育深水陆棚相优质页岩，深水陆棚相优质页岩主要分布在五峰组—龙马溪组下部。川东城口-万州-石柱-涪陵-南川一带（齐岳山断裂两侧），硅质深水陆棚相广泛分布，涪陵、东胜、平桥、东溪地区大量钻井揭示五峰组—龙马溪组下部表现为硅质深水陆棚相特征。与川东地区不同，在川西南和川南部分地区，如赤水-威远-雷波一带，五峰组—龙马溪组下部碳酸盐矿物含量相对较高，一般达到15%~25%之间，表现为含钙硅质深水陆棚沉积特征，威远地区龙马溪组钻井岩芯上可见较为明显的浅色纹层。导致碳酸盐矿物含量偏高的原因可能与该地区沉积水体较为局限滞留有关。受晚奥陶世构造格局及都匀运动的影响（在宜昌地区称为宜昌上升），在湘鄂西一带发育水下隆起，该地区河页1井揭示龙马溪组下部优质页岩缺失（图2-5）。

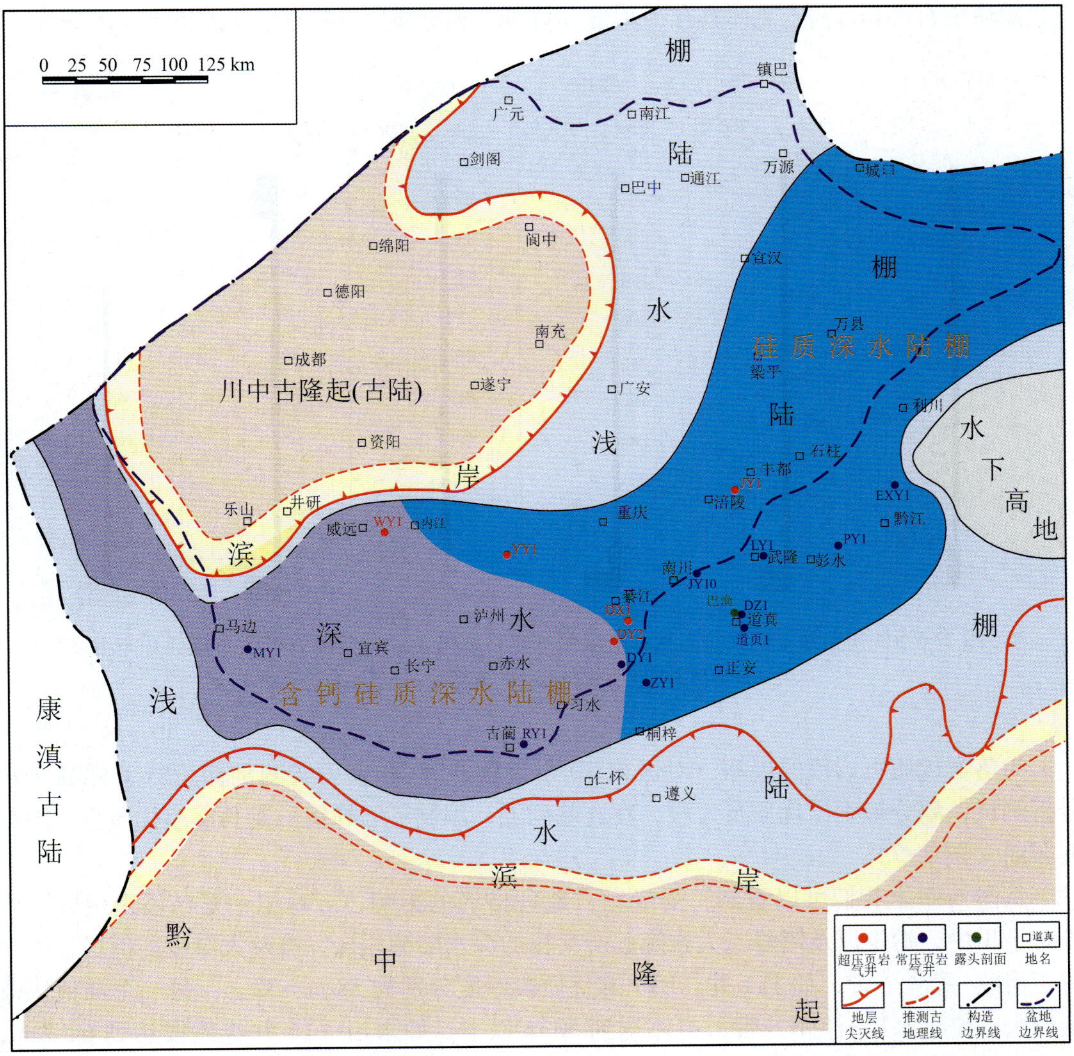

图2-5 四川盆地及周缘五峰组—龙马溪组早期沉积相图

三、五峰组—龙马溪组优质页岩展布

页岩中的有机质是生成页岩气和形成有机孔的重要基础。勘探实践表明，五峰组—龙马溪组中，*TOC* 含量≥2.0%的富有机质页岩具备形成页岩气的良好条件，可以提供较为充足的烃气源，还可以形成较为丰富的有机质孔隙，因此将 2.0%作为五峰组—龙马溪组优质页岩的 *TOC* 下限。

钻井揭示，四川盆地及周缘地区 *TOC* 含量≥2.0%的优质页岩主要发育在五峰组、观音桥段和龙马溪组一段下部的地层，其中五峰组下部为 3~6 m 灰黑色碳质笔石页岩，间夹 1 mm 至 2 cm 的条纹或条带状斑脱岩；五峰组上部观音桥段则相对较薄，多为 0~0.7 m 的含灰碳质页岩或含介壳泥质白云岩或泥质灰岩，龙马溪组一段下部则为厚 20~30 m 的黑灰色、黑色碳质笔石页岩，向上总体具有 *TOC* 含量降低、粉砂质含量略有增加的趋势（图 2-6）。

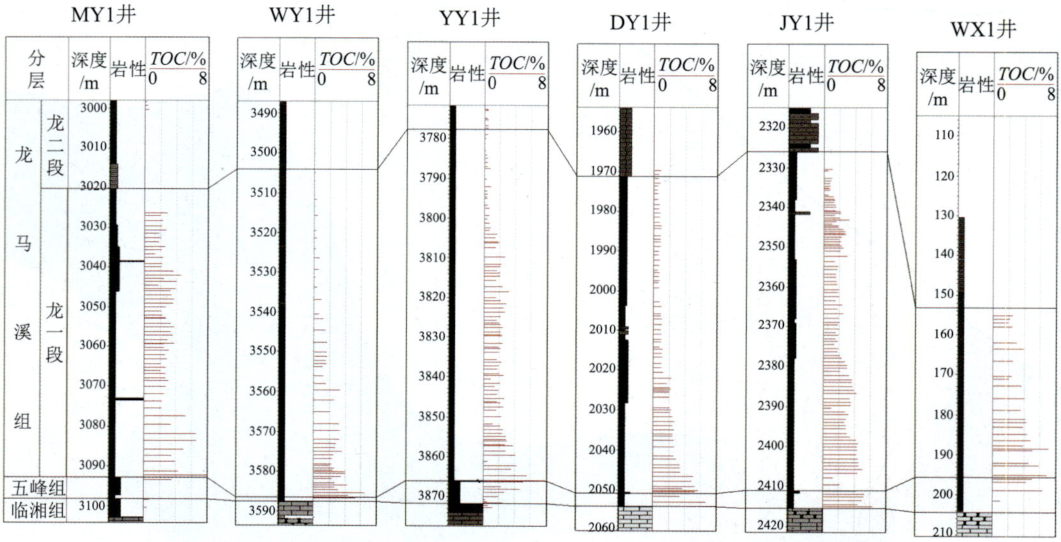

图 2-6　四川盆地及周缘重点探井五峰组—龙马溪组一段泥页岩 *TOC* 含量纵向分布图

（据四川油气区（中国石化）编纂编总会，2022）

为落实优质页岩段的展布，对区内 30 余口钻井和 10 余条实测剖面进行了样品 *TOC* 分析测试，划分识别出优质页岩段，在此基础上，编制了五峰组—龙马溪组优质页岩厚度展布图（图 2-7）。

从图 2-7 上我们可以看到，受隆坳古地理格局的影响，五峰组—龙马溪组优质页岩分布于川中、黔中以及雪峰三大古隆起所夹持的深水陆棚相区，有两大厚度高值区，一个位于涪陵-武隆一带，如 JY1 井、LY1 井优质段厚度分别为 38 m、32 m；另一个高值区范围较大，位于永川-泸州一带，主体达到 50 m 以上，如永川 YY1 井优质段达到 64.2 m，往浅水陆棚逐渐减薄为 20 m 以下，如桐梓容光、九坝和道真安场地区。

图 2-8 是五峰组—龙马溪组优质页岩南北方向厚度对比图，从图上可以看到，从北面的 JY1 井往南至南川、武隆、东溪、道真、安场、松坎地区，优质页岩厚度表现出逐渐减薄的趋势，从 38 m 减薄至 21 m，优质页岩厚度减薄与距离黔中、雪峰隆起距离逐渐减小有关。

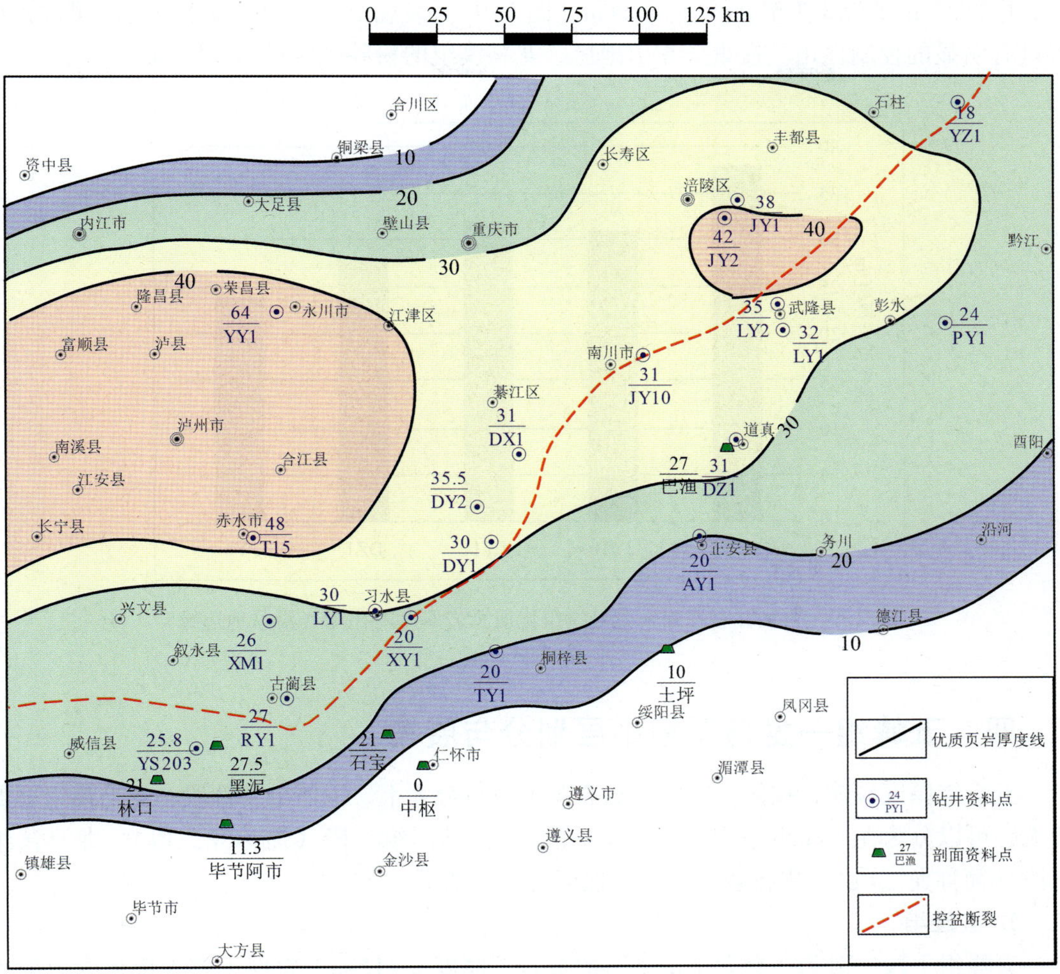

图 2-7　彭水及邻区五峰组—龙马溪组优质页岩厚度展布图

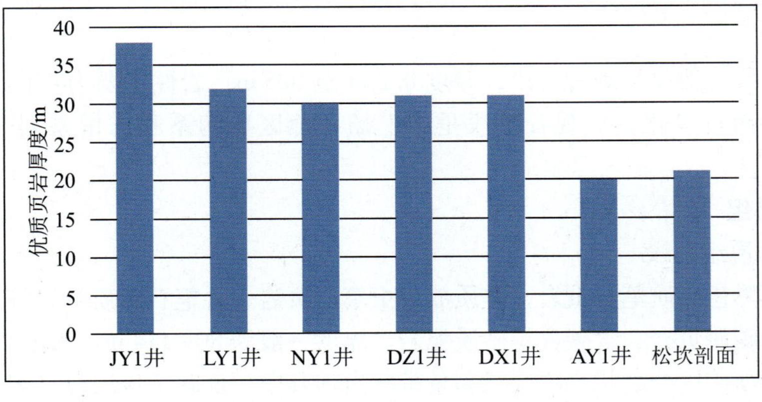

图 2-8　典型井五峰组—龙马溪组优质页岩厚度对比图

从涪陵焦石往东至南川金佛、武隆、道真、彭水地区，优质页岩厚度逐渐减小，从JY1井的38 m逐渐减薄至PY1井的24 m（图2-9）。表现出雪峰隆起对于龙马溪组优质页岩具有明显的控制作用。在重庆秀山地区，龙马溪组的粉砂质含量明显增加。

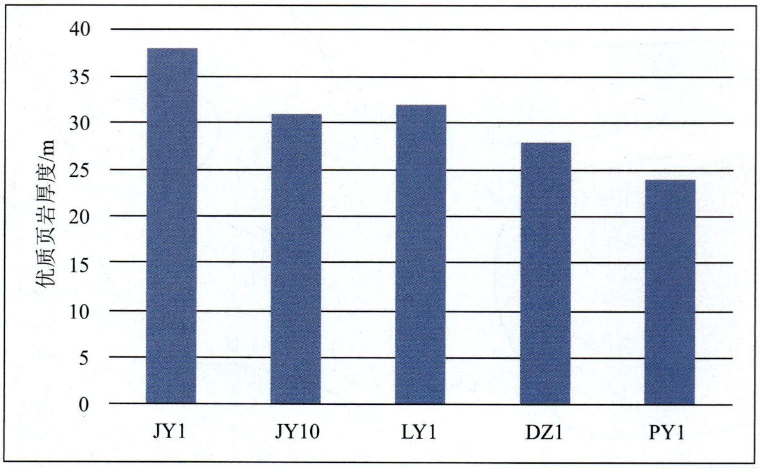

图2-9　典型井五峰组—龙马溪组优质页岩厚度对比图（沿盆地边缘）

四、五峰组—龙马溪组小层划分与展布

五峰组厚度较薄，按照生物群和岩石类型可以分为上、下两个岩性段；龙马溪组厚度较大，可以分为龙马溪组一段（简称龙一段）、龙马溪组二段（简称龙二段）、龙马溪组三段（简称龙三段），现将各层段的岩性简要介绍如下。

1. 五峰组

五峰组下段一般为一套含丰富笔石的页岩，厚度2~12 m，岩性主要为黑色含放射虫碳质笔石页岩，笔石含量高，还发育少量腕足、介形类化石，放射虫局部富集（图2-10）；水平纹层发育，分散状黄铁矿多见。此外在焦石坝、彭水等地区还常见数层厚度0.2~3 cm不等的斑脱岩条带。电性特征具有高自然伽马、低密度、高电阻率、高声波时差特征。

五峰组上段一般是指观音桥段，厚度0.2 m至0.5 m，岩性主要为灰色含生屑含碳灰质泥岩，含赫南特贝化石。观音桥段是中上扬子地区奥陶系和志留系划分的区域性标志层。

2. 龙马溪组

（1）龙马溪组一段

岩性以灰黑色碳质笔石页岩、硅质放射虫笔石页岩、含笔石碳质页岩等为主，含少量灰黑色含笔石碳质页岩、含碳含粉砂质泥岩。厚度一般为80~114 m。水平纹层极为发育，笔石丰富，黄铁矿以分散状、团块状和条带状出现其中，反映了该层段沉积时期水体表现为缺氧、滞留、还原特点，测井曲线上具有高GR响应特征。

该层段具有自下而上颜色逐渐变浅、粉砂含量逐渐增高和笔石含量逐渐减少的特征，

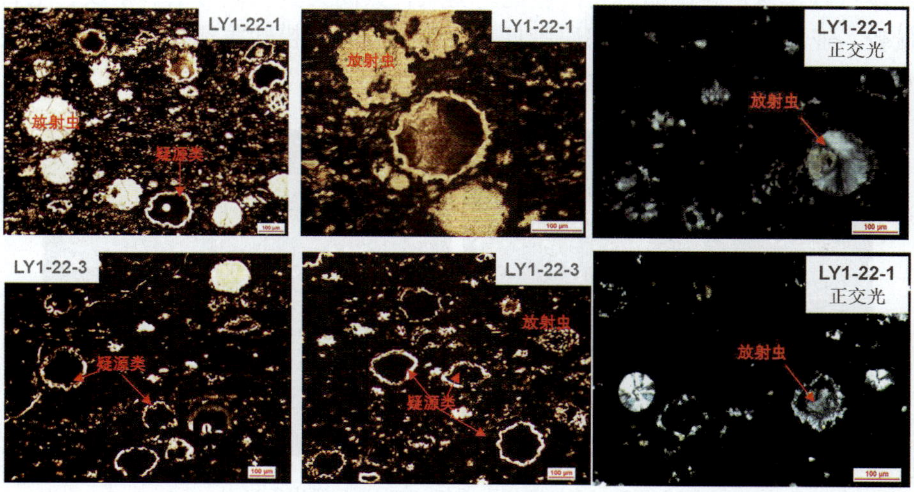

图 2-10　LY1 井五峰组页岩

（含丰富的放射虫、疑源类）

此外与笔石共生的硅质放射虫、海绵骨针等化石同样具有逐渐减少的变化趋势。根据化石含量、颜色、岩性组合特征，将龙一段进一步分为 3 个亚段。

一亚段：以黑色含碳质放射虫笔石页岩为主，夹薄层状黄铁矿，笔石丰富，镜下可见大量的硅质放射虫和海绵骨针（图 2-11），是目前四川盆地及周缘页岩气勘探开发的主力层段。

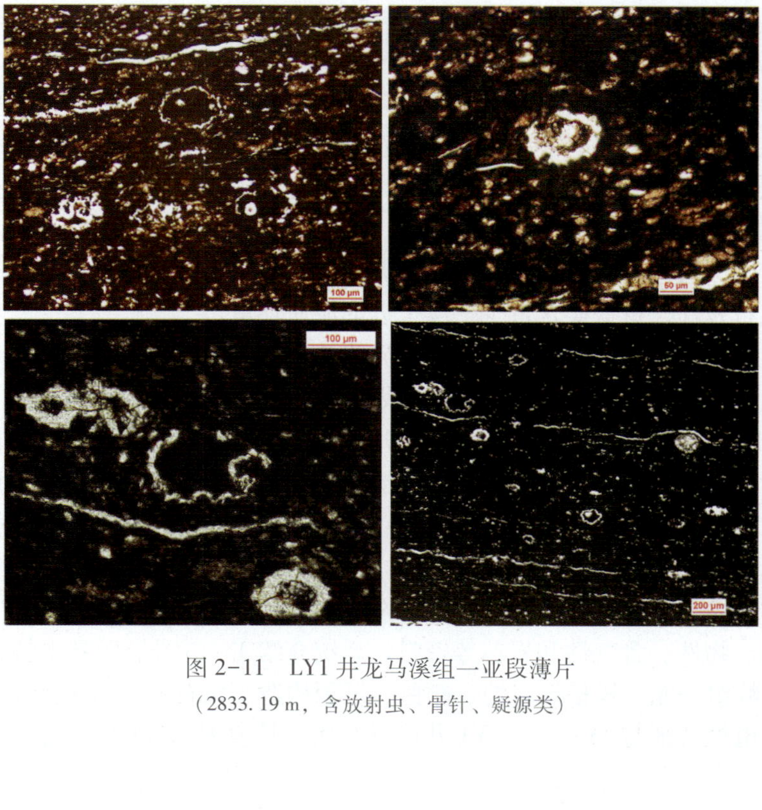

图 2-11　LY1 井龙马溪组一亚段薄片

（2833.19 m，含放射虫、骨针、疑源类）

二亚段：以黑灰色含碳质含粉砂质泥岩为主，其间夹黄铁矿薄层、条纹，笔石和放射虫的含量较一亚段有所减少，局部层段见顺层集中分布的粉砂质条纹，与泥质条纹呈频繁的韵律互层（图 2-12），为低密度浊流环境产物。

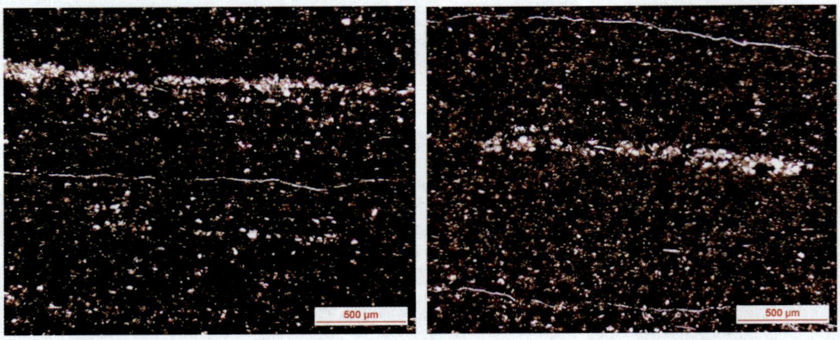

图 2-12　LY1 井龙马溪组二亚段下部岩石薄片

三亚段：以灰黑色含笔石碳质页岩为主，可见放射虫，黄铁矿晶粒以分散状分布，水平纹层发育。

（2）龙马溪组二段

该段地层厚度为 20~80 m，根据化石含量、颜色、岩性组合特征，将龙二段进一步分为 3 个亚段。

一亚段：岩性以深灰色粉砂岩为主，局部夹粉砂质泥岩，粉砂岩呈中厚层状、块状，与下伏泥质岩之间具有较为明显的底冲刷特征，属浅水陆棚环境低密度浊流沉积。

二亚段：岩性为黑灰-灰黑色泥岩夹粉砂质条带，偶见笔石碎片，具水平层理，表现出浅水陆棚沉积特征。

三亚段：岩性为灰-深灰色粉砂岩与粉砂质泥岩及泥岩互层，泥岩具水平层理，粉砂岩呈中-厚层、块状，与下伏泥质岩之间具有较为明显的底冲刷特征，属浅水陆棚环境低密度浊流沉积。

（3）龙马溪组三段

该段岩性以深灰色、灰色泥岩为主，偶夹薄层粉砂质条带，厚度为 120~160 m，块状构造，偶见笔石残片，黄铁矿含量少，属于近滨泥质环境。

依据上述五峰组、龙马溪组各段顶、底界线的划分标志，结合各段地层岩性、古生物以及测井曲线上的组合等特征，统一了地层划分方案，将龙一段一亚段底部具有高 U、异常高 GR、低 RT、高 AC 的灰黑色碳质笔石页岩段确定为②号层，由于该层在川西南、川东南等地区钻井普遍分布且标志明显，以此层作为龙马溪组底部的区域标志层。龙一段一亚段从底部往上依次为②、③、④、⑤号层，二亚段为⑥、⑦号层，三亚段为⑧、⑨号层，五峰组（含观音桥段）为①号层。

其中①~⑤号层是目前页岩气勘探开发的主力小层。下面以武隆向斜 LY1 井为例，结合岩性、电性、物性、含气性和岩芯等资料，系统介绍①~⑤号层的基本特征。

LY1 井五峰组—龙一段根据岩性、颜色、沉积构造、化石特征自下而上可分为①~⑨小层，岩性、电性特征与 JY1 井、PY1 井可以对比。其中①~⑤小层为优质页岩段，总厚度为 32 m（表 2-2、图 2-13），岩性为黑色硅质页岩，页理发育，直笔石含量高于 40%，底部高角度裂缝发育，多为方解石充填。

表 2-2　LY1 井五峰组—龙马溪组优质页岩分层

小层	顶深/m	底深/m	厚度/m
⑤	2805.0	2812.3	7.3
④	2812.3	2819.8	7.5
③	2819.8	2830.1	10.3
②	2830.1	2831.8	1.7
①	2831.8	2837.0	5.2

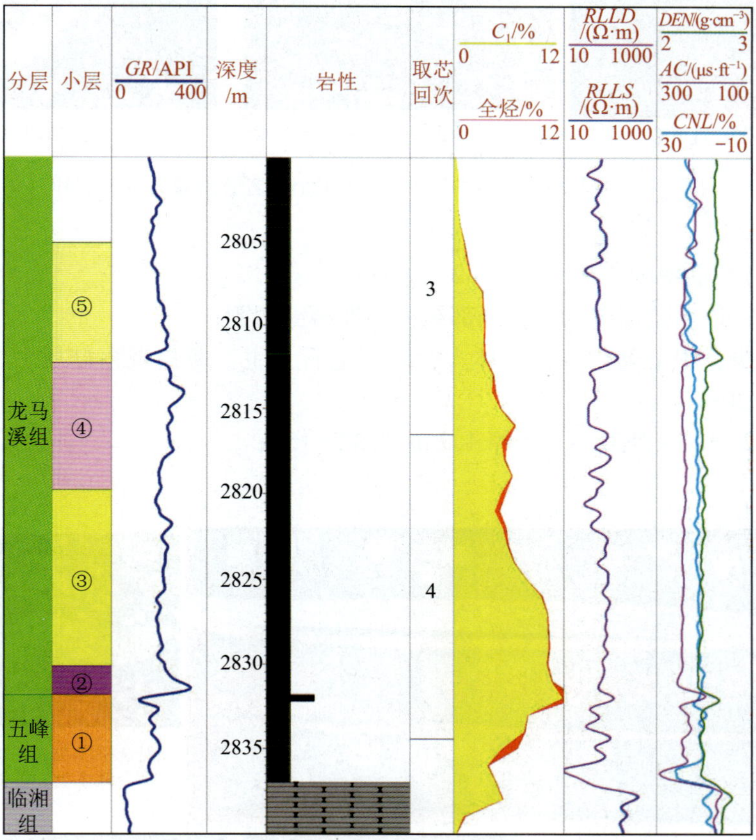

图 2-13　LY1 井五峰组—龙马溪组优质页岩柱状图

下面对重点小层的岩性和电性特征进行介绍。

①号层：2831.8~2837 m，厚 5.2 m（图 2-14）；

岩性：黑色硅质页岩，顶为 0.37 m 厚观音桥段含介壳灰质泥岩，底部为 4 cm 厚灰色泥岩；

电性：为中高伽马（160~200API）、中高电阻率（50~80Ω · m）、高声波时差

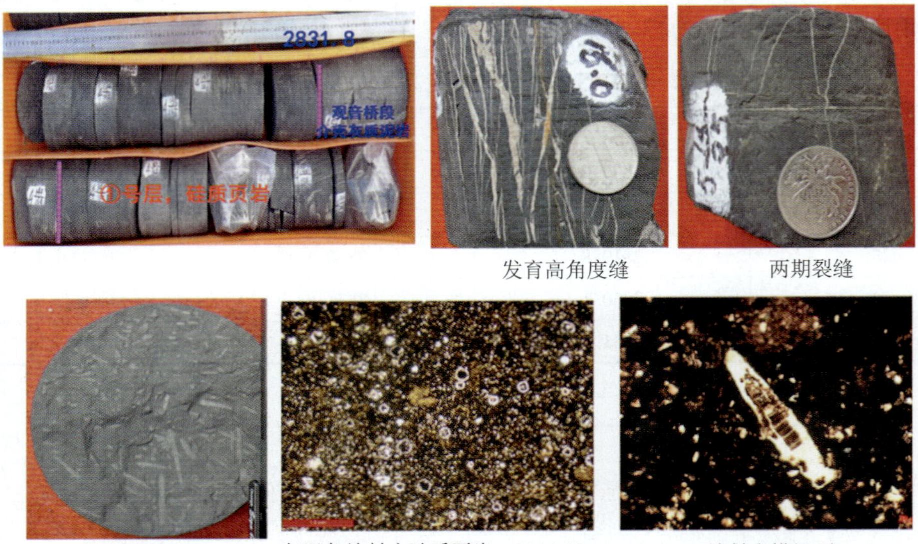

发育高角度缝　两期裂缝

发育直笔石　灰黑色放射虫硅质页岩，2833.22m　放射虫横切面

图 2-14　LY1 井五峰组—龙马溪组①小层岩芯宏观与微观照片

（220~260s/m）、低密度特征（2.45~2.5 g/cm^3）。

裂缝发育：以高角度缝为主，局部纵横两期裂缝切割；

底部笔石少，中上部增多，个体大，以直笔石为主，薄片观察硅质含量约 60%，其中放射虫含量 20%。

②号层：2830.1~2831.8 m，厚 1.7 m（图 2-15）；

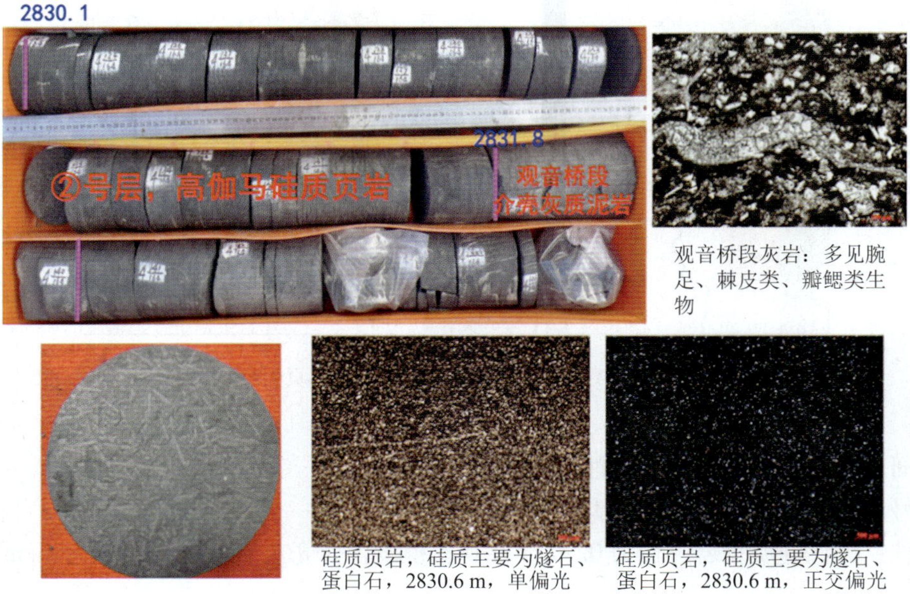

观音桥段灰岩：多见腕足、棘皮类、瓣鳃类生物

硅质页岩，硅质主要为燧石、蛋白石，2830.6 m，单偏光　硅质页岩，硅质主要为燧石、蛋白石，2830.6 m，正交偏光

图 2-15　LY1 井五峰组—龙马溪组②小层岩芯宏观与微观照片

岩性：位于观音桥段之上，岩性为黑色硅质页岩；

电性：为高伽马（250~340API）、中高电阻率（55~70Ω·m）、高声波时差（250~260s/m）、低密度特征（2.4~2.45 g/cm^3）。

笔石含量丰富，个体变化大，面孔率可达90%以上。

薄片下硅质含量60%，黏土矿物与有机质含量27%，方解石含量2%，黄铁矿含量4%。

③号层：2819.8~2830.1 m，厚10.3 m（图2-16）；

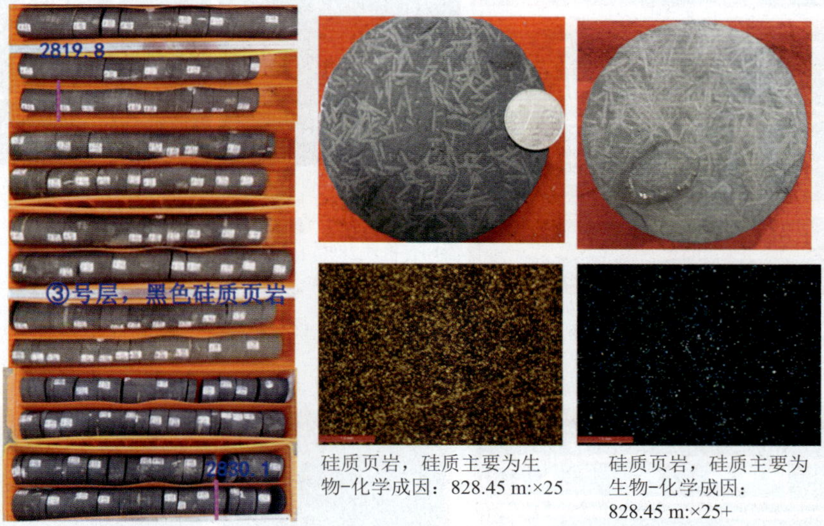

硅质页岩，硅质主要为生物-化学成因：828.45 m:×25

硅质页岩，硅质主要为生物-化学成因：828.45 m:×25+

图2-16 LY1井五峰组—龙马溪组③小层岩芯宏观与微观照片

岩性：黑色硅质页岩，高角度裂缝不发育，纹层发育；

电性：为较高伽马（190~250API）、高电阻率（50~100Ω·m）、高声波时差（240~250s/m）、低密度特征（2.45~2.5 g/cm^3）。

笔石：下部以短而粗的直笔石为主，上部出现树笔石、细小笔石为主，面孔率80%以上；黄铁矿呈纹层状、结核状分布。

薄片下硅质含量55%~58%，黏土矿物与有机质含量25%，碳酸盐矿物5%，黄铁矿3%。

④号层：2812.3~2819.8 m，厚7.5 m（图2-17）；

岩性：黑色硅质页岩，水平缝及页理发育，偶见高角度裂缝；

电性：为高伽马（220~310API）、中低电阻率（30~50Ω·m）、高声波时差（240~250s/m）、中低密度特征（2.45~2.55 g/cm^3）。

水平缝及页理发育，偶见高角度裂缝；笔石含量较多，直笔石为主；

薄片下硅质含量60%左右，局部硅质呈条带状分布。

⑤号层：2805~2812.3 m，厚7.3 m（图2-18）；

岩性：黑色硅质页岩，水平缝及页理发育，发育几组平行的高角度裂缝；

电性：为中低伽马（160~235API）、中高电阻率（30~60Ω·m）、中高声波时差（220~250s/m）、中密度特征（2.55~2.65 g/cm^3）。

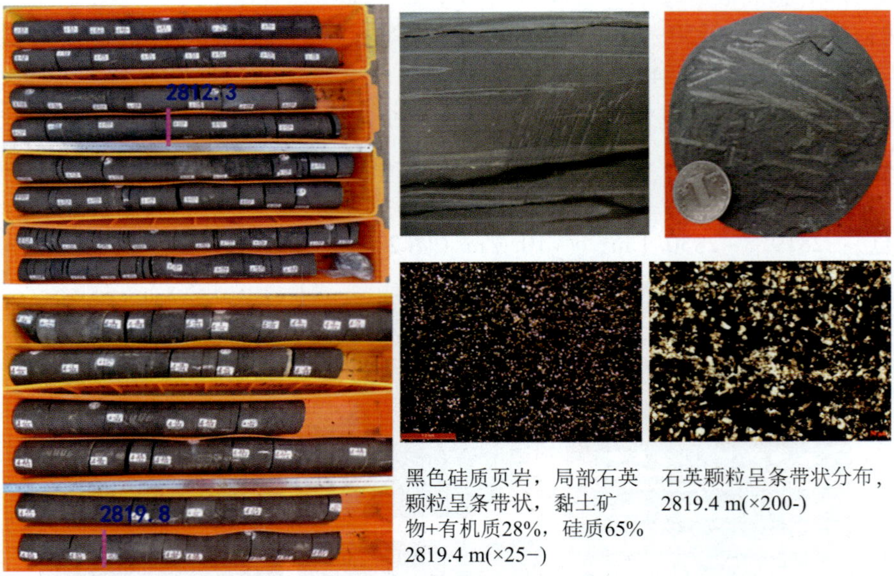

图 2-17　LY1 井五峰组—龙马溪组④小层岩芯宏观与微观照片

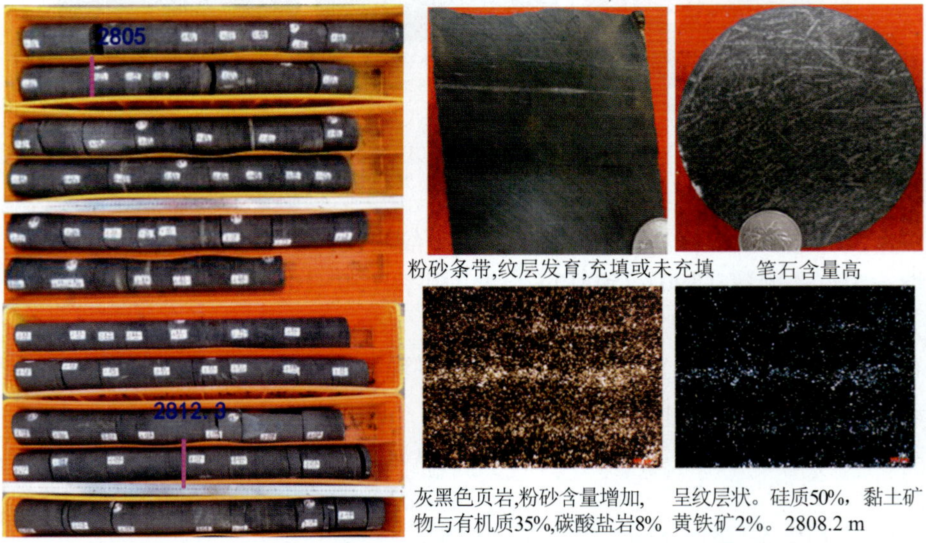

图 2-18　LY1 井五峰组—龙马溪组⑤小层岩芯宏观与微观照片

为纹层状页岩，下部笔石含量丰富，可达 90%以上，上部笔石含量逐渐减少；顶部纹层特别发育，密度达 80 条/15 cm，宽度可达 0.5 mm，纹层为方解石，或黄铁矿充填或部分充填。

为了更加直观地描述彭水及邻区五峰组—龙马溪组不同小层厚度展布特征，对彭水及邻区的近 20 口钻井剖面五峰组—龙马溪组开展了小层划分与对比工作，在小层对比基础上，重点针对①、②~③、④、⑤小层分别编制了厚度分布图。

对于①小层（五峰组），从区域上来看，晚奥陶世五峰组沉积时期，四川盆地及周缘发育川西南、川东北两个沉积中心，五峰组（①小层）厚度总体在 2~12 m 之间，其中自贡-宜宾-大关一带为川西南沉积中心，五峰组厚度在 8~10 m 之间；彭水-恩施-利川-巫溪一带为川东北沉积中心，五峰组厚度在 6~10 m 之间；南川-涪陵-丁山一带，五峰组厚度相对较薄，一般为 2~6 m。

彭水及邻区①小层平面上有两个厚度相对较大的区域，一个是石柱-盐井一带，①小层厚度 6~9 m；另一个是綦江-南川一带，①小层厚度在 6 m 左右，与区域上的展布规律基本一致（图 2-19 左图）。

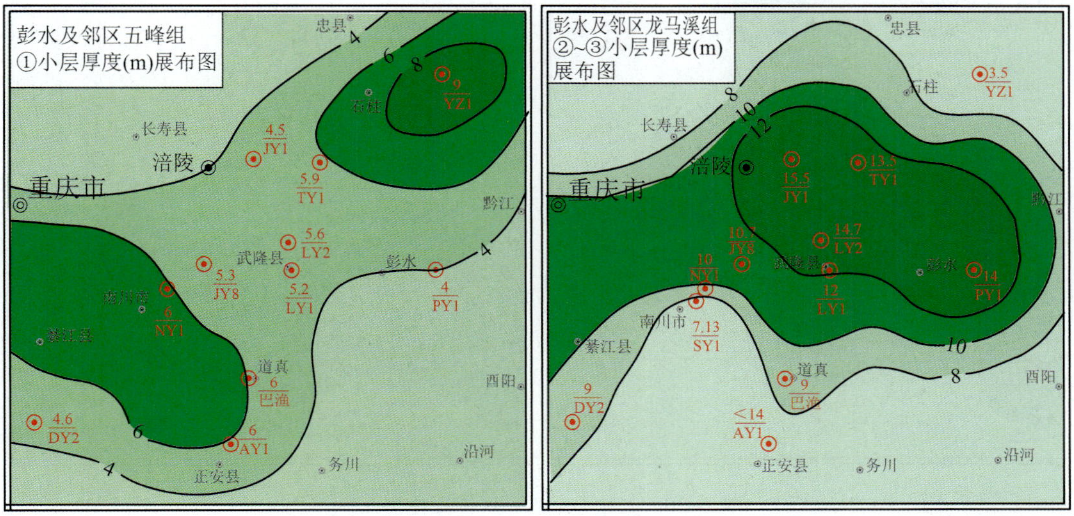

图 2-19　彭水及邻区①~③小层厚度展布图

从目前的勘探实践来看，②~③小层具备“物质+工程”双甜点特征，是整个五峰组—龙马溪组页岩气产能的主力贡献层系，落实②~③小层厚度展布具有重要的现实意义。②~③小层沉积时期为大规模海侵过程，区域上发育川西南、川东和川东北 3 个沉积中心，表现出较为明显的隆凹沉积格局，其中大关-自贡-宜宾-长宁一带为川西南沉积中心，②~③小层厚度在 8~15 m 之间；涪陵-彭水-南川一带为川东南沉积中心，②~③小层厚度在 8~15 m 之间；镇巴-巫溪一带为川东北沉积中心，②~③小层厚度在 8~15 m 之间。

彭水及邻区②~③小层主体处于川东南沉积中心，其中②小层高 GR 段厚度稳定，为 2 m 左右，表明赫南特冰期结束后，区域上沉积环境一致，②~③小层厚度在 8~12 m 之间（图 2-19 右图），涪陵超压区和武隆、彭水常压区②~③小层厚度基本一致，如 JY1 井②~③小层厚度为 15.5 m，LY1、LY2 和 PY1 井②~③小层厚度分别为 12 m、14.7 m 和 14 m，与焦页 1 井基本相当，可以看出超压区和常压区的物质基础基本是相似的。涪陵-彭水一带往北和往南，②~③小层厚度一般在 8 m 以下。

④~⑤小层沉积时期为海退过程，相对于②~③小层沉积时期来说，沉积水体变浅，沉积速率增大，沉积厚度增加。从区域上看，总体继承龙马溪组早期的沉积格局，发育川南、川东和川东北 3 个沉积中心，但沉积中心有一定的迁移，川西南沉积中心略向东迁

移，沉积中心范围为宜宾-长宁-赤水一带，川东沉积中心往北迁移至涪陵-石柱一带。

彭水及邻区④小层厚度在 6~8 m 之间，涪陵-武隆-道真一带相对较厚，在 8 m 以上（图 2-20 左图）；⑤小层厚度在 6~14 m 之间，南川-道真一带相对较厚，厚度大于 12 m（图 2-20 右图）。

总体来看，涪陵与彭水武隆地区在①~⑤小层厚度上差异不大，具有较相似的物质基础。

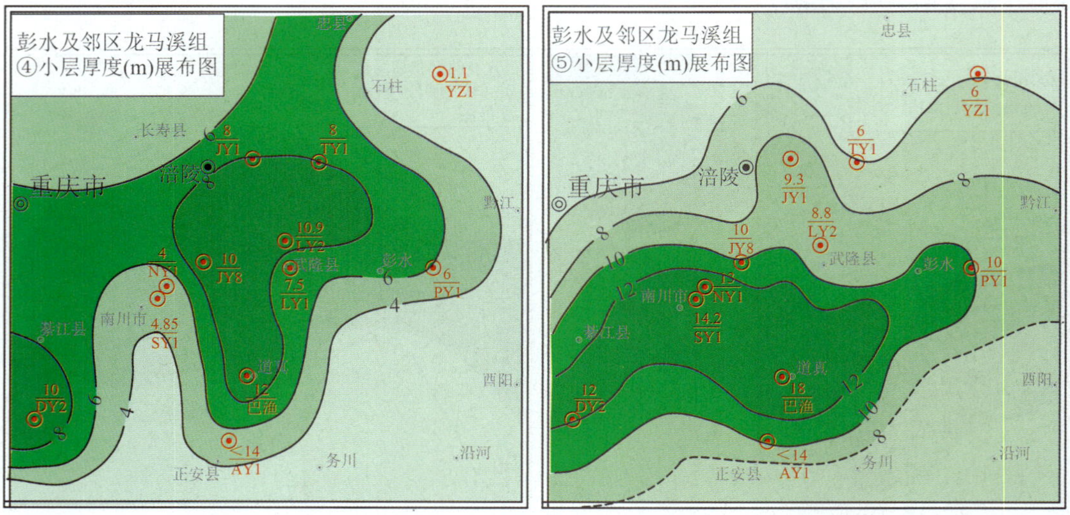

图 2-20 彭水及邻区④~⑤厚度展布图

第二节 优质页岩成烃生物组合特征

一、有机显微组分分类

有机岩石学是基于煤岩学的全岩分析方法和孢粉学的干酪根分析方法，以光学显微镜为技术手段，应用透射光、反射光和荧光综合研究沉积岩中分散的有机质特征、成因及光性参数。对于以陆生高等植物为母源物质的含有机质岩石来说，一般将有机质划分为壳质组、镜质组和惰质组三大类有机显微组分。但是对于彭水-南川地区五峰组—龙马溪组优质页岩来说，由于缺乏陆生高等植物，分散有机质常以水生低等藻类生物及其腐泥化产物为主，并且经历了较强的后期热演化改造过程，导致其原始结构遭到严重破坏，高-过成熟作用也使得显微组分的光性特征趋于一致，因此对于其显微组分研究受到较大程度的限制。本次研究工作主要通过全岩光片、光薄片和干酪根薄片进行对比观察，结合扫描电镜等手段，对彭水-南川上奥陶统五峰组—下志留统龙马溪组黑色页岩层系有机显微组分特征进行详细的分类和研究，理清黑色页岩层系有机岩石学特征，进一步识别原始的成烃生物组合，并与川东南其他地区成烃生物组合进行对比研究。

沉积岩中有机显微组分的有机岩石学分类方案较多，长期存在一定的术语混乱。归纳起来，主要包括 3 个体系，即全岩体系、干酪根体系、综合体系。形态学是有机显微组分识别与古生物鉴定最重要的依据。Qberlin et al.（1980）借鉴古生物学研究方法，根据干酪根中有机质的形态将其分为两大类：具形态组分与无形态组分。具形态有机质又根据来源分为陆生植物微体化石、水生藻类微体化石和动物微体化石。无形态有机质则是指那些不具有生物结构形态的碎屑状的有机质。该分类方法结合有机质形态与来源划分有机显微组分类型，对川东南早古生代高-过成熟阶段烃源岩有机岩石学分类具有较好的借鉴意义。当然，作为系统的分类方法，必须全面概括有机质类型，但实际研究工作中，并不是机械地套用某一个有机显微组分分类方法，需要结合岩石特征灵活运用有机显微组分的分类方法对研究对象科学地划分有机显微组分。

根据在反射光、透射光及扫描电镜下对烃源岩全岩显微组分观察的结果和干酪根薄片镜检分析，结合川东南五峰组—龙马溪组优质页岩热演化程度高的特征，并参考前人的研究成果，将有机显微组分划分为有形态有机质和无形态有机质，其中有形态有机质划分为藻类体（结构藻、层状藻、底栖藻）、细菌（硅质细菌、铁质细菌等）和动物碎屑（笔石、几丁石、海绵骨针等）3类组分，无形态有机质主要指生烃过程产生的次生组分，包括无定形体、微粒体及沥青等组分（表2-3）。

表2-3　川东南五峰组—龙马溪组优质页岩有机显微组分分类

类型	显微组分		来源	成因
有形态组分	藻类体	结构藻类体	疑源类、浮游藻类	生物经过复杂热演化作用及凝胶化作用或者其他后期改造作用
		层状藻类体	浮游藻类	
		宏观底栖藻类体	底栖藻	
	动物碎屑	几丁石	几丁虫	
		笔石体	笔石	
		有孔虫残体	有孔虫	
		几丁虫残体	几丁虫	
		海绵骨针	海绵动物	
	细菌	钙质、硅质细菌等	细菌等	
无形态组分	无定形体		藻类	由藻类等低等水生生物降解形成
	微粒体		有机质、分散凝胶基质	有机质及沥青质体和矿物沥青基质热演化作用进而微粒化
	沥青		生烃、次生	液态烃类演化的残余充填于裂隙/孔隙中

（据申宝剑等，2016，有修改）

有形态组分主要为那些经过凝胶化作用或者其他热演化作用之后还保留了生物的一些结构或者形态痕迹的显微组分。因此各种有形态组分的分类与其母源生物类型有关，将其进一步分为来源于低等水生植物的藻类体和来源于动物的动物碎屑。有形态的有机质在川东南早古生代高演化烃源岩中含量很少。

无形态组分主要是指那些在显微镜下没有一定形态的、不规则分布的显微组分，它们是五峰组—龙马溪组黑色页岩中的主要有机显微组分类型。本书将川东南地区五峰组—龙马溪组优质页岩中的无形态组分分为无定形体、微粒体和沥青。

对于高-过成熟度的海相富有机质页岩来说，由于时代老，经历了漫长的构造运动，热演化程度较高，海相有机质生源复杂且保存较差，可能还多次生烃，仅笔石、几丁虫等保留了较好的个体形态，镜下易鉴定；绝大部分的有机质分散在矿物颗粒的周缘，不具有特定形态，准确识别无形态组分存在很大的困难。彭水-南川地区五峰组—龙马溪组优质页岩中的无形态有机质主要为沥青，分散充填于矿物颗粒之间的孔隙之中，个体细小，沥青的分布形态受孔隙控制较为明显。

二、显微组分特征与成烃生物类型

有形态有机质主要包括藻类体、动物碎屑、细菌 3 类，下面分别进行介绍。

1. 藻类体

藻类体是中国南方下古生界海相泥页岩中最主要、最常见的一种类型，在五峰组—龙马溪组黑色页岩中广泛存在。本书将五峰组—龙马溪组藻类体进一步划分为结构藻类体、层状藻类体和宏观底栖藻类体 3 类。结构藻类体、层状藻类体母源主要为疑源类、浮游藻类；宏观底栖藻类体母源主要为底栖藻类，主要为多细胞的叶状体。

彭水、武隆和南川地区五峰组—龙马溪组黑色页岩中结构藻类体形态多样，以疑源类为主，有呈瘤面椭球状、光面球状、多孔球状、刺球状、糙面或表面凸起球状、不规则状等众多形态，五峰组黑色页岩中尤为多见。Evitt（1963）将疑源类定义为："未知或可能多样生物亲缘关系的小型微体化石，由单一或多层有机成分的壁包封的中央腔组成；对称性、形状、结构和装饰多种多样，中央腔封闭或以孔、撕裂状不规则破裂、圆形开口（圆口）等多种方式与外部相通。"即疑源类是一个未知或不确定生物亲缘关系的有机质壁微体化石类群，它们可能代表包括海生杂色藻、绿藻和单细胞原生物的化石有机质壁囊胞，以及一些真菌孢型、高等生物的卵及其他非海相形态类型，其中以单个膜壳保存的疑源类化石，可能源自单细胞生物。虽然疑源类来源不确定，但已有研究表明，绝大多数来源于单细胞浮游藻类，如绿藻。

疑源类其中膜壳中空，从小于 20 μm 至大于 250 μm 不等，多数为球形，也有圆柱形、长颈瓶形、梨形及星形等其他各种形状。突起是从膜壳表面突出的线性附生物，是疑源类分类、命名的重要形态特征，一般常见和较典型的突起都长于 5 μm。突起的大小、形状，与膜壳的连接样式，以及表面的雕饰等有很大变化，形态更是多种多样，如不分叉和简单分叉及多次分叉等。此外，许多疑源类具有休眠状态原生质体脱囊的证据，即脱囊结构，在膜壳壁上表现为各种形状的开口（图 2-21）。

图 2-22 为焦石坝地区典型井（JY1）五峰组—龙马溪组中疑源类等显微照片。

图 2-23 为 PY1 井、LY1 井龙马溪组页岩中观察到的疑源类等显微照片。

层状藻类体在透射光下能见到类似的藻纹层，呈暗黑色，纹层宽度不一，与矿物层组合形成明暗相间的纹层，纹层之间可能夹有独立分散分布的结构藻类体，由于热演化程度高，结构藻类体内部结构不明显，整体呈现黑色团状结构。而在反射光下，由于与矿物包裹，残余有机质颗粒细小，所以纹层状结构不是很明显（图 2-24a、b）。

宏观底栖藻类体主要来源于较大型的水生藻类，主要有多核体和多细胞集合体两类。偏光显微镜下见到的底栖宏观藻保存极差，多为碎片形态，与高等植物镜质体比较相似，

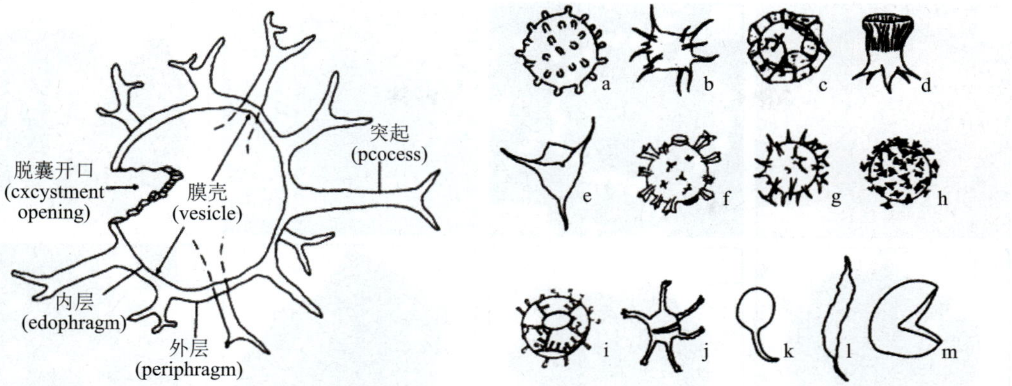

图 2-21 疑源类结构模式图及常见形态类型

（据尹磊明等，2010）

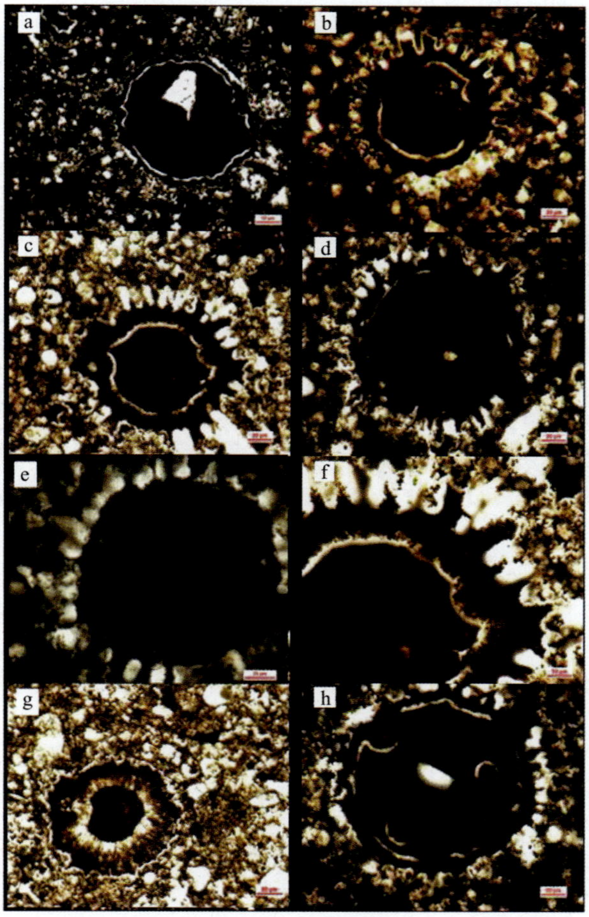

图 2-22 四川盆地焦石坝地区 JY1 井五峰组—龙马溪组疑源类化石显微照片

a—网面球藻，五峰组，2409.5 m；b—光面球藻，龙马溪组，2404.5 m；c—光面球藻，龙马溪组，2364 m；d—角球藻，龙马溪组，2404.5 m；e—刺球藻，五峰组，2411.1 m；f—多叉藻，五峰组，2409.5 m；g—别格球藻，五峰组，2411.1 m；h—塔潘藻，五峰组，2409.5 m

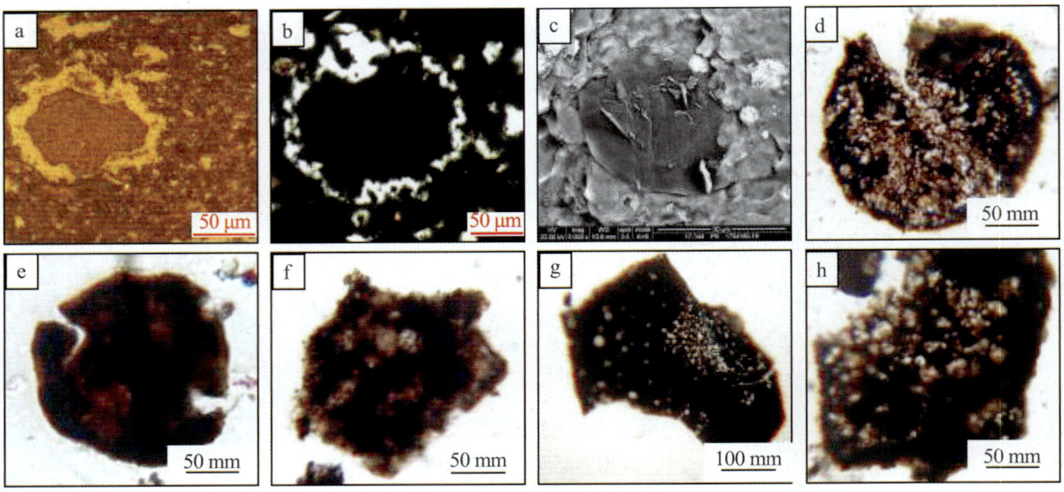

图 2-23　彭水及邻区龙马溪组典型井藻类体显微照片

a—LY1 井，疑源类；b—LY1 井，疑源类；c—PY1 井，疑源类；d—PY1 井，疑源类；e—PY1 井，浮游藻；f—PY1 井，浮游藻；g—PY1 井，底栖藻；h—PY1 井，底栖藻

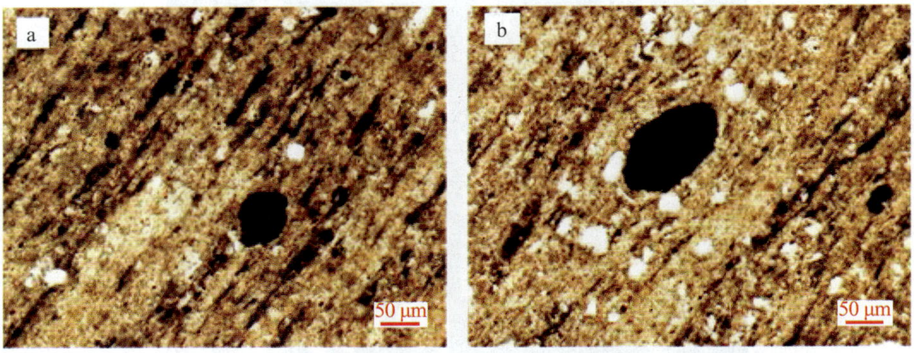

图 2-24　JY1 井龙马溪组层状藻类体

由于后期改造，未能观察到内部结构。

图 2-25 为焦石地区五峰组—龙马溪组中宏观底栖藻化石碎片显微照片。

2. 动物碎屑

动物碎屑有机质主要由海洋浮游动物原地沉积转化而来。彭水-南川地区五峰组—龙马溪组黑色页岩中存在大量的笔石、几丁虫等动物化石，这些动物化石有些只含有碳质物质，有些则同时含有碳质和硅质（或钙质）矿物。

（1）笔石

笔石是一类已灭绝的浮游动物，主要生存于早古生代的海洋中，一般其部分或整体残留物在黑色富有机质泥页岩中呈扁平状保存，其外骨骼有机质壁几乎都能保存。

在奥陶纪—志留纪之交，由于大灭绝和之后新的复苏事件的发生，加速了笔石动物群的演替。五峰组至龙马溪组各个笔石带的时限虽短，但其代表的笔石动物群的分异

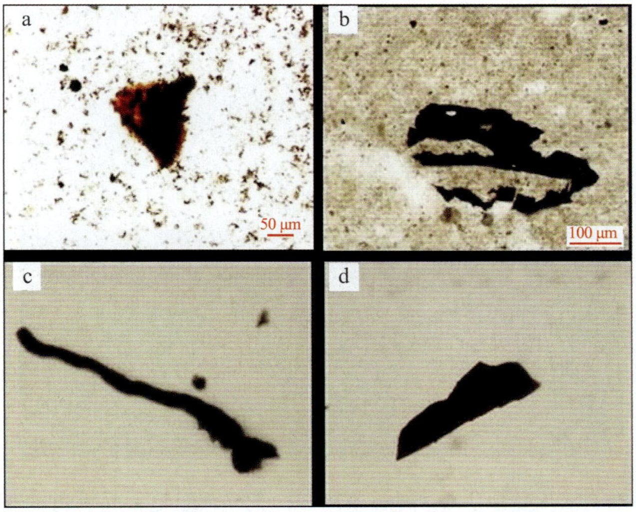

图 2-25　四川盆地焦石坝地区五峰组—龙马溪组宏观底栖藻化石碎片显微照片
（据申宝剑等，2016）
a、c、d—JY1 井龙马溪组；b—JY41-5 井龙马溪组

度（多样性）、丰度的差异和变化却很大。在当时的古海洋水体中，笔石动物是一类相对“高等”的半索动物，它们处于海洋食物链的高层，在表层水中以滤食各类单细胞生物、藻类，甚至菌类以及各种营养微粒为生。因此当笔石动物群的分异度（多样性）和丰度相对比较高的时期，必然也要求它们赖以生存的食物链底层的生物多样性和丰富度更大，而后者正是油气生成的源泉。因此笔石的分异度和丰度一定意义上可以反映浮游藻繁盛程度。微体化石带的划分和对比，不但可解决黑色页岩内的划分和精确对比，而且有可能分辨出哪些微体化石带和含微体化石层位可能是更具页岩油气生成潜力的层位。

五峰组—龙马溪组笔石常呈碎片分散于矿物基质中，大多形态保存不完好，形态较好的一般具有板条状特征（图 2-26a 和 b），或是保留对称的外壳残留（图 2-27c 和 d）。显微镜下观察到的为它的周皮组织，无荧光，在反射光下呈现颗粒状（镶嵌）或非颗粒状（均质）2 种形态，非颗粒状碎屑比颗粒状碎屑具有更高的反射率值和更明显的双反射现象。非颗粒状笔石碎屑主要分布于页岩中，而颗粒状笔石碎屑更普遍存在于碳酸盐岩中。在龙马溪组页岩中，主要存在非颗粒状的笔石碎屑。

通过扫描电镜，可发现结构保存更完整的笔石个体（图 2-27），笔石周皮外壳平行纹理结构清晰可见，周皮内部生长有黄铁矿颗粒。笔石体呈薄片状平行层理面分布，明显与上下矿物之间存在有缝隙。笔石本身的生烃能力较为有限，但浮游藻是浮游动物（笔石）的主要食物来源，因此笔石丰度一定意义上可以反映浮游藻繁盛程度。

（2）有孔虫

有孔虫（foraminifera）是一类古老的原生动物，5 亿多年前就出现在海洋中，演变至今种类繁多。由于有孔虫能够分泌钙或硅，形成硅质或钙质外壳，而且壳上有一个大孔或

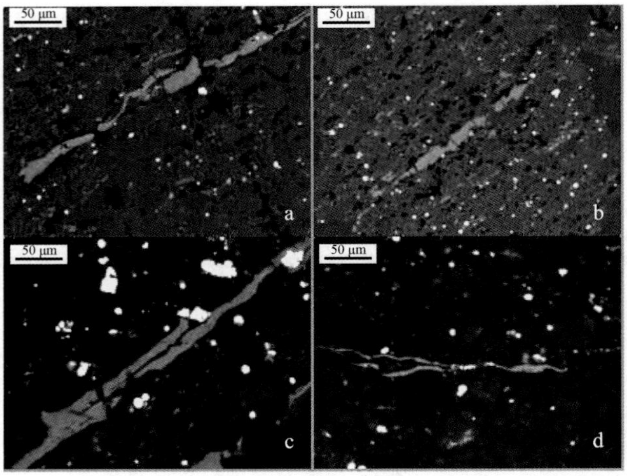

图 2-26 四川盆地焦石坝地区五峰组—龙马溪组笔石反射光显微照片

（据申宝剑等，2016）

a—JY1 井，2406.12 m；b—DY1 井，2049.72 m；c—L1 井，762.5 m，油浸；d—NY1 井，4371.22 m，油浸

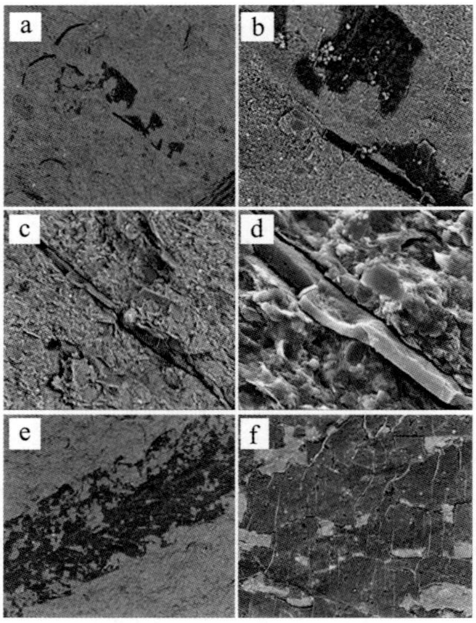

图 2-27 四川盆地焦石坝地区 JY41-5 井龙马溪组笔石扫描电镜显微照片

（据申宝剑等，2016）

a、b—天然层理面上笔石个体，b 为 a 局部放大，周皮外壳平行纹理结构清晰可见，伴有黄铁矿颗粒；c、d—天然断面上笔石截面，d 为 c 局部放大，薄片状平行层理面分布，与上下矿物之间存在缝隙；e、f—天然层理面笔石个体，f 为 e 局部放大

多个细孔，以便伸出伪足，因此得名有孔虫。有孔虫是海洋食物链的一个环节，它的主要食物为硅藻以及菌类、甲壳类幼虫等，个别种的食物是砂粒。有孔虫是浮游生物中重要的组成部分，也是大多数海洋生物重要的食物来源（图 2-28c）。

（3）几丁虫

几丁石（chitinozoans）是早古生代海洋沉积中的一类具有有机质壳壁的海洋微体化石。这类微体化石虽然在地层识别中被广泛运用了几十年，但是其亲缘关系仍然未定。有学者认为它们可能和某种未知后生动物的卵相关。Jacobs et al.（2007）对孤立的几丁石的壳壁化学结构进行了研究，显示几丁石壳壁化学成分主要是一种由富氮、氧化合物，低脂类的芳族基团所组成的干酪根。几丁石是划分、对比奥陶系—泥盆系的一类重要的标准化石。图2-29为JY1井五峰组上部至龙马溪组下部共32块样品中获得数量不等的几丁虫化石，丰度最高的样品位于2361.4~2359.4 m，为271粒/g样品；分异度最高的样品位于2361.4~2359.4 m，同层产出的几丁虫有11个种；基本形状为扁壶形、长棒形和酒瓶形，壳体辐射对称，一端开口一端封闭，大小介于0.05~2 mm之间。

彭水-南川地区龙马溪组可见多种类型的几丁石（图2-28e、f）。

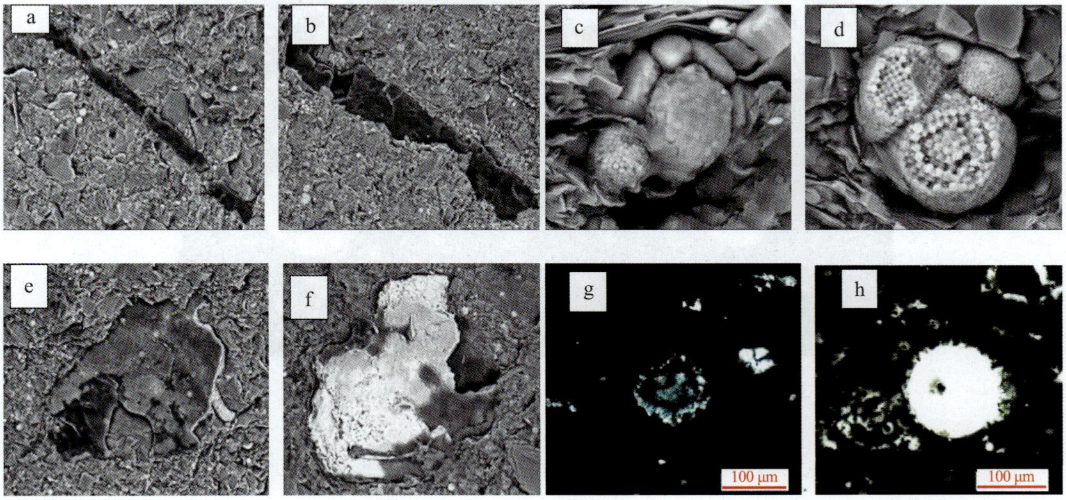

图2-28　动物碎屑图

a—PY1井，笔石，S_1l；b—PY1，笔石，S_1l；c—PY1井，有孔虫，S_1l；d—PY1井，有孔虫；e—PY1井，几丁虫，S_1l；f—PY1井，几丁虫，S_1l；g—LY1井，放射虫，S_1l；h—LY1井，放射虫，S_1l

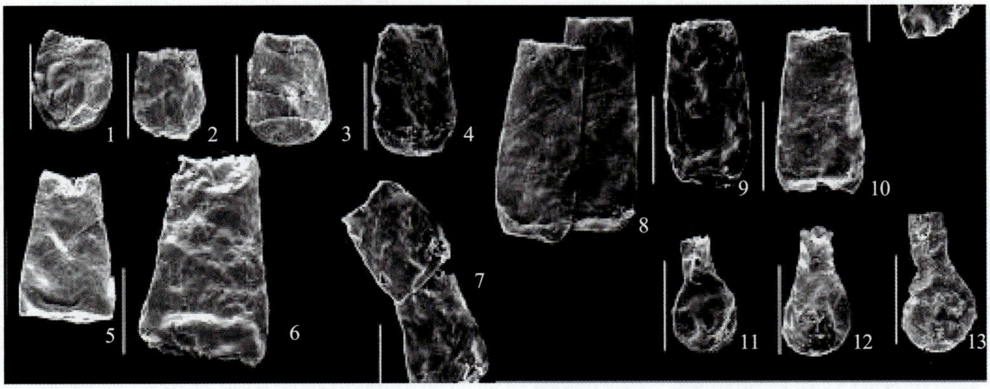

图2-29　四川盆地焦石坝地区JY1井龙马溪组部分几丁虫化石扫描电镜显微照片

（据申宝剑等，2016）

（4）海绵骨针

海绵骨针化石在 JY1 井中只在 2387.65 m 和 2411.1 m 的 2 个深度出现，且丰度较低，不是主要的生烃母质。海绵骨针呈两轴四射式，细长针状，内部为黄铁矿化（图 2-30a）或为硅质矿物和有机质的结合体，内部含黑色有机质（图 2-30b）。横切面轴心为黑色有机质，边缘为硅质矿物包裹（图 2-30c），也可能不含有机质，全部为硅质矿物（图 2-30d），直径一般不超过 100 μm。

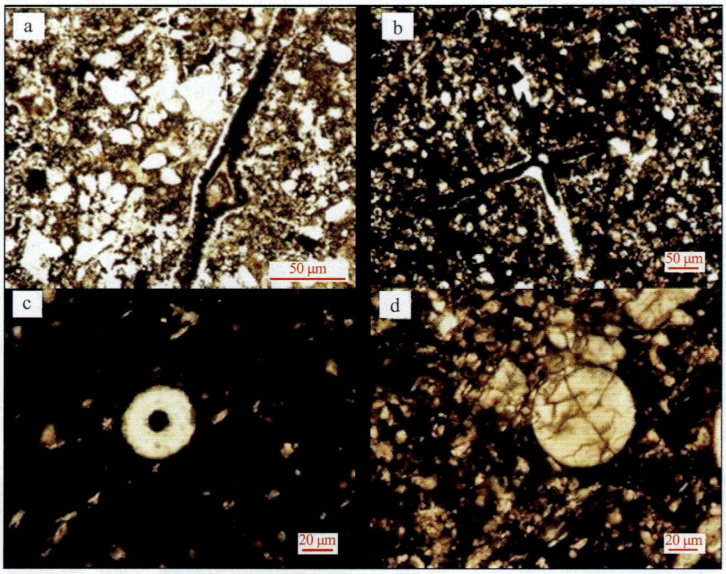

图 2-30　四川盆地焦石坝地区五峰组—龙马溪组海绵骨针化石显微照片
（据申宝剑等，2016）
a、b—JY1 井，2411.1 m；c、d—JY1 井，2387.65 m

（5）放射虫

放射虫类（radiolarida）为海产原生动物中肉足虫纲辐足亚纲代表的一目，是海洋中漂浮的单细胞原生动物，因为具有放射排列的线状伪足而得名。放射虫有球形、钟罩形等多种形状，身体直径可以达到 100～2500 μm。由细胞质分泌的骨架通常包藏在细胞中，其化学成分因不同的种类而不同，多数为硅质或含有机质的硅质，少数含有碳酸锶。LY1 井龙马溪组页岩中观察到放射虫化石，主要是球状放射虫为主（图 2-28g、h）。

3. 细菌

通过扫描电镜，在彭水及其邻区五峰组—龙马溪组底部硅质页岩中观察到细菌状化石，直径为 100～800 nm，形态不一，具有细菌的大小和形状，有机碳含量丰富，大部分细菌含硅，部分含灰质，认为其可能是原生的、具有细菌生物结构的微生物小球体。这类细菌状化石可以赋存于石英颗粒表面、石英颗粒间，甚至嵌入石英颗粒中（图 2-31）。

无形态有机质主要包括无定形体、微粒体及沥青等组分，下面分别进行介绍。

无定形体是有机质如藻类、浮游动物、细菌等经热演化作用强烈降解形成的显微组分。早期形成的无定形体具有较好的荧光，显示较好的生烃潜力，随着有机质生烃演化，大量生烃之后的残余有机质较少，在全岩光片中以细小的颗粒分散于矿物基质之中，彭

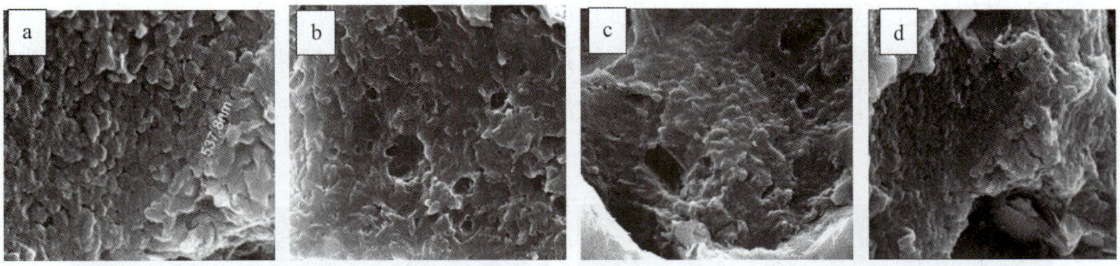

图 2-31　彭水地区龙马溪组细菌化石显微照片

a—PY1 井，细菌，S_1l；b—PY1 井，细菌，S_1l；c—PY1 井，细菌，S_1l；d—PY1 井，细菌，S_1l

水-南川地区早古生代黑色层系中几乎无法单独鉴定出来，其特征与其他无形态有机质（如沥青）非常相似，一般全岩有机岩石学分类上将其等同于沥青。对于干酪根样品来说，由于干酪根制备过程中无机矿物被溶解去除，原先充填于矿物基质中的无形态有机质在干酪根中呈现相同的形态与光性，统一称为无定形体。微粒体是富氢组分如沥青质体生烃演化后的残余物，属于次生组分。在显微镜下，微粒体呈极细小的颗粒密集组合在一起形成颗粒集合体，一般为圆形，反射色较高，曾庆辉（2006）认为微粒体含量高可以反映原始有机质含量高，指示已生成的烃类物质多。

沥青在岩石中是很常见的，在生油窗早期，相当于镜质体反射率为 0.35%～0.60% 时，沥青就开始形成。它是一种次生组分，是由生油岩自身产生的或来自于其他生油岩的含有一定固相的重质烃类。沥青的形状受孔隙限制，无特定形态，可以充填于矿物粒间孔隙、裂缝或是形成矿脉。它可以运移几个微米或是数千米，因此它即可能存在于生油岩中，又可能运移到贫有机质的岩石中。通常来说，沥青的出现不仅直接指示了油气，也指示了石油运移的通道和烃类的成熟过程。

焦页 1 井龙马溪组富有机质页岩中沥青较为常见，分布在粉砂岩矿物基质孔隙、矿物沥青基质中，也有的呈脉状与石英脉伴（图 2-32）。

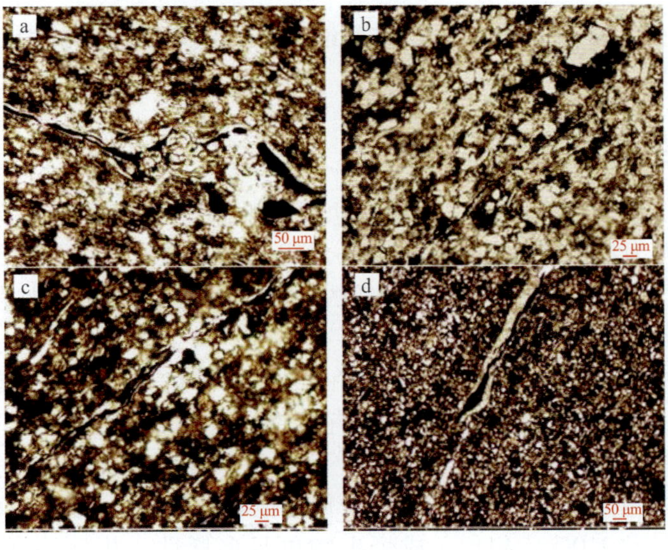

图 2-32　JY1 井龙马溪组沥青

彭水-南川地区五峰组—龙马溪组黑色泥页岩层系中沥青较常见，分散充填于矿物颗粒之间的孔隙中，无固定形态。生烃母质早期生成的液态烃类近距离运移到基质孔隙中，后期持续热成熟过程液态烃类不断裂解生烃后残余在基质矿物中的有机质形成了沥青（图 2-33、图 2-34）。

图 2-33　PY1 井五峰组—龙马溪组沥青显微照片

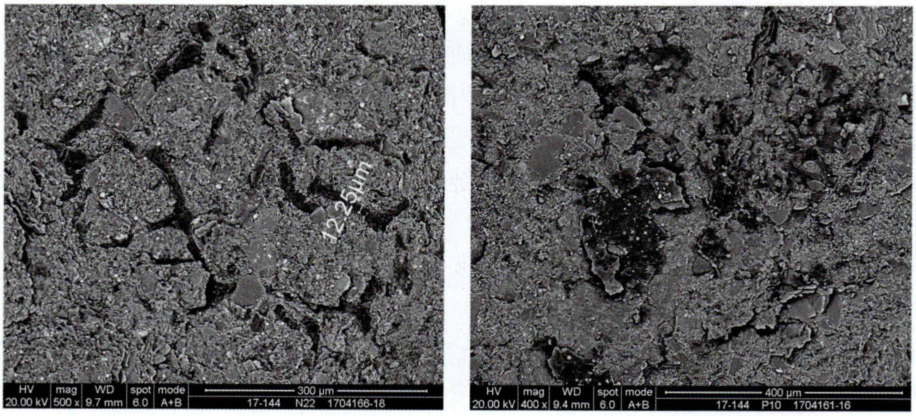

图 2-34　PY1 井和 NY1 井五峰组—龙马溪组沥青电镜显微照片

三、成烃生物分布特征

成烃生物及组合特征是划分富有机质泥页岩有机相，进而准确评价页岩品质的重要研究内容。以 PY1 井为例，该井五峰组—龙马溪组优质页岩段成烃生物类型有浮游藻类、细菌、笔石、几丁虫、有孔虫等，彭水及邻区五峰组—龙马溪组页岩具有多重母质分布的特点，反映出干酪根类型具有混合特征。

根据对 PY1 井和 LY1 井页岩 *TOC* 与成烃生物对比研究（图 2-35、图 2-36），认为彭水-武隆地区五峰组—龙马溪组黑色页岩层有机质丰度呈两段式分布，下段 *TOC* 含量≥2.0%层段成烃生物主要由浮游藻类、笔石、疑源类和细菌类等组成，上段 *TOC* 含量≤2.0%层段则主要以笔石和底栖藻类为主，少见其他成烃生物。下段（*TOC* 含量≥2.0%）与上段（*TOC* 含量≤2.0%）相比，成烃生物更具多样性，并且具有较高的丰度和分异度。

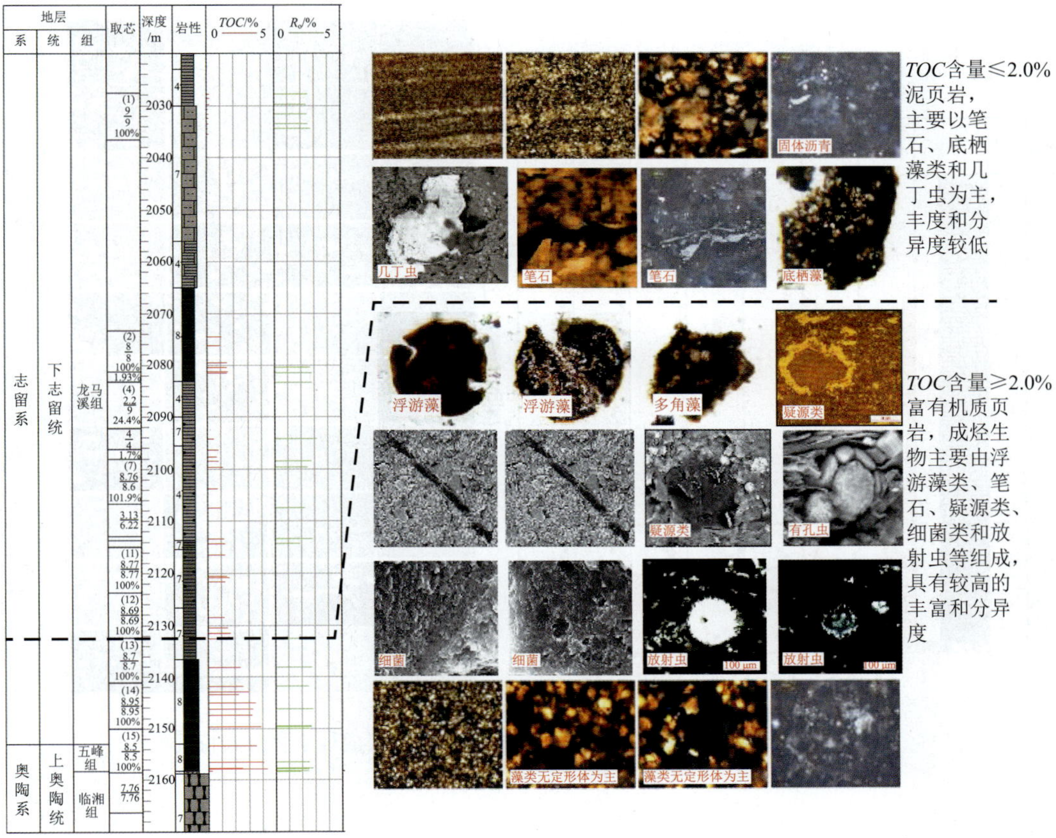

图 2-35 彭水地区 PY1 井五峰组—龙马溪组成烃生物分布特征

JY1 井五峰组—龙马溪组有形态组分主要为疑源类、底栖藻、笔石和几丁虫，含少量的海绵骨针和细菌等。疑源类含量相对较高，分布在①~③小层。笔石存在于五峰组—龙马溪组不同层段，最大丰度在①~③小层中，几丁虫主要分布在⑦小层，底栖藻含量较少。JY1 井五峰组—龙马溪组富有机质黑色页岩（*TOC* 含量≥2.0%）成烃生物主要由笔石、疑源类和细菌类等组成。石柱地区 YZ1 井五峰组—龙马溪组优质页岩段也表现出较为相似的成烃生物组成特征，疑源类、笔石含量相对较高（图 2-37）。

JY1 井、LY1 井、PY1 井和 YZ1 井分别代表了超压高含气、常压较高含气和常压含气性较差 3 种类型，从成烃生物组合来看，彭水-武隆与焦石坝地区五峰组—龙马溪组优质页岩段成烃生物组合总体一致，同时也可以看到，良好的成烃生物组合只是页岩含气的前提，而不是决定性因素。

四、典型成烃生物生烃生孔特征

1. 典型成烃生物生烃特征

不同成烃生物的生烃能力差异较大，疑源类以球形亚类为主，如光面球藻、瘤面球藻、网面球藻等，大多为浮游型藻类，但因为它们的面貌与中新生代的浮游藻类不同，无法确定其亲缘关系，所以暂定为疑源类。浮游藻类主要形成层状藻类体和结构藻类体，它

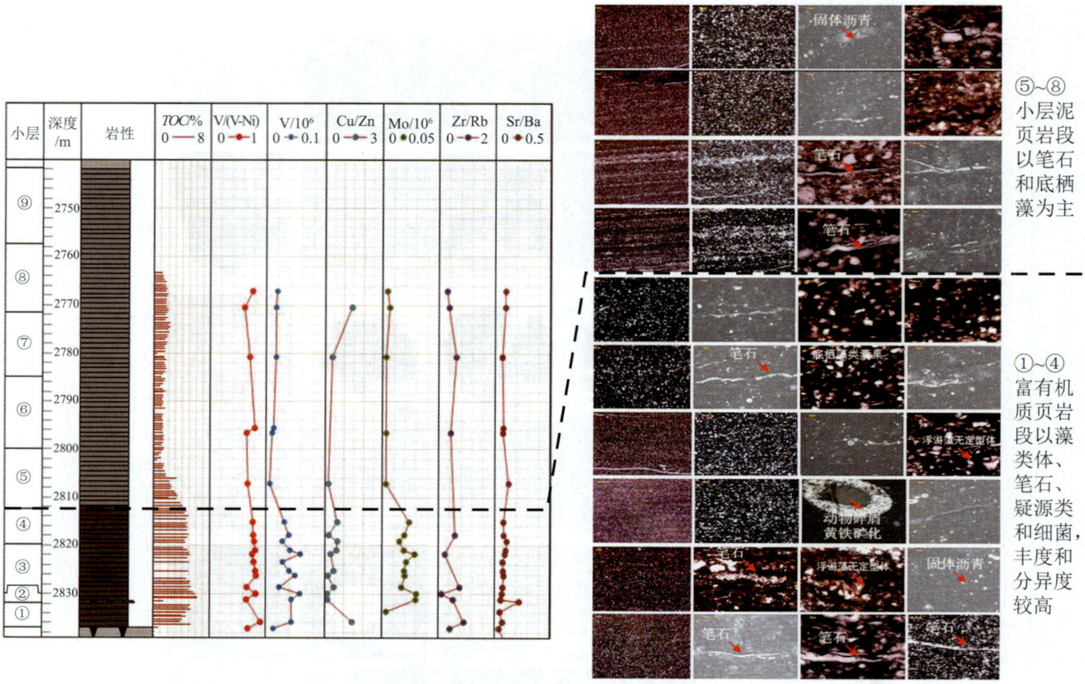

图 2-36　武隆地区 LY1 井五峰组—龙马溪组主要成烃生物分布特征

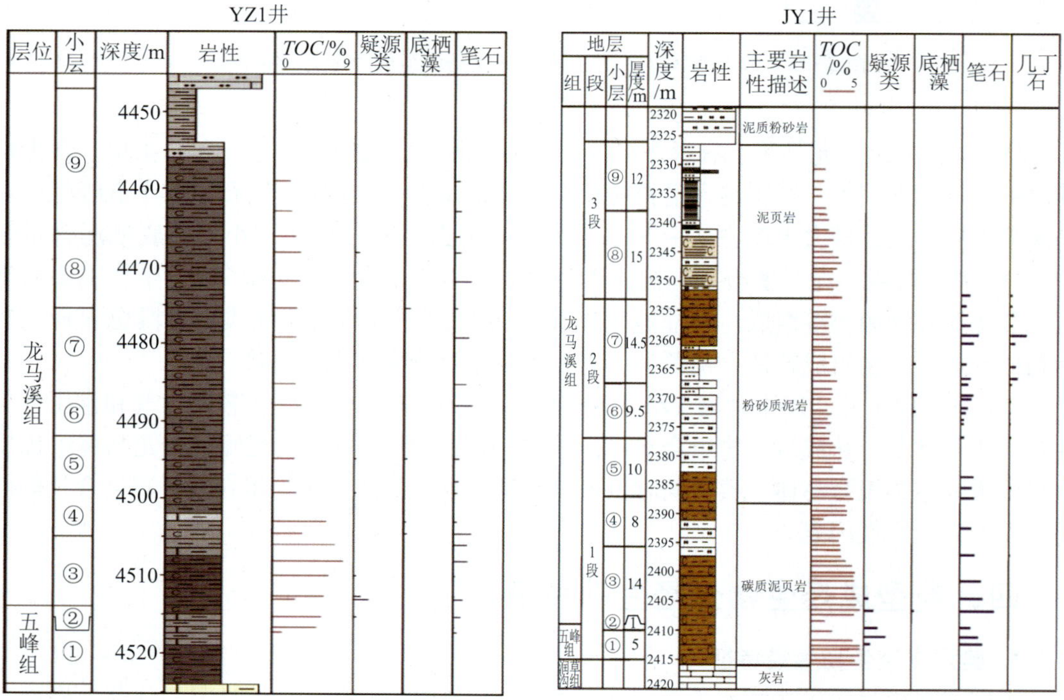

图 2-37　JY1 井和 YZ1 井五峰组—龙马溪组成烃生物特征

们死亡后的残体从水体表面逐渐下沉到水底，先遭受一定程度的氧化分解作用，随后埋藏到氧化还原界面以下，藻体和藻屑经过厌氧细菌分解逐渐腐泥化，再经过成岩作用沉积到岩石中，形成层状藻类体或结构藻类体显微组分。后期岩石强烈的热演化作用和本身的生烃作用对它们也有强烈的改造作用，光性变化十分明显，在透射光下多为暗黄褐色和黑色，且无荧光显示。

底栖藻类与浮游类低等藻类差异较大，表面结构比较复杂，如有呈孔洞状、网状、膜片状，具有假薄壁组织的特点，相对球形浮游藻类光滑或突起的薄壁来说更加高等。死亡后被埋藏到还原环境经过生物降解作用，发生腐泥化和凝胶化作用，同时在烃源岩热演化作用下逐渐发生生烃作用，导致其成分和结构发生巨大的变化，少量结构有保留生物残体的痕迹，大多数光性与结构藻类体类似，透射光下以暗黑色为主，不具有荧光特征。

秦建中教授团队根据现代藻类热压模拟实验和油页岩样品（单一成烃生物）热解实验研究表明，浮游藻类成烃生物有机质生烃潜力更大，相当于Ⅰ型有机质，底栖藻类成烃生物有机质生烃潜力相对较小，相当于Ⅱ型有机质，动物碎屑等有机质生烃潜力较小，相当于Ⅲ型有机质（图 2-38）。

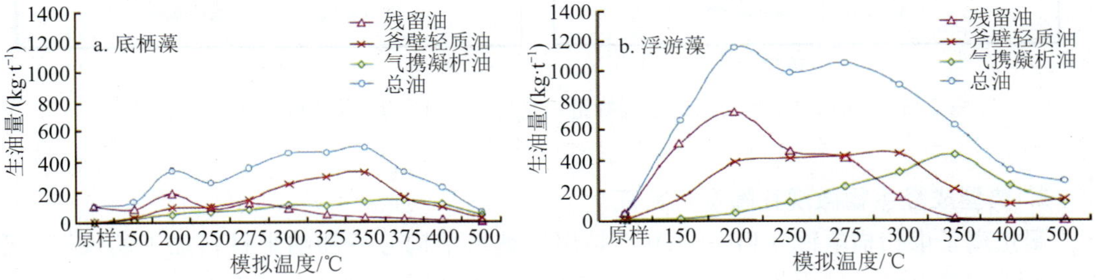

图 2-38 底栖藻和浮游藻油产率随模拟温度的变化

（据秦建中，2010）

动物碎屑（如笔石）生烃能力较小，但笔石丰度高可以指示浮游藻的繁盛，因为浮游藻是浮游动物（笔石）的主要食物来源。优质页岩段 *TOC* 含量高，笔石也相对丰富，在露头、岩芯上可以明显见到丰富的笔石生物，预示优质页岩段浮游藻丰度高。

五峰组—龙马溪组页岩含有大量笔石体（周皮），沿层理面堆积式广泛分布，不仅对 *TOC* 有较大贡献，而且对有机质类型及生烃潜力产生重要影响。超微结构研究认为笔石体由胶原蛋白（一种结构蛋白质）组成，但化学结构上主要由带脂肪族基团的芳香族结构组成，与同一成熟度的镜质组相比，笔石胞管由更少的脂肪族结构组成，具更高的芳香度，显示稍高的氢指数和非常高的氧指数。

为了更好剖析笔石页岩有机质丰度的影响以及笔石的成烃能力，对五峰组—龙马溪组页岩中分离出来的笔石（等效镜质体反射率为 1. 10%），开展了热解与热解色谱分析。热解参数显示有机碳含量很高（表 2-4），说明笔石对页岩 *TOC* 含量具有重要的贡献作用。热解色谱（Py-GC）分析结果显示其生烃产物主要为天然气-轻质油，总烃中气态烃（C_1-C_4）、轻质油（C_5-C_{14}）分别占 54%和 40%左右，少量中-重质油（C_{15+}），说明笔石周皮的化学组成以脂肪族有机质为主。研究结果表明笔石具有一定的生烃潜力，相当于镜质组，以生气为主，但脂类化合物的来源有待进一步探索（图 2-39）。

表 2-4　四川盆地城口庙坝剖面五峰组—龙马溪组笔石热解参数

编号	层位	S1 /(mg · g^{-1})	S2 /(mg · g^{-1})	T_{max} /℃	*PI*	*PC* /%	*RC* /%	*TOC* 含量 /%
K-MB-2	O_3w	6. 55	31. 71	464	0. 17	4. 85	38. 08	42. 93
K-MB-3	S_1l	15. 18	60. 36	456	0. 20	6. 47	64. 87	71. 34

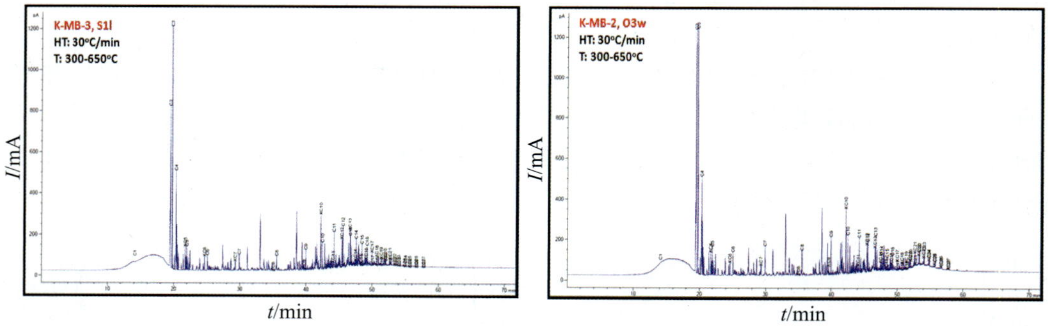

图 2-39　四川盆地焦石坝地区五峰组—龙马溪组页岩笔石体热解色谱分析结果

2. 典型成烃生物微观孔隙发育特征

聚焦离子束扫描电镜（FIB-SEM）是用于纳米结构分析和纳米材料加工的仪器。聚焦离子束扫描电镜通过聚焦离子束（Ga 离子束）的连续切割和电子束的实时成像，可以清晰地在纳米尺度的分辨率下对页岩各组分尤其是孔隙进行三维的高稳定、高质量的显微形貌及结构的观察与分析，因而在研究页岩气储集和渗流的纳米级孔隙上得到广泛应用。

用聚焦离子束扫描电镜进行化石研究工作的流程一般是将样品放入聚焦离子束微加工系统的样品室内，待抽真空后，首先用 SEM 进行观察；将电镜工作距离调至 4 mm，再通过 SEM 成像，找到单个微体化石样品；再选定适当的切面位置后，将样品台旋转 52°，使离子束与样品所固定平面垂直；然后使用适当能量的镓离子束对样品选定位置进行切割。微体化石样品经离子束切割后，切面是平行于离子束方向的，此时可以通过 SEM 从侧上方直接进行观察。

（1）几丁石

位于几丁石附近的切面显示，几丁石壁较为致密，仅在切面接近下表面边缘的位置存在一宽约 35 μm，延伸长约半个样品宽度，近乎平行于样品边缘的孔隙。该孔隙局部放大之后，可见其内部有一定纵深（图 2-40A、A1），其四周分布有一些小孔。沿几丁石中央腔表面裂缝切割后的几丁石壁可观察到壁厚约 2 μm（图 2-40B），图 2-40B1 显示该几丁石壁具有双层结构，外层表现为灰度值相对高的亮色的结构，内层表现为灰度值相对低暗色结构。外层组成亮色结构的物质密度相对较大，为较致密层结构（图 2-40 2B1 中虚线以上 a 颜色较浅处）；内层暗色物质的密度相对较低，比较疏松（图 2-40 2B1 中虚线以下 b 颜色较深处）。这一差异显示，组成几丁石壳壁的物质，可能具有化学成分和堆积紧密程度的差异。在内外两层结构的相接处可见沿界线分布的一串纳米级孔隙。

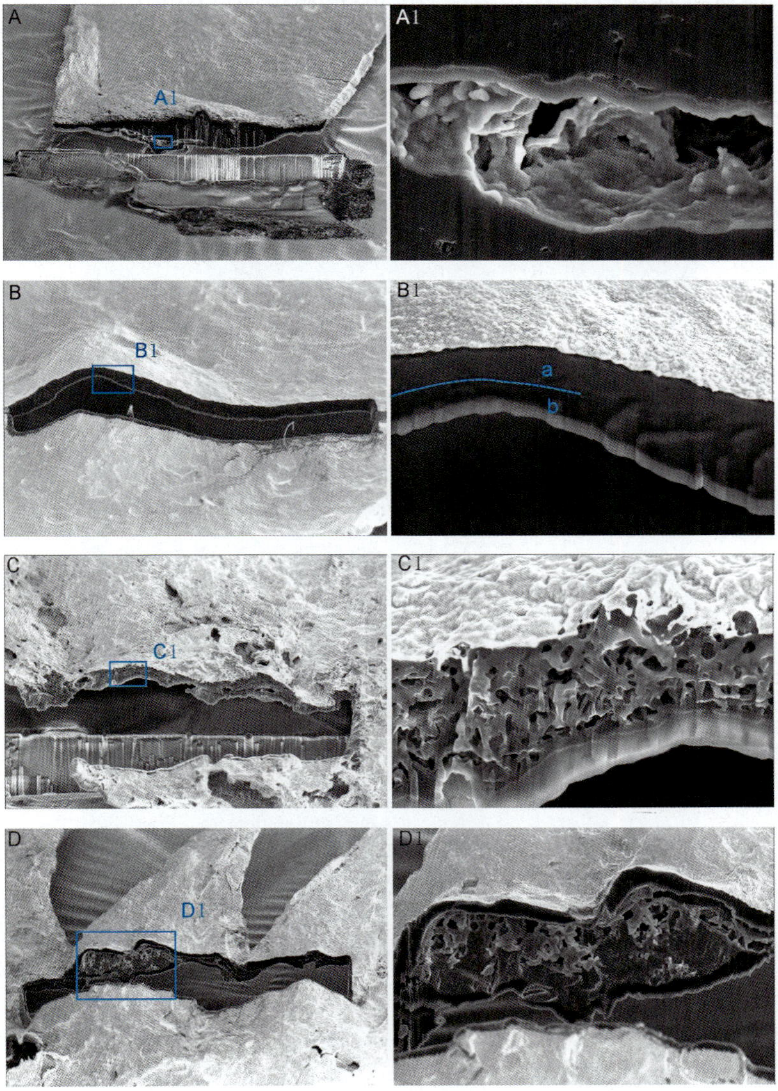

图 2-40　JYI 井龙马溪组微体化石经 FIB 连续切割形成的图像

A1 为图 A 的镜下切面和局部放大照片；B1 为图 B 的镜下切面和局部放大照片；
C1 为图 C 的镜下切面和局部放大照片；D1 为图 D 的镜下切面和局部放大照片

（2）疑源类化石

对于以有机质形式保存的疑源类化石，经过 FIB-SEM 离子束的连续切割，在 SEM 下观察到壁厚 1~4 μm，膜壳壁的切面为结构较为均一的单层粗纤维壁，纤维无规则排列，相互连通形成均匀的层，内发育大量亚微米-纳米级孔隙，这些孔隙大小在 0.2~0.5 μm 之间，以亚球体孔为主，多呈开放至半开放形态，彼此相互连通直到膜壳表面（图 2-40C、C1）。

进一步的 FIB 实验表明，这类草莓状黄铁矿交代的疑源类化石，其内部具有大量孔隙（图 2-41c、d、e、f），这些孔隙具有平直的边缘，推测是黄铁矿晶粒的晶间孔隙；在这些孔隙中充填有有机质（图 2-41g、h），并且这些有机质内部也分布有大量孔隙，整体呈现出海绵状；在有机质与黄铁矿晶体之间也存在孔隙。

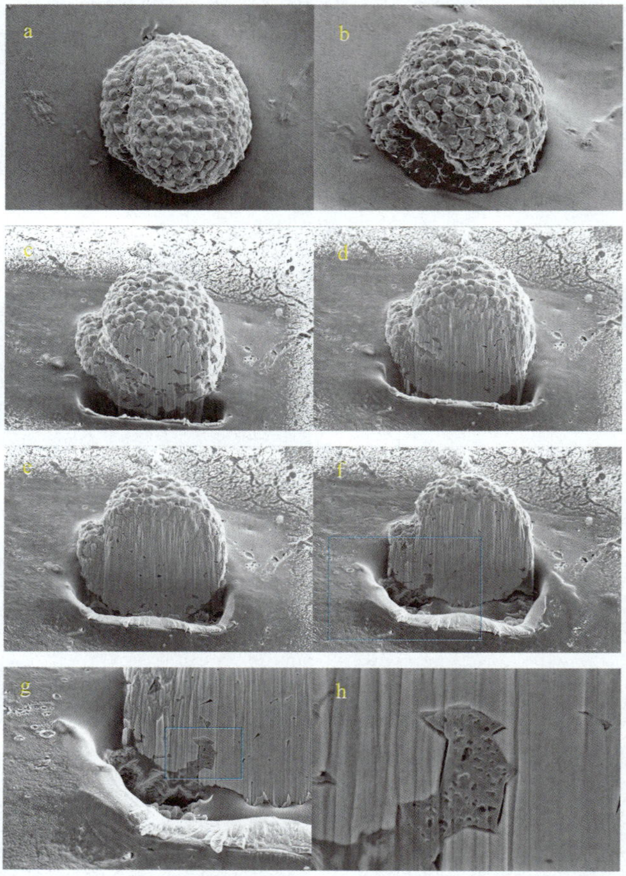

图 2-41　FIB 切割草莓状黄铁矿交代的疑源类化石

a、b—草莓状黄铁矿交代的疑源类化石全貌；c—第一次切割后的该化石；d—第二次切割后的该化石；e—第三次切割后的该化石；f—第四次切割后的该化石；g—f 中蓝框内部放大；h—g 中蓝框部分放大

（3）笔石

对笔石的自然断面的扫描电镜观察显示，笔石的表层由分层的纤维在各自层中均匀排列形成，其排列方式较为致密，在自然断面上未能观察到微米级孔隙（图 2-42a-b）；被 FIB 切割后的断面显示，它实际上是由两层外皮组成的，上下皮层致密而松软，未见孔隙发育，而经过离子束切割之后便有熔化迹象。中间的孔隙狭长，贯通整个片状的笔石体，推测是原先的空腔被压扁残留的空间（图 2-42c-d）。

（4）沥青

对固体沥青的 SEM 和氩离子抛光实验结果如图 2-43 所示。总体上固体沥青中发育大量

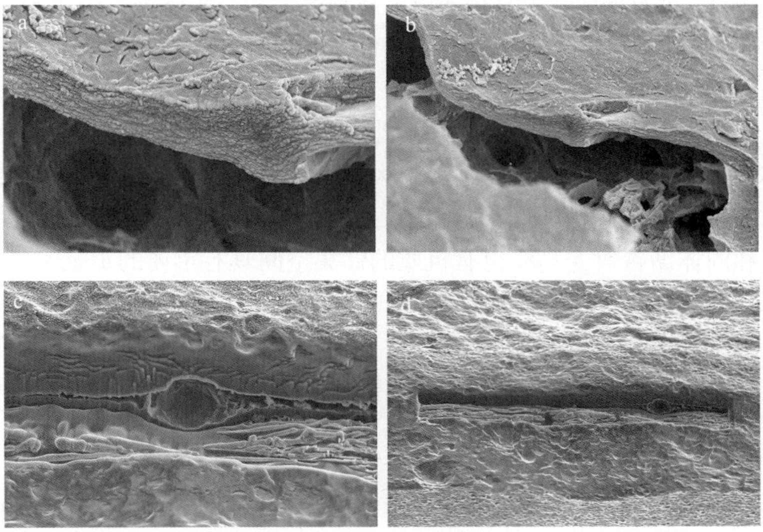

图 2-42　笔石断面或者切面镜下观察

a、b—笔石自然断面扫描电镜照片；c、d—笔石切面 FIB 照片

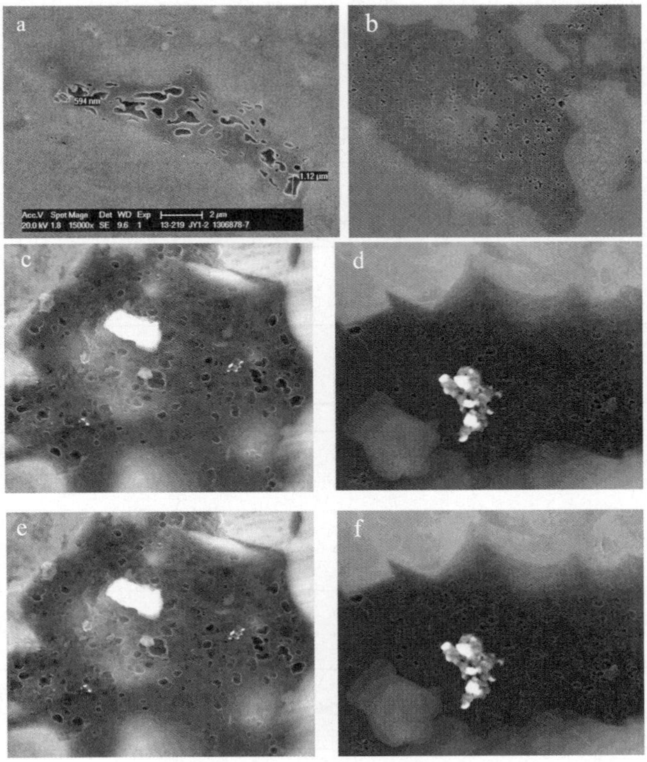

图 2-43　固体沥青中的有机孔隙

样品来自 JY1 井；a—2343. 07 m；b—2370. 06 m；c、d—2336. 2 m；

e、f—2337. 3 m

的有机质孔隙。孔隙大小从几纳米到 1 μm 均有发育，孔隙形态以近圆形为主，次为椭圆形或拉长的椭圆形，少量呈不规则形，但孔隙边缘均十分圆滑，无棱角，为气孔成因。二维平面上多显示孤立状，也有许多孔隙互相连成不规则的大孔，固体沥青中微米-纳米孔隙的分布大多数比较均匀，少量的基质沥青孔隙不发育，可能是黏土矿物和有机质的复合体。

由此可见，成烃母质中发育大量的微米-纳米孔隙，但差异较大。其中，疑源类和固体沥青微纳米孔隙最为发育，疑源类微纳米孔隙形态多不规则，大小多在几十到一二百纳米之间，固体沥青的微纳米孔隙多为圆形，大小变化较大，为几纳米到微米级。疑源类和固体沥青的孔隙边缘总体上呈圆滑状，几丁石发育少量的孔隙，而笔石几乎不发育孔隙。因此，疑源类和固体沥青对龙马溪组有机质的储集空间具有重要的贡献。

第三节　优质页岩有机地化特征

一、有机质类型

高-过成熟页岩的有机质类型判别中，干酪根碳同位素是较为常用的指标之一，按照三类四分法的有机质类型划分标准（表2-5），典型井/剖面的干酪根碳同位素差异不大，比如道真巴渔剖面，采集的9件样品中，$\delta^{13}C_{PDB}$ 分布在-28.4‰～-30.1‰之间（图2-44），与典型的海相页岩气田（涪陵、威荣等）基本一致，道真-涪陵地区龙马溪组干酪根碳同位素总体处于Ⅰ型的区间，纵向上对比来看，龙马溪组干酪根碳同位素比二叠系普遍要轻，比寒武系要重。

表2-5　有机质类型划分标准

类型	Ⅰ型（腐泥型）	Ⅱ型		Ⅲ型（腐殖型）
		Ⅱ$_1$（腐殖-腐泥型）	Ⅱ$_2$（腐泥-腐殖型）	
干酪根碳同位素 $\delta^{13}C_{PDB}$/‰	<-28	-28～-26	-26～-24	>-24
干酪根显微组分类型指数 TI	80～100	40～80	0～40	-100～0

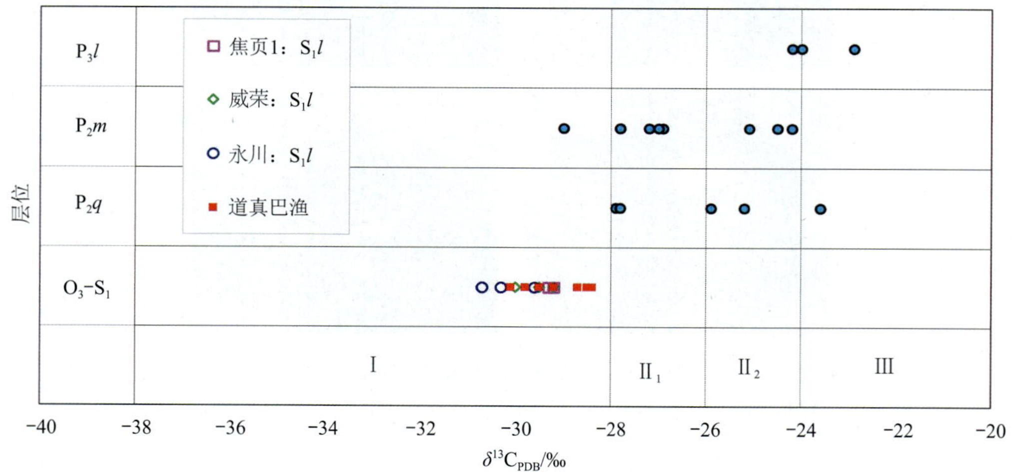

图2-44　道真巴渔剖面与典型页岩气田干酪根碳同位素分布图

从 JY1 井和 PY1 井龙马溪组优质段干酪根镜检结果看，干酪根均以腐泥无定形体为主，由此可以表明，尽管处于四川盆地早志留世陆棚相的不同部位，同时也处于不同的压力区（常压区、超压区），龙马溪组优质页岩的有机质类型差异不大（图 2-45）。

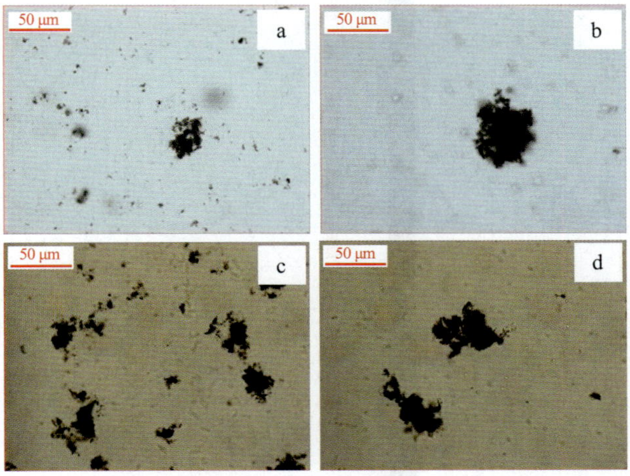

图 2-45 JY1 井和 PY1 井龙马溪组优质段干酪根镜检结果

a—腐泥无定形体，JY1 井，2339.33 m；b—腐泥无定形体，JY1 井，2349.23 m；
c—腐泥无定形体，PY1 井，2151 m；d—腐泥无定形体，PY1 井，2152.14 m

二、有机质丰度

1. 典型井/剖面五峰组—龙马溪组 *TOC* 分布特征

（1）道真巴渔剖面

道真巴渔五峰组—龙马溪组剖面位于道真向斜的西翼，出露较好、构造较简单，五峰组—龙马溪组 9 个小层均发育，顶底完整，地化分析结果表明，巴渔剖面的 *TOC*≥2.0%层段集中在①~④小层，厚度共计 26.1 m，*TOC* 平均 2.88%，④小层中上部至⑨小层的 *TOC* 主体小于 1.0%（图 2-46）。

（2）PY1 井

PY1 井位于桑柘坪向斜西翼，该井五峰组—龙马溪组页岩 *TOC* 值均大于 0.5%，由下到上，*TOC* 含量由高到低，底部 *TOC* 最高可达 4.25%。*TOC*≥2.0%的优质页岩段厚 24 m，深度区间为 2136~2160 m，分布在①~④小层，优质页岩段平均 *TOC* 为 3.31%。从⑤到⑦小层，*TOC* 含量逐渐降低，从 1.48%降低至 0.85%（图 2-47）。

（3）LY1 井

LY1 井位于武隆向斜南翼，该井五峰组—龙马溪组实测 *TOC* 为 1.63%~6.21%。其中①~④小层 *TOC* 均大于 4.5%；②小层 *TOC* 相对最高，平均为 6.07%；从⑤小层往上至⑨小层，*TOC* 总体降低，平均 *TOC* 从 2.36%降低至 1.59%，其中⑥小层 *TOC* 相对最低，平均为 1.28%。相对于 PY1 井来说，LY1 井整体 *TOC* 有所增加（图 2-48）。

（4）JY10 井

JY10 井位于金佛断坡，该井五峰组—龙马溪组实测 *TOC* 为 0.66%~5.69%。其中

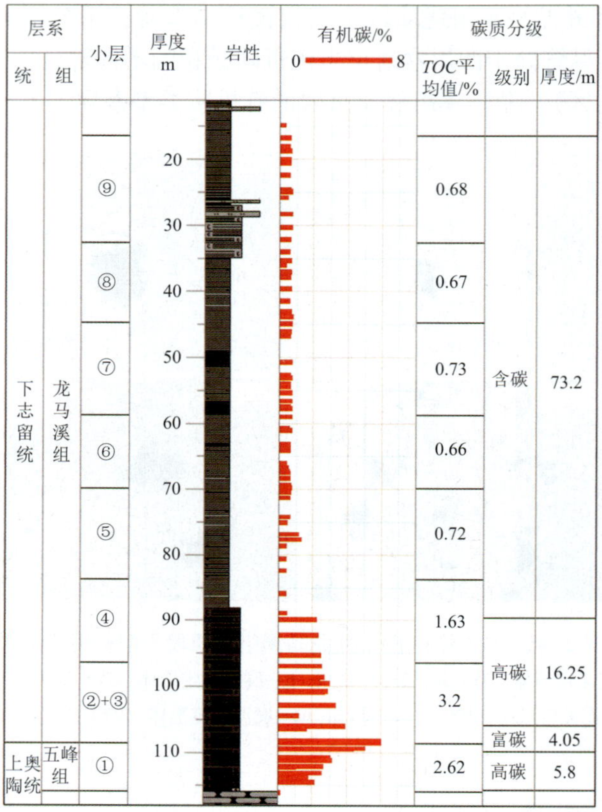

图 2-46　道真巴渔五峰组—龙马溪组 *TOC* 纵向分布图

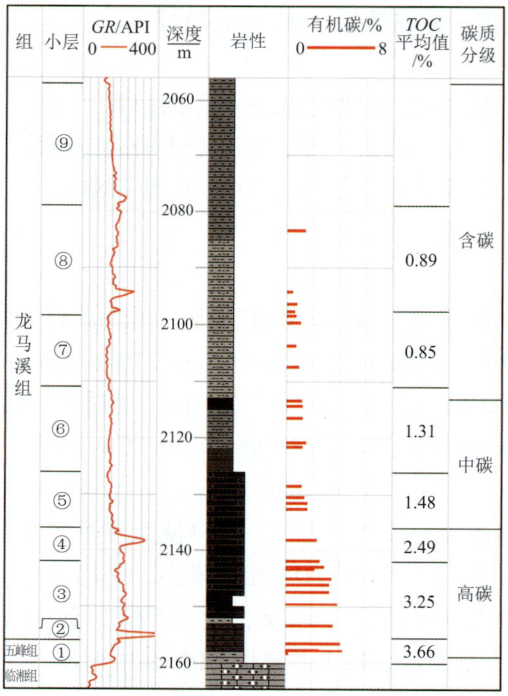

图 2-47　PY1 井五峰组—龙马溪组 *TOC* 纵向分布

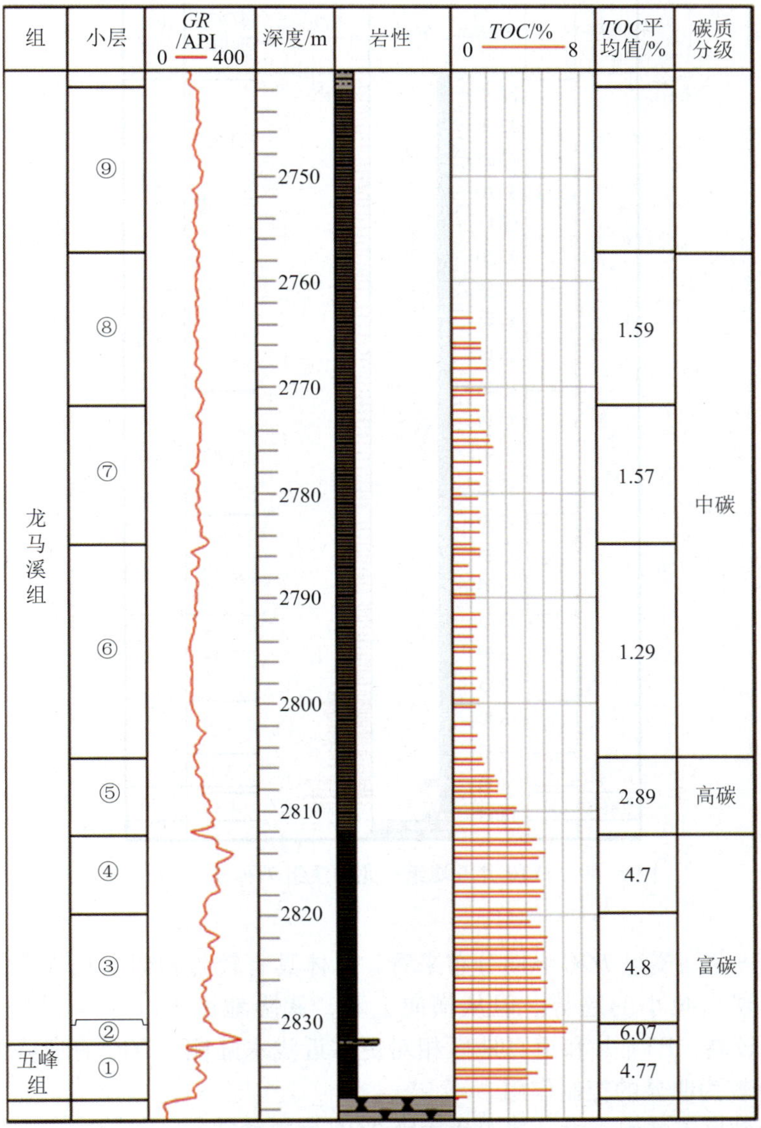

图 2-48　LY1 井五峰组—龙马溪组 *TOC* 纵向分布图

①~⑤小层 *TOC* 均大于 2.0%，为优质页岩段，厚 31 m，优质段平均 *TOC* 为 3.17%。⑥小层往上至⑨小层，*TOC* 总体降低，从 1.46%降低至 1.32%，其中⑧小层 *TOC* 相对最低，平均为 1.2%（图 2-49）。

（5）JY1 井

JY1 井龙马溪组下段 *TOC* 分布特征总体呈由上而下逐渐增大的趋势。该井钻遇 *TOC* 大于 0.5%的泥页岩厚 89 m，*TOC*≥2.0%的连续页岩厚度为 38 m，为优质页岩段，该优质段平均 *TOC* 为 3.93%（图 2-50）。

从上述几口典型井所处的的沉积相位置来看（图 2-51），PY1 井、道真巴渔地区距离浅水陆棚相对较近，LY1 井、JY10 井和 JY1 井处于深水陆棚相对中心部位。

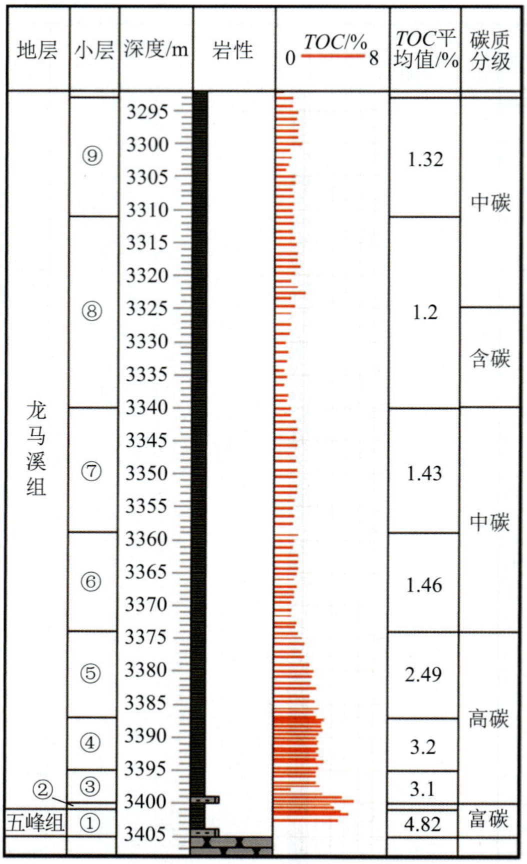

图 2-49　JY10 井五峰组—龙马溪组 *TOC* 纵向分布图

从五峰组—龙马溪组 *TOC* 纵向分布来看，总体具有较为相似变化规律，从①到⑨小层，*TOC* 均表现出减小的趋势。但从横向上看，武隆地区 LY1 井和涪陵 JY1 井一带，*TOC* 总体相对较高，PY1 井和道真地区相对更靠近浅水陆棚，*TOC* 有所降低，表明沉积相对 *TOC* 具有较为明显的控制作用。

2. 彭水及邻区五峰组—龙马溪组优质段 *TOC* 展布特征

对彭水及邻区五峰组—龙马溪组典型钻井和剖面开展了优质页岩段识别划分，并针对优质页岩段进行了 *TOC* 统计工作，结合沉积相展布，编制了优质段 *TOC* 展布图（图 2-52）。从图上可以看到，*TOC* 表现出中间高，往南北两侧逐渐降低的分布规律。其中 *TOC* 高值区位于武隆-涪陵一带，平均 *TOC* 大于 4.0%。如 LY1 井，优质段 *TOC* 平均为 4.36%。往隆起方向，*TOC* 逐渐降低，从涪陵-武隆到道真安场地区，优质段 *TOC* 从 4.0%降低至 2.0%左右，AY1 井优质段平均 *TOC* 为 2.85%，优质段厚度也从 38 m 减薄至 19.9 m。优质段 *TOC* 的平面分布规律与优质段厚度基本一致。

三、有机质成熟度

1. 现今成熟度特征

有机质热演化程度决定了页岩生烃量的大小，同时还对页岩的孔隙发育具有重要的控

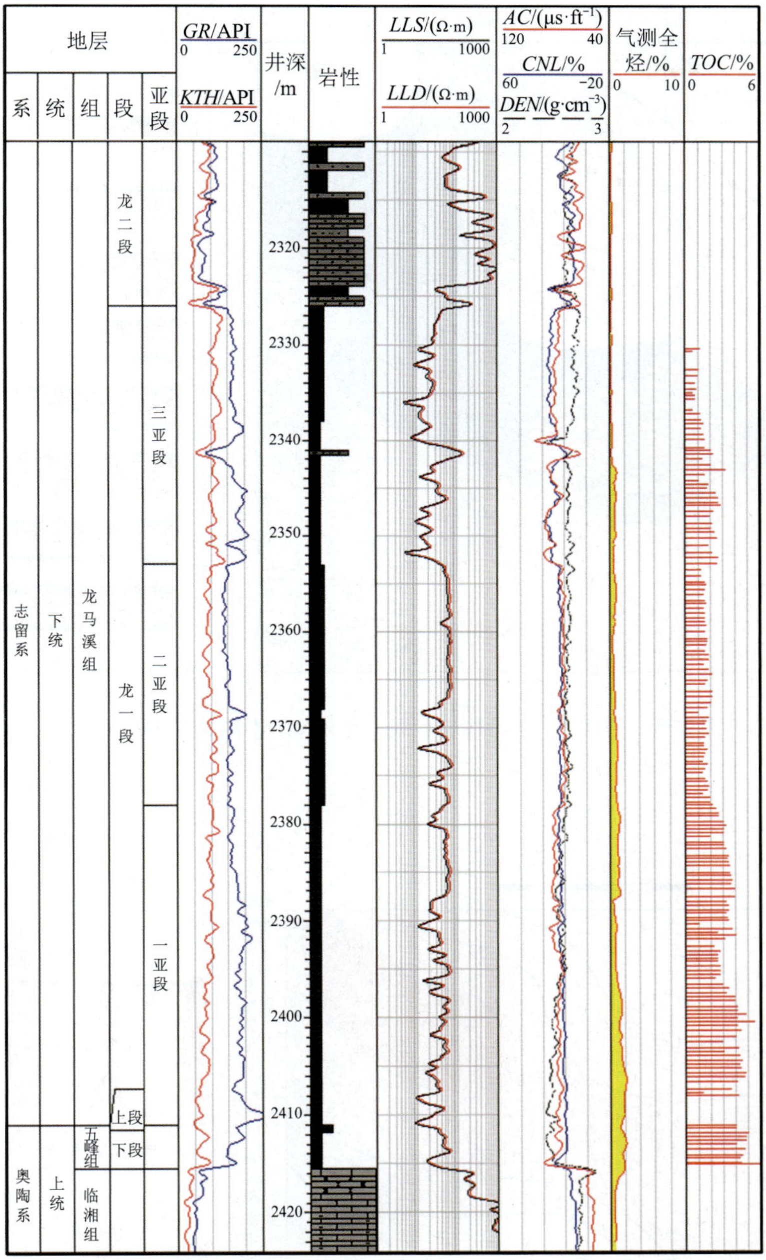

图 2-50 JY1 井五峰组—龙马溪组 *TOC* 纵向分布图

制作用，是页岩气地质评价的重要参数之一。

对彭水及邻区龙马溪组的典型井/剖面样品进行了反射率测定，由于龙马溪组沉积时期不发育高等植物，因此测定的为沥青或笔石反射率，典型的井/剖面等效 R_o 结果如表2-6 所示，测点数均为 20 个以上（等效 R_o 换算公式采用丰国秀等（1988）年提出的公式，等效 $R_o=0.3364+0.6569R_b$）。

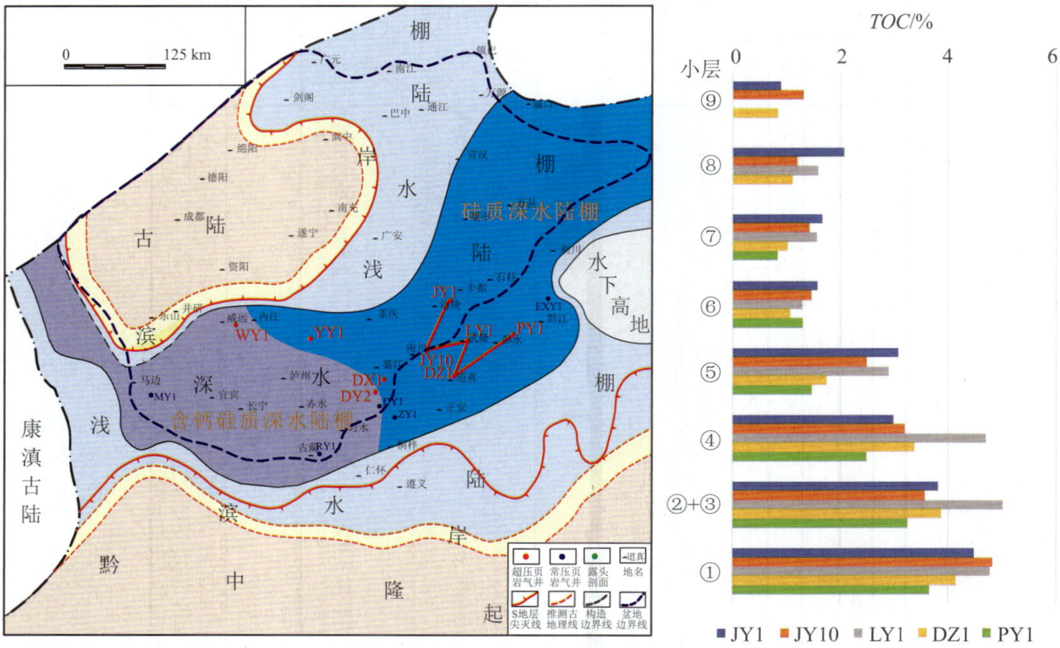

图 2-51　彭水-涪陵地区五峰组—龙马溪组不同小层 *TOC* 对比图

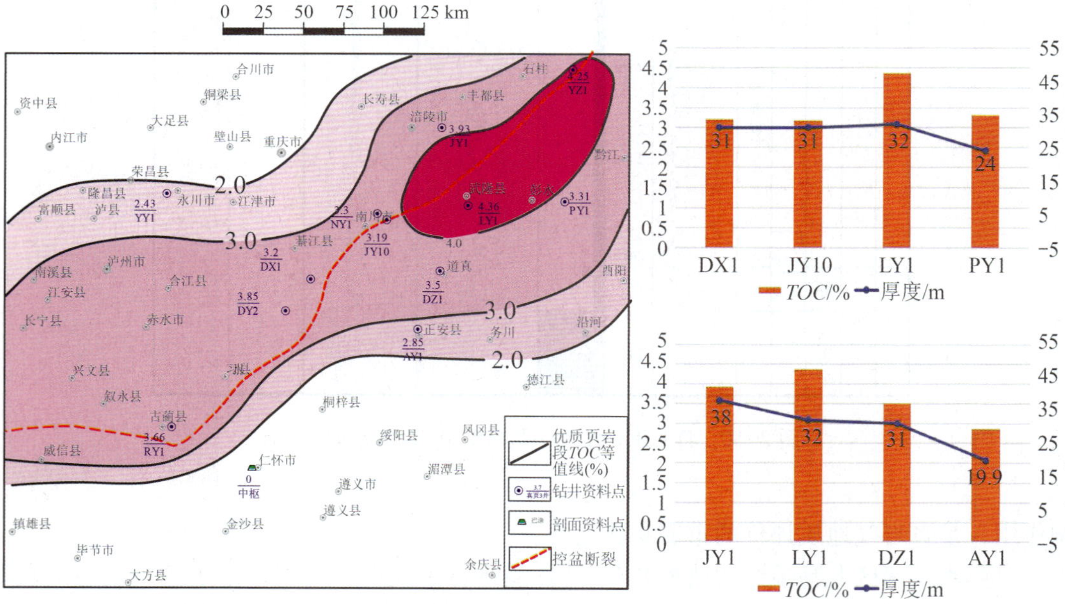

图 2-52　彭水及邻区五峰组—龙马溪组优质页岩段 *TOC* 展布图

表 2-6　川东地区五峰组—龙马溪组典型井/剖面反射率数据表

钻井/剖面	等效 R_o		
	区间值/%	样品数/个	平均值/%
JY1 井	2.2~3.13	9	2.65
PY1 井	2.02~2.19	10	2.13
彭水鹿角剖面	2.65	1	2.08
NY1 井	2.26~2.83	15	2.53
LY2 井	2.32~2.5	4	2.45
道真镇南剖面	1.7~1.91	7	1.82
道真巴渔剖面	1.74~1.83	3	1.8
DZ3 井	2.29~2.48	3	2.36
WY1 井	1.96~2.45	3	2.2
YY1 井	2.22~2.56	5	2.41
XM1 井	1.53~3.19	11	2.7
RY1 井	2.33~3.16	9	2.74
古蔺石宝剖面	2.12~2.2	5	2.15
叙永黑泥剖面	1.62~2.68	10	2.09
习水白泥剖面	1.6~2.87	7	2.64

图 2-53 显示，川东地区，总体呈现 2 个热演化高值区（利川-万县和泸州-赤水），R_o 在 2.6%~3.0%之间。往隆起区热演化程度逐渐降低，道真-桐梓-仁怀-毕节一线以南地区，受黔中、雪峰古隆起的影响，龙马溪组热演化程度相对较低，等效 R_o 均在 2.0%以下。

道真地区龙马溪组热演化程度变化较明显，表现出南低北高的特征，换算后 R_o 在 1.8%~2.4%之间，DZ3 井相对靠北，龙马溪组等效 R_o 相对较高，平均为 2.36%，往南东方向依次为巴渔剖面、DY1 井、镇南剖面，换算等效镜质体反射率为 1.8%左右，表明雪峰山推覆产生的递进变形对热演化具有明显的控制作用（图 2-54）。

2. 有机质热演化史特征

恢复页岩的热演化史，是判断页岩的生排油期、主生气期以及计算生烃量、滞留烃量的前提。以 PY1 井为代表的盆外复杂构造区，与盆内和盆缘的威远、永川和焦石地区相比，具有一定的差异性，主要体现在晚期抬升时间偏早，抬升剥蚀量偏大。

图 2-55 为 PY1 井的埋藏史和热演化史曲线，从图上可以看出，五峰组—龙马溪组的热演化主要分为 5 个阶段。

低成熟阶段：R_o 为 0.5%~0.95%，时间跨度为进入生烃门限至晚二叠世末，即加里

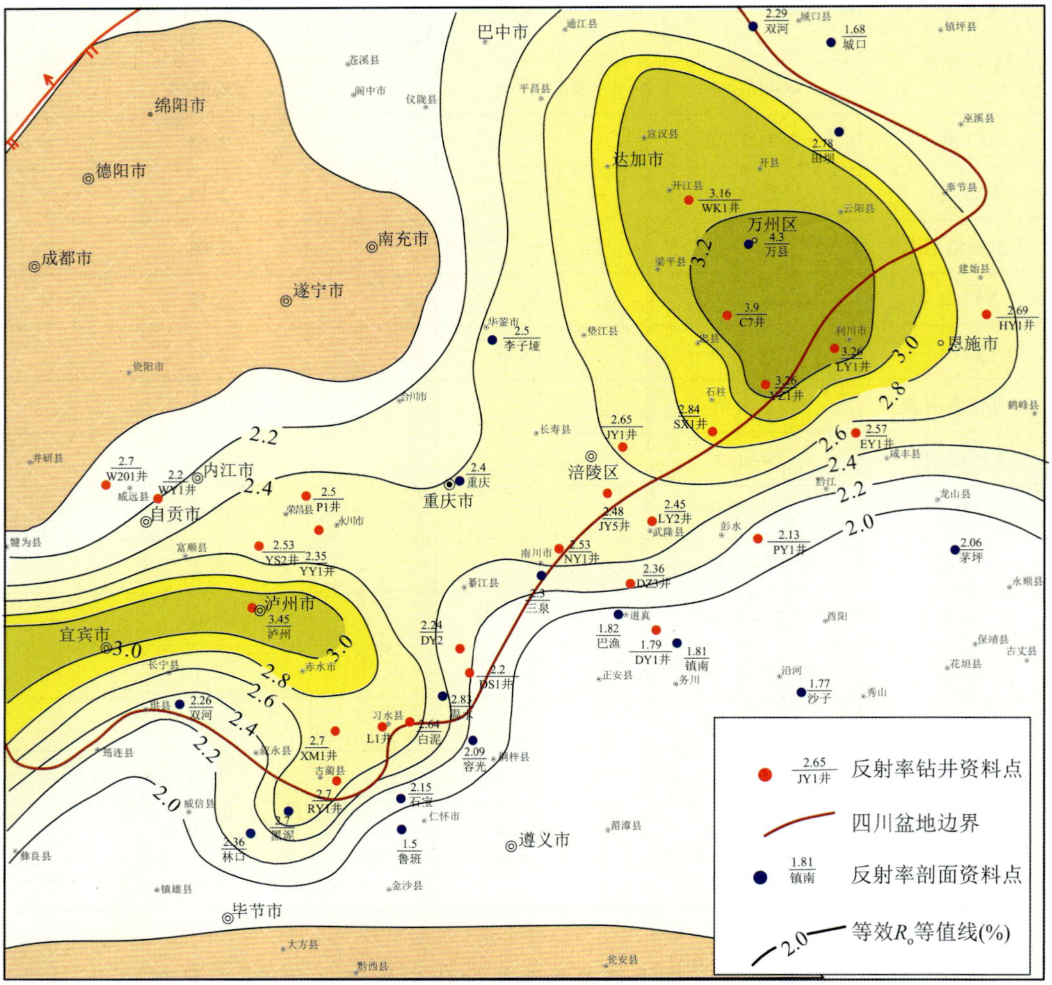

图 2-53　川东地区龙马溪组现今热演化程度图

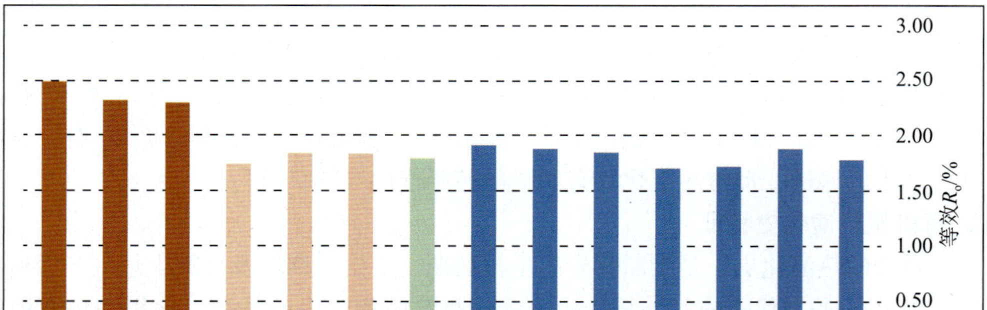

图 2-54　道真地区龙马溪组现今热演化程度对比图

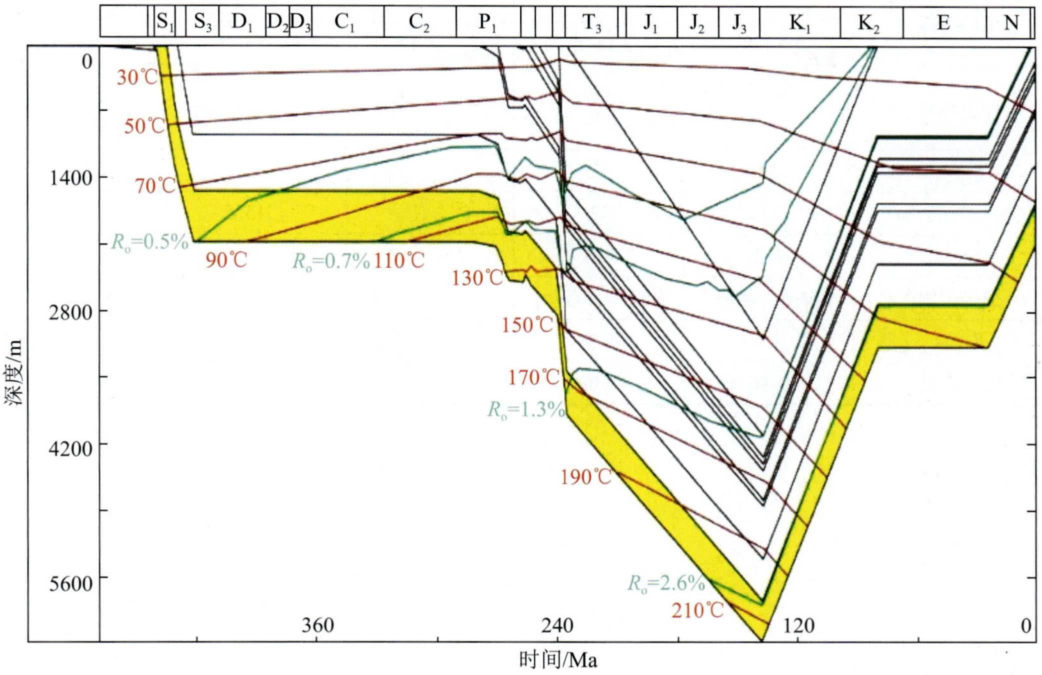

图 2-55　PY1 井埋藏史-热演化史图

东期至华力西期，五峰组—龙马溪组泥页岩进入生油阶段，生油量逐渐增加，至后期达到生油高峰，同时也达到滞留油高峰。此时有机质孔开始形成，生成的油除分布在有机质孔内外，还部分充注到无机孔中（黄铁矿晶间），此阶段同时还生成有机酸，对长石、碳酸盐等矿物产生溶蚀作用。

中晚成熟阶段：R_o 为 0.95%~1.3%，时间跨度为早中三叠世，即印支期，五峰组—龙马溪组泥页岩进入生油气阶段，油开始排出，滞留油开始裂解生气，有机质孔逐渐增加。

成熟-高成熟演化阶段：R_o 为 1.3%~2.0%，晚三叠世至早侏罗世中期，即印支期后至燕山早期，主要是滞留在页岩中的液态烃大量裂解生气，同时也大量排油至页岩外，直到 R_o 约为 2.0%时，干酪根直接生气和滞留油裂解气均达到高峰。

过成熟阶段：早侏罗世晚期—侏罗纪末，R_o 为 2.0%~2.6%，干酪根直接生气能力减弱，滞留油产气率也逐渐降低，以滞留液态烃继续裂解生气为主。

白垩纪以来，进入持续的抬升阶段，生烃作用基本停滞，为滞留烃散失阶段。

第四节　超压区和常压区生烃物质基础对比

通过综合对比，常压区（PY1 井、LY1 井）和超压区五峰组—龙马溪组优质段物质基础基本一致（表 2-7）。

表 2-7　典型井五峰组—龙马溪组优质页岩段生烃参数对比

生烃指标	常压页岩气区		超压页岩气区
	PY1 井	LY1 井	JY1 井
沉积环境	深水陆棚、古生产力高、还原性强		深水陆棚、古生产力高，还原性强
厚度/m	24	32	38
②~③厚度/m	14	12	15. 5
TOC/%	3. 2	4. 3	3. 68
成烃生物	浮游藻、疑源类、笔石、细菌为主		浮游藻、疑源类、笔石、细菌为主
R_o/%	2. 6	2. 56	2. 65
压力系数	0. 96	1. 08	1. 55

第三章　储集空间特征

第一节　矿物岩石学特征

综合岩芯、薄片观察、全岩 X 衍射分析，彭水-涪陵地区五峰组—龙马溪组页岩主要有 7 种代表性的岩相类型：①层状-非层状硅质页岩；②层状-非层状黏土质页岩；③层状-非层状灰质页岩；④纹层状粉砂质页岩；⑤平行、交错层理粉砂岩；⑥含生物介壳灰岩（灰质泥岩）；⑦凝灰岩。主要以前两种为主，层状-非层状硅质页岩主要发育在五峰组和龙马溪组下段底部，层状-非层状黏土质页岩和层状-非层状灰质页岩主要发育在龙马溪组下段中上部和中段下部，纹层状粉砂质页岩主要发育于龙马溪组和中段中上部（图 3-1）。

图 3-1　涪陵地区五峰组—龙马溪组典型岩相岩芯照片

利用全岩 X 衍射方法对川东南地区五峰组和龙马溪组页岩进行全岩矿物组成分析，结果显示川东南涪陵、丁山、武隆、彭水地区五峰组—龙马溪组矿物主要以石英、黏土和碳酸盐为主，矿物组成较为相似。

涪陵焦石坝地区石英的含量普遍较高（图 3-2），五峰组页岩石英含量绝大部分在 50%以上，主体在 75%左右，黏土矿物含量较低。龙马溪组下段页岩样品石英含量在

40%~55%范围内，中上段页岩石英含量整体较低，主体在20%~40%，黏土含量在龙马溪组下段为30%~55%，在中上段则为50%~75%。碳酸盐含量总体较低，大多数样品含量在25%以下，少量样品在25%以上，但小于50%，且均为龙马溪组上段样品。

綦江丁山地区五峰组页岩石英含量在50%以上，龙马溪组下段石英含量在35%~50%之间，龙马溪组中上段大部分页岩样品石英含量在25%~50%范围内，有个别样品含量为10%。五峰组—龙马溪组一段下部处于深水陆棚沉积相带，也是硅质矿物含量最大的层段。黏土矿物的含量为17%~60%，平均为45.8%，其中五峰组页岩黏土矿物含量在10%~35%范围内，龙马溪组下段页岩黏土矿物含量主要集中在35%~65%范围内，龙马溪组中上段黏土矿物含量主要在50%以上，有的高达80%。碳酸盐矿物含量总体较低，仅有龙马溪组上段2个样品含量大于25%，其余均在5%~25%范围以内（图3-2），与涪陵地区大致相似。垂向上，硅质矿物含量亦具有自下向上逐渐降低的特点，而黏土矿物含量则呈与硅质含量相反的变化趋势。

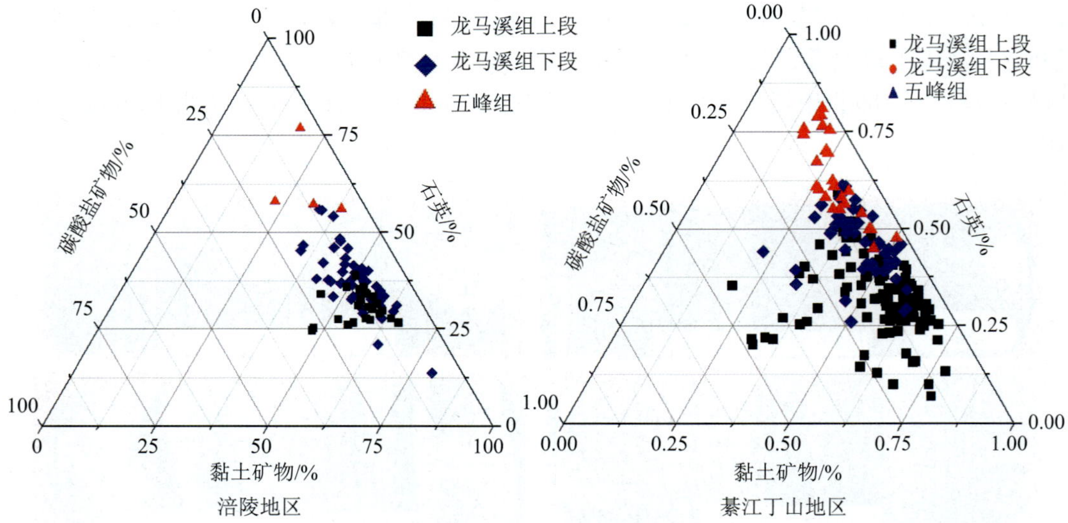

图3-2　川东南地区五峰组—龙马溪组矿物组成

南川地区（以金佛斜坡JY10井为代表）五峰组—龙马溪组优质页岩段全岩矿物组成如图3-3所示，石英含量均在40%以上，相对较高，达到47%，黏土含量35.3%，碳酸盐含量7.1%，矿物组成与涪陵焦石地区基本一致。

武隆地区（以LY2井为代表）五峰组—龙马溪组全岩矿物组成如图3-4所示，由下往上，即从①小层到⑨小层，总体具有石英含量逐渐降低，黏土含量逐渐增大的变化特征。其中*TOC*≥2.0%层段（2461.7~2497 m）石英含量相对较高，达到58.8%，黏土含量为26.5%，碳酸盐含量为5.4%。

彭水地区（以PY1井为代表）五峰组—龙马溪组矿物组成如图3-5所示，石英、黏土的纵向变化规律与涪陵、丁山、南川等地区一致，*TOC*≥2.0%层段石英含量为46.5%，黏土含量为27.2%，碳酸盐含量为9%。

从四川盆地及周缘海相页岩气重点探区（威荣、永川、涪陵-綦江、武隆、彭水）对

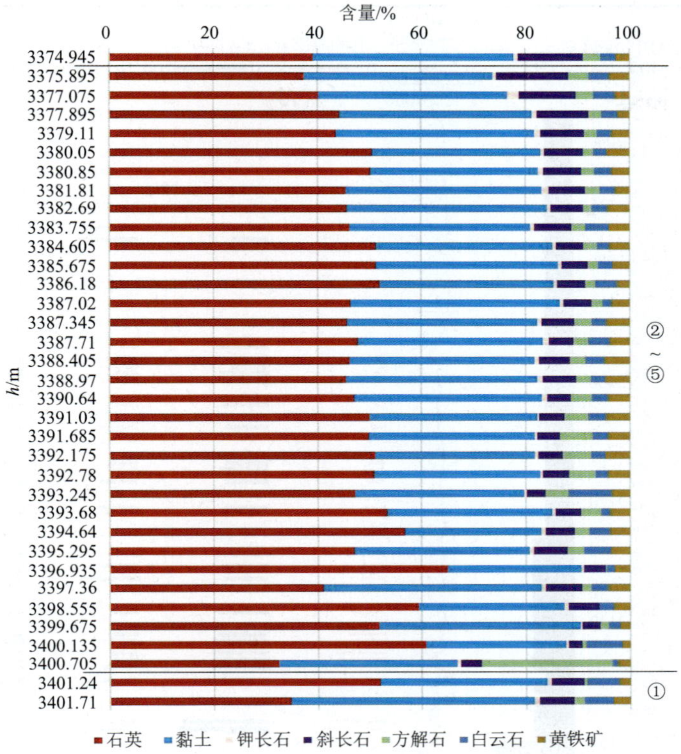

图 3-3　南川地区五峰组—龙马溪组矿物组成纵向变化特征

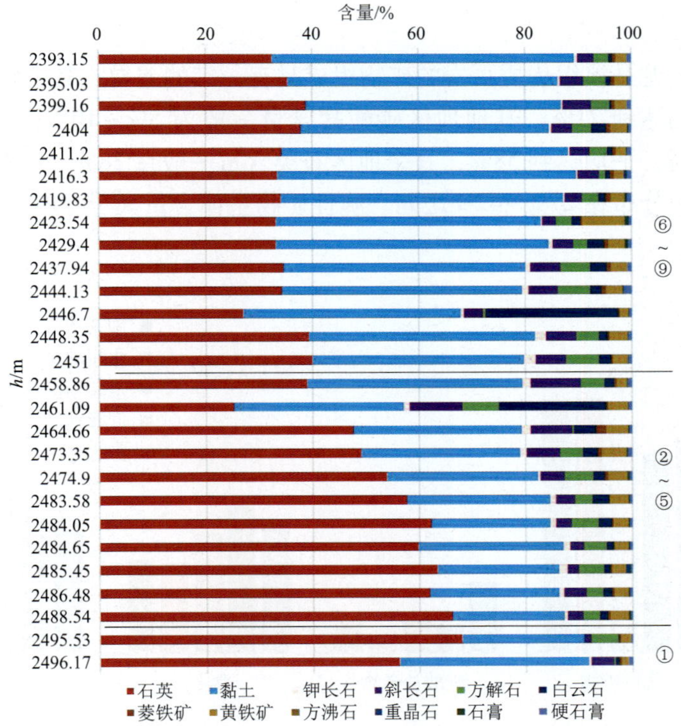

图 3-4　武隆地区五峰组—龙马溪组矿物组成纵向变化特征

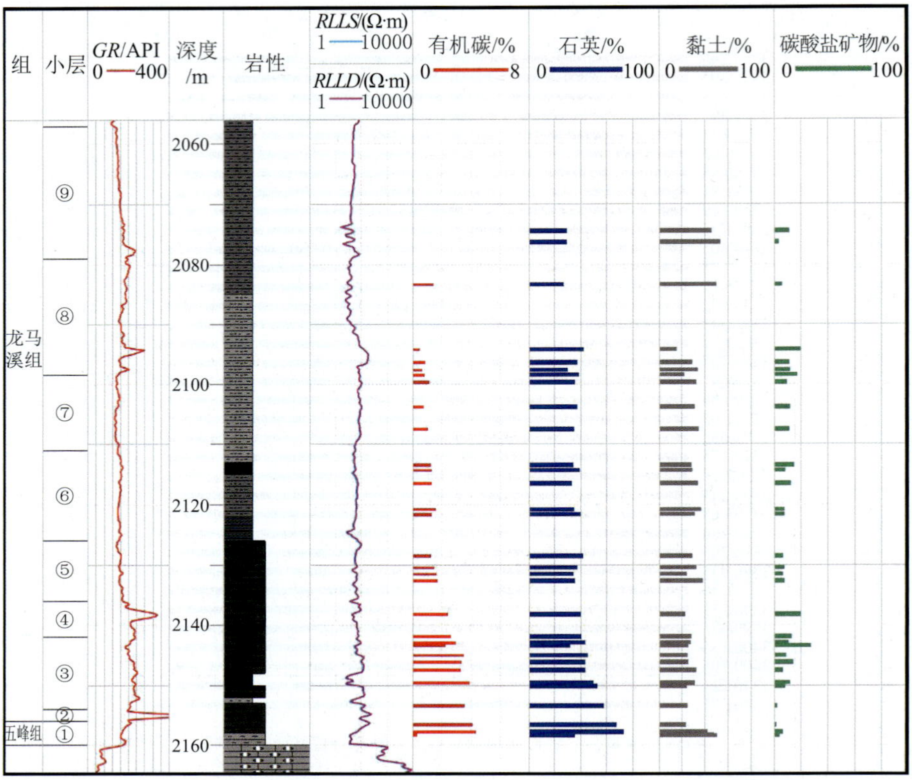

图 3-5 彭水地区 PY1 井五峰组—龙马溪组矿物组成柱状图

比来看，五峰组—龙马溪组优质页岩的矿物组成具有一定的差异，其中威荣地区碳酸盐含量相对偏高，平均达到 21%，其他地区碳酸盐含量一般为 5%~10%；从石英含量上看，武隆地区相对最高，平均达到 58%，其余地区石英含量一般在 38%~46%之间；黏土含量差异不明显，一般分布在 27%~42%之间。脆性矿物主体含量大于 60%，具有良好的脆性（图 3-6）。

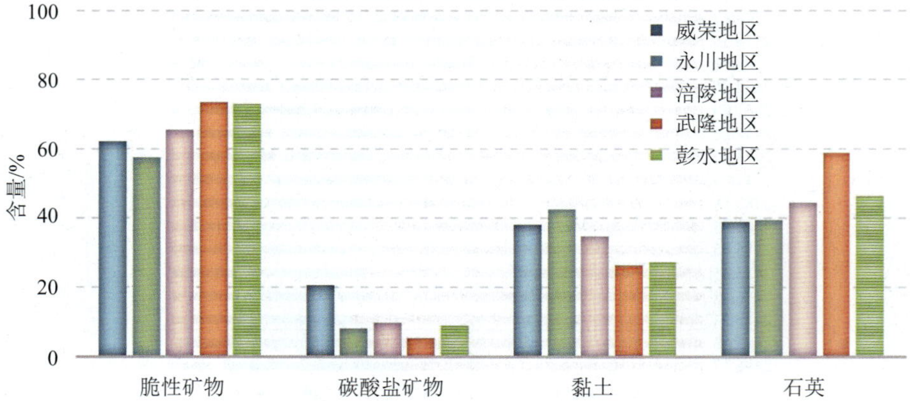

图 3-6 四川盆地及周缘五峰组—龙马溪组优质段矿物组成对比柱状图

第二节　物性特征

一、孔隙度特征

页岩储层孔隙度是页岩气勘探选区评价、资源潜力评价、储量计算等最基本的参数，孔隙度测量方法主要包括氦气法、饱和流体法、核磁共振法、CT扫描图像法、高压压汞法等。由于页岩储层普遍发育微米-纳米孔隙以及复杂的孔隙结构，增加了孔隙度准确测量的难度，不同实验室或不同测试方法对同一样品的孔隙度测量结果差异较大。因此，对于页岩储层物性评价，尽量选择同一方法和测试平台所得的数据进行对比分析，便于对页岩的储集空间作出客观的评价。

四川盆地五峰组—龙马溪组一段页岩储层孔隙度表现为低-中孔特征，孔隙度大多分布在3%~7%范围内，其分布具有以下特点：纵向上页岩气层孔隙度具有一定的分段性，但不同地区纵向又表现出略有不同的分布特征。涪陵页岩气田、丁山地区页岩气层孔隙度总体表现为下部高、中部低、上部高的“两高夹一低”特点，以JY1井、DY1井代表；永川地区表现为下部低、中部高、上部低“两低夹一高”的特点，以YY1井为代表；威荣页岩气田总体表现为由下往上孔隙度逐渐降低的特点（图3-7）。

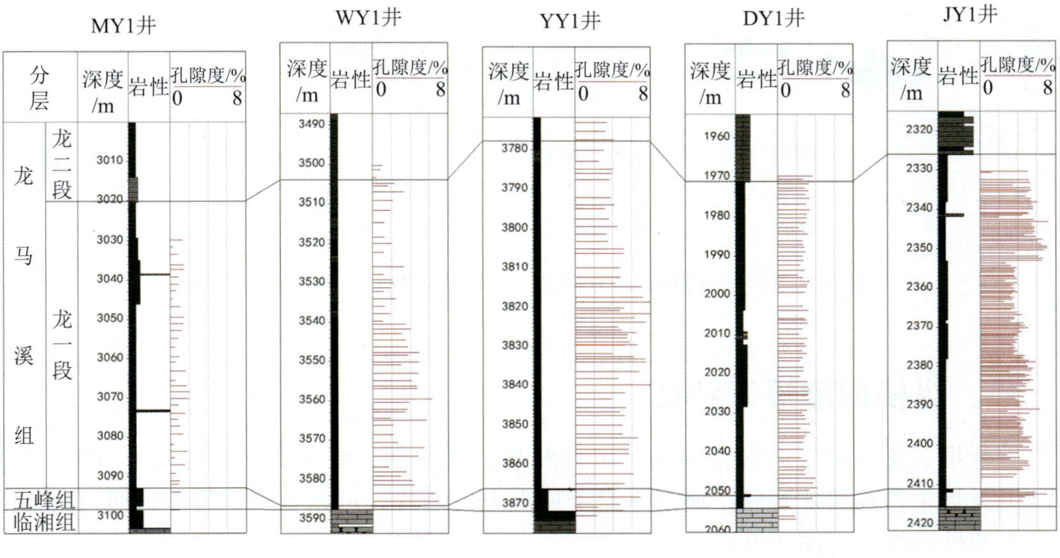

图3-7　四川盆地重点探井五峰组—龙马溪组一段页岩储层孔隙度对比图
（据四川油气区（中国石化）编纂编员会，2022）

分别选取了超压区（涪陵焦石、綦江地区）和常压区（南川、武隆、道真地区）典型井岩芯样品开展了孔隙度测试，测试结果如表3-1所示。从表3-1中可以看出，优质页岩段孔隙度具有较大差异，从孔隙度数值上看，最大的是DX1井，优质段孔隙度达到6.35%，最小的为JY10井，优质页岩段孔隙度为3.28%。武隆地区LY1井和LY2井优质段孔隙度平均为4.95%~5.31%，道真地区的（DZ1井）优质段孔隙度平均为5.22%。

表 3-1　典型井五峰组—龙马溪组优质页岩段物性参数对比表

类别	井号	孔隙度/%	平均 *TOC*/%	压力系数	地区
超压区	JY1 井	4.69	3.93	1.55	焦石
	DX1 井	6.35	3.2	1.58	东溪
常压区	JY10 井	3.28	3.17	1.18	南川
	LY1 井	4.95	4.36	1.08	武隆
	LY2 井	5.31	4.9	1.06	武隆
	DZ1 井	5.22	3.67	0.90	道真

如图 3-8 所示，涪陵地区和南川地区典型井五峰组—龙马溪组 *TOC* 与孔隙度表现出良好的正相关趋势，有机质相关孔隙对孔隙度贡献明显，有机孔的比例较高，因此孔隙度的大小与对应层段的有机碳含量有直接的关系，如 LY2 井的孔隙度较高，该层段的平均 *TOC* 也相对较高。此外，孔隙压力的大小、含气性的高低对孔隙度的大小也有较为明显的影响，如 DX1 井的孔隙度高，与较高的压力系数和较高的含气量有关。因此对于孔隙度大小的对比，需要综合多种因素来进行综合判断。

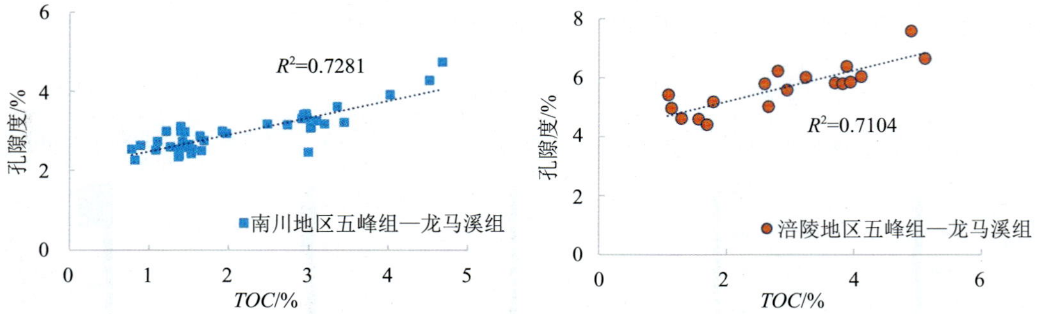

图 3-8　涪陵与南川地区五峰组—龙马溪组 *TOC* 与孔隙度相关图

二、纵横向渗透率特征

五峰组—龙马溪组页岩普遍发育页理和粉砂质纹层，对彭水南川地区的 PY1 井和 NY1 井开展了普通薄片观察，通过垂直于层理方向制片，可以直观地看到，两口井岩芯均发育粉砂质纹层（图 3-9）。

从扫描电镜照片上可以看出（图 3-10），层理缝多沿碳质泥质与刚性颗粒（砂质、粉砂质颗粒）接触面发育，随着泥页岩压实作用的进行，其中的片状黏土矿物趋于平行岩层面定向排列，并反复叠加、塑性变形，形成极好的页理面，致使顺层方向应力较薄弱，顺层方向渗透率增大。焦石坝五峰组—龙马溪组岩芯观察也证实，最优质的富有机质页岩层段比贫有机质的泥岩页理更发育，另外富有机质页岩更容易发育层间缝，层间缝的存在增大了页岩水平方向的渗透率。

JY1 井（图 3-11）和 JY4 井（图 3-12）五峰组—龙马溪组全直径岩芯纵横向渗透率分析结果显示，顺层方向的渗透率远大于垂直层理方向，如 JY1 井水平渗透率介于

PY1井，2105.03 m，层状含碳酸盐碳质泥岩，10×2(正交光)

PY1井，2113.9 m，砂质呈层状分布，10×2(单偏光)

PY1井，2127.09 m，层状含碳酸盐含砂质碳质泥岩，10×2(单偏光)

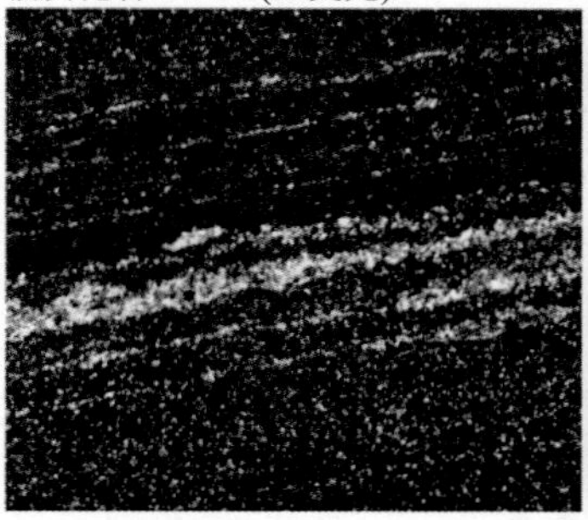

NY1井，4370.53 m，层状含砂质碳质泥岩，10×2(单偏光)

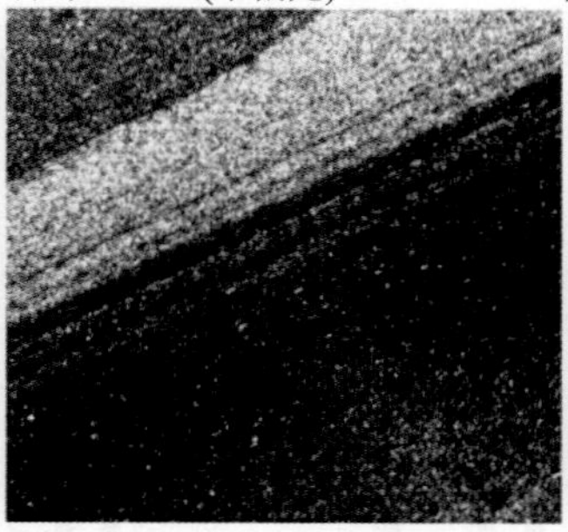

NY1井，4378.68 m，层状碳质泥岩，10×2(单偏光)

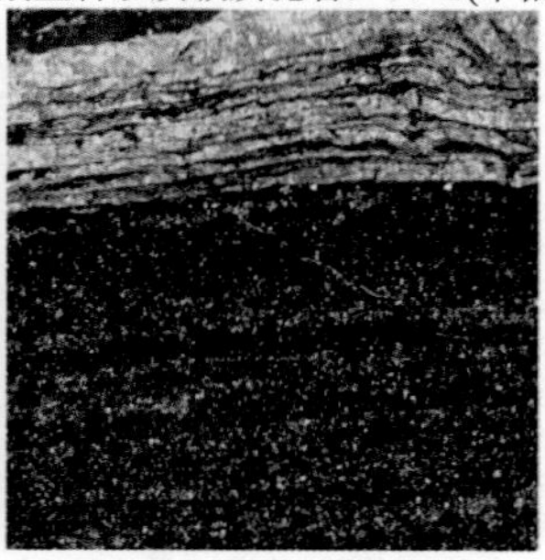

NY1井，4388.45 m，层状含砂质碳质泥岩，10×2(单偏光)

图 3-9　PY1 井和 NY1 井龙马溪组纹层发育特征

a. 2381.28 m

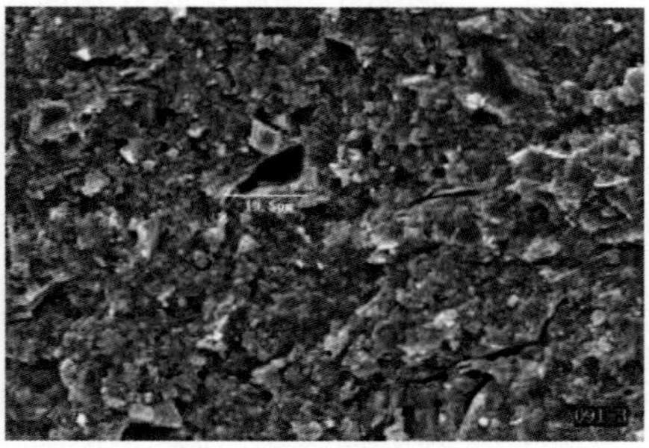

b. 2411.76 m

图 3-10　JY1 井岩芯扫描电镜照片

0. 0015× 10^{-3} μm^2 ~ 5. 71 × 10^{-3} μm^2 之间，平均为 0. 25 × 10^{-3} μm^2，垂直渗透率介于 0. 0002~0. 024×10^{-3} μm^2，平均为 0. 00323×10^{-3} μm^2，两个方向渗透率相差 70 多倍；焦页 4 井水平渗透率平均为 0. 5678×10^{-3} μm^2，垂直渗透率平均为 0. 1539×10^{-3} μm^2，横向渗透率为垂向渗透率的 2~8 倍。

对 PY1 井和 NY1 井开展了纵横向渗透率测试（图 3-13），结果显示 NY1 井垂向平均为 0. 00296×10^{-3} μm^2，横向平均 0. 20355×10^{-3} μm^2，相差 68 倍；PY1 井垂向渗透率为 0. 052×10^{-3} μm^2，横向渗透率为 1. 543×10^{-3} μm^2，相差 29 倍；从数据上看，页岩气渗流的方向性明显。

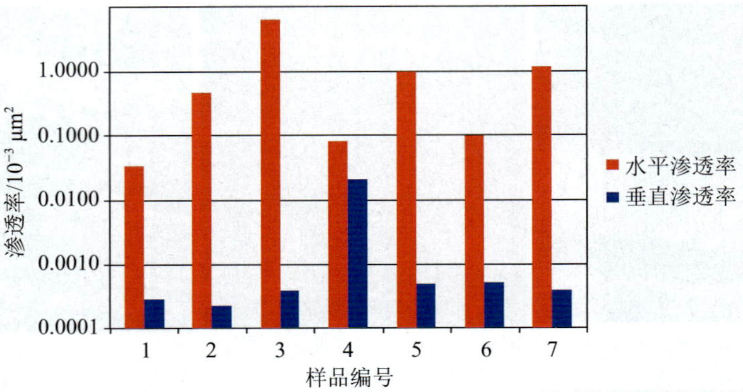

图 3-11　JY1 井实测水平与垂直渗透率统计对比图

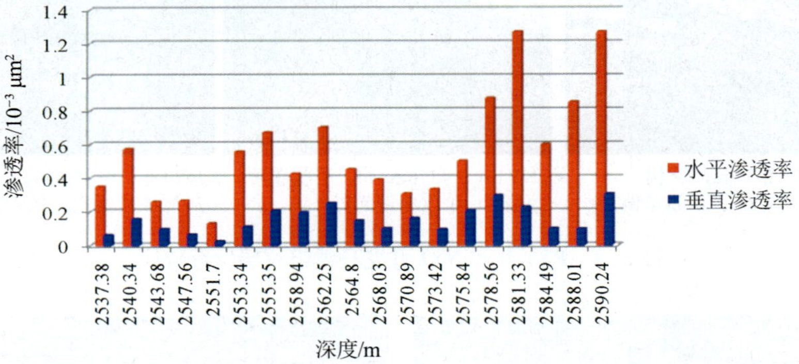

图 3-12　JY4 井全直径水平与垂直渗透率对比图

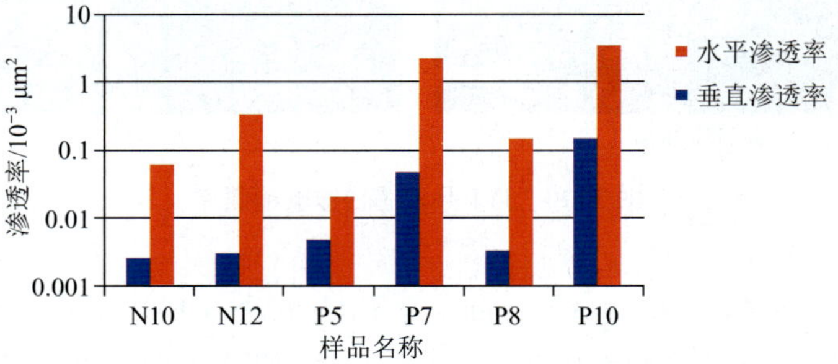

图 3-13　PY1 井和 NY1 井五峰组—龙马溪组岩芯垂侧向渗透率对比图

纵横向渗透率的明显差异意味着平行层理面方向孔隙的连通性及微裂隙的发育情况远大于垂直层理面方向，造成页岩气侧向渗流、扩散速率远比垂向上大。若龙马溪组黑色页岩层距离开启性断裂较近，或是距离龙马溪组泥页岩露头区较近，其侧向渗流及扩散作用对页岩气的保存将产生不利的影响。

第三节　储集空间特征

目前对于页岩储层孔隙类型的观察通常采用氩离子抛光-扫描电镜（Ar+SEM）方法，能够有效分析页岩的颗粒结构特征、有机质分布、纳米孔特征、连通性。虽然氩离子抛光的页岩样品面积有限，约为 600 μm×400 μm 的范围，但对均匀的页岩样品而言，已能够比较客观地反映页岩的微孔隙及有机质分布特征，尤其是与高分辨率扫描电镜的结合，既能准确分析页岩微米-纳米范围的微孔隙，也可以分辨出 1~2 nm 的纳米孔隙，所以能分析较大尺度范围的页岩微孔结构。最近发展起来的 FIB-SEM 三维结构分析、背散射大面积扫描（MAPS）则可以更加深入和全面地对页岩中有机质赋存状态、与矿物颗粒之间的接触关系以及有机质中纳米孔隙的大小及数量、孔隙的结构特征进行表征。

目前对于页岩孔隙的分类主要有以下两种方法：基于基质相关性的孔隙分类和按孔径大小的孔隙分类。

基于基质相关性的孔隙分类主要是采用 Loucks 的分类方案，将页岩孔隙类型划分为有机质孔隙、矿物基质孔隙（包括粒间孔和粒内孔）以及微裂缝。粒间孔主要包括黏土矿物晶间孔隙、碎屑颗粒粒间孔、碎屑颗粒边缘孔隙等类型；粒内孔隙主要是指方解石等矿物次生溶蚀孔；微裂缝按成因一般划分为构造缝、页理缝和成岩收缩缝。

基于孔径大小的类型划分方法，采用国际纯粹与应用化学联合会（IUPAC）的孔径分类方案。将孔隙按照孔径大小分为微孔（≤2 nm）、中孔（或介孔，2~50 nm）、大孔（或宏孔，≥50 nm），压汞法与气体吸附法可以测得页岩的孔隙大小分布，有效地反映页岩样品的非均质性。氮气吸附可以有效反映页岩微-中孔孔隙的分布，压汞可以反映页岩宏孔甚至微裂缝的信息，因此可利用压汞-氮气吸附联合测定的方法对页岩的孔隙结构进行较为全面的表征。

一、常压区微观孔隙发育特征

主要针对南川、武隆、道真地区的典型井（JY10 井、LY2 井和 DZ1 井）五峰组—龙马溪组优质段进行了氩离子抛光扫描电镜观察，结合 FIB 等综合分析，常压区龙马溪组优质页岩主要发育有机孔隙、矿物基质孔隙和裂缝三大类储集空间类型。

（1）有机质孔隙

有机质孔隙是有机质热演化过程中形成的孔隙，一般认为有机质孔隙主要有两类：一种是有机质（藻类、生物碎屑等）本身在生烃演化过程中，随着烃类生成而在有机质内部形成的孔隙，具有一定的结构特征；另一种是富氢有机质“油窗”阶段经生排液态烃后滞留在页岩中的沥青，充填于脆性和黏土矿物粒间，呈填隙状、复合状分布。

彭水和道真地区五峰组—龙马溪组优质页岩有机质孔隙普遍发育，有机质多以与黏土矿物复合、充填于脆性矿物粒间和以块状形式存在。从图 3-14 中可以看到，PY1 井和 DZ1 井有机质（沥青）充填在草莓状黄铁矿晶间、生物腔体（如海绵骨针）中，液态烃裂解生气，形成孔隙保存下来，黄铁矿等刚性矿物对其中的沥青孔具有较好的保护作用，避免了被上覆岩层的压实影响。此外黄铁矿中硫的含量影响干酪根反应的活化能和反应速率，龙马溪组页岩中黄铁矿的存在，对于液态烃和烃气的生成、有机孔的形成具有催化作用。通过抛光电镜观察，还可以观察到有机质-黏土矿物复合体中也普遍发育大量的有机孔，黏土矿物转化过程对有机质生烃和生孔也具有较为明显的催化作用（图 3-15）。

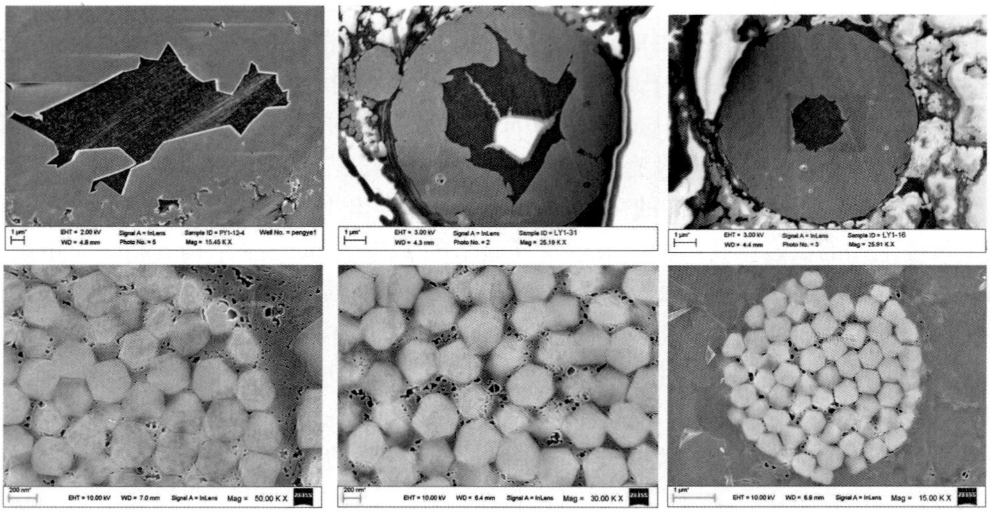

图 3-14　常压区五峰组—龙马溪组优质页岩有机质孔发育特征

PY1 井、DZ1 井，充填在脆性矿物与生物碎屑中的沥青孔

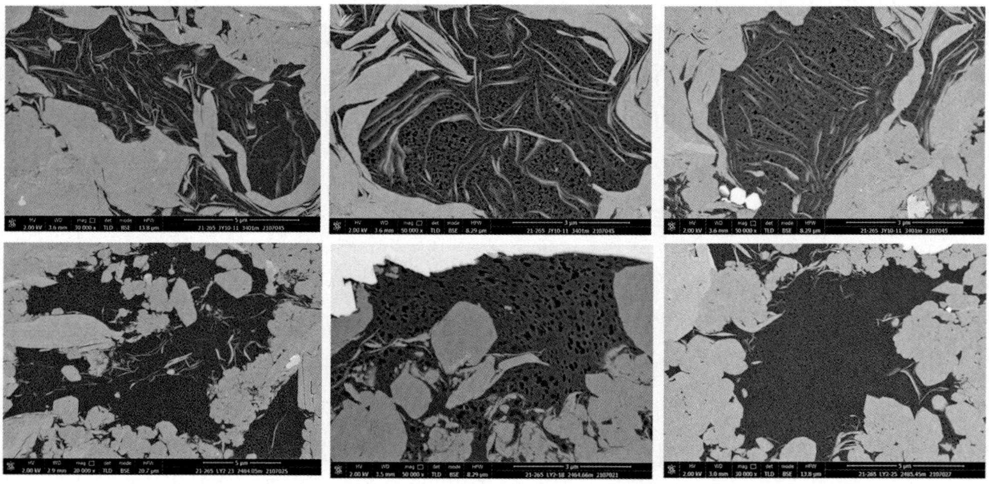

图 3-15　常压区五峰组—龙马溪组优质页岩有机质孔发育特征

LY2 井，有机质与黏土矿物复合

（2）矿物基质孔隙

常压区五峰组—龙马溪组优质页岩中矿物基质孔（无机孔）也普遍发育，主要包括黏土矿物晶间孔隙（如伊利石片间孔隙）、碎屑颗粒粒间孔（如黄铁矿晶间孔等）、碎屑颗粒边缘孔隙等类型，如图 3-16 所示，南川、武隆地区 JY10 井和 LY2 井中观察到较多的黏土矿物和黄铁矿晶间孔，部分充填有机质。

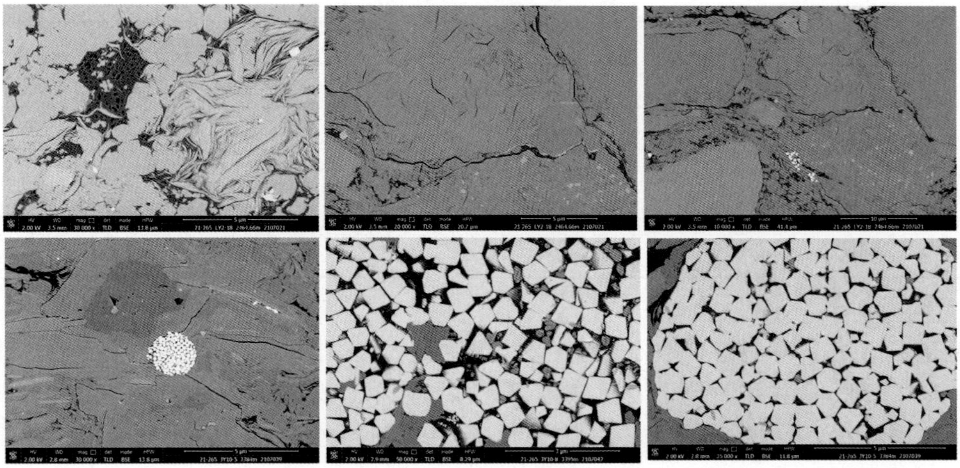

图 3-16　常压区五峰组—龙马溪组优质页岩矿物基质孔发育特征

LY2 井、JY10 井黏土矿物、黄铁矿晶间孔

粒内孔隙主要是指方解石、长石等矿物次生溶蚀孔，图 3-17 展示了道真地区龙马溪组中方解石、白云石、钠长石等碎屑颗粒中发育一定数量的溶蚀孔，形态多样。

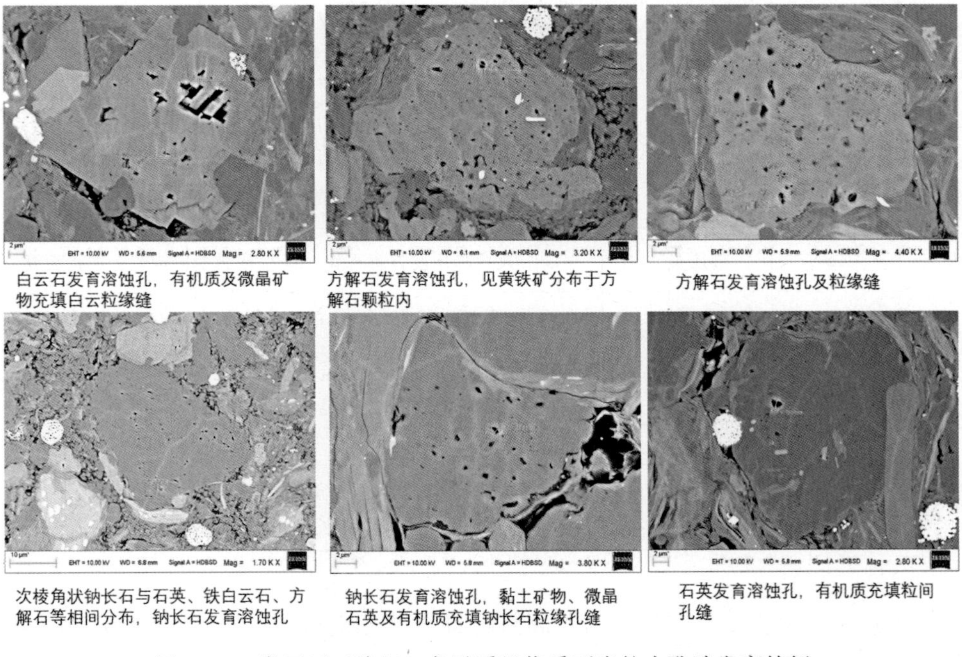

图 3-17　常压区五峰组—龙马溪组优质页岩粒内孔隙发育特征

（3）裂缝

结合岩芯观察、氩离子抛光-扫描电镜等方法对常压区五峰组—龙马溪组裂缝进行了研究，彭水-武隆地区主要发育构造缝（宏观）、页理缝和成岩缝 3 种类型。根据岩芯尺度裂缝分类标准（表 3-2），开展典型井岩芯裂缝描述。

表 3-2 岩芯尺度裂缝分类

裂缝分级	裂缝长度/cm	裂缝宽度/cm
巨型	≥100	≥1.0
大型	100~50	1.0~0.1
中型	50~10	0.1~0.01
小型	10~1	0.01~0.001
微型	<1	<0.001

通过 PY1 井岩芯观察（表 3-3），发现五峰组（①小层）发育高角度裂缝（图 3-18），长 1.3 m，属大型裂缝，岩芯较破碎，揉皱强烈，镜面现象多见，裂缝为全-半充填，从气测显示上看，由于①小层大型高角度裂缝引起的气体向上迁移而造成气测偏低。

表 3-3 PY1 井裂缝描述

顶深/m	底深/m	岩性	沉积构造
2150	2150.8	笔石碳质页岩	笔石种属单一，个体开始变大，黄铁矿条带 0.8 cm，高角度缝 5 条/裂缝长 50 cm，黄铁矿结核大小为 3.5 cm×0.9 cm
2150.8	2152.3	笔石碳质页岩	裂缝发育，方解石充填
2152.3	2153.4	笔石碳质页岩	发育方解石纹层，笔石发育，笔石种属单一，为细小直笔石，含少量类似壳类生物碎片，无黄铁矿纹层及结核
2153.4	2155.1	碳质页岩	发育多条方解石充填缝，最长 1.3 m，顶部 15、16 块发育方解石脉，21 块发育高角度缝、网状缝，笔石密集
2155.1	2156.2	碳质页岩	煤化断口光滑，贝壳状断口，方解石充填高角度缝
2156.2	2157	硅质页岩	发育高角度方解石缝，27 块褶皱变形构造，网状裂缝
2157	2158	碳质页岩	岩石染手，发育大量笔石，种属较多，向上碳质含量增高，零星片状碎片
2158	2158.5	硅质页岩	黄铁矿斑，少量笔石，少量不连续方解石纹层，高角度缝
2159.5	2160.2	瘤状灰岩	第 5 块发育高角度方解石缝，后被溶蚀，缝长 1 m、宽 6 mm

PY1 井五峰组构造变形较强，与距离雪峰推覆体相对较近，变形时间相对较早有关，此外和五峰组与奥陶系涧草沟组—宝塔组致密灰岩直接接触，能干层与软弱层界面易发生滑动变形有关（图 3-18）。

从抛光扫描电镜图像上，也可以观察到常压区五峰组—龙马溪组发育微米-纳米级别裂缝（图 3-19），从缝宽来看，属于小缝级别，裂缝较为平直，部分切穿刚性颗粒。

页理缝指发育在层间或纹层间并沿着剥离线理破裂的裂缝，其产状与层理纹层界面相互平行，是沉积、构造和成岩作用共同作用的结果。页理缝通常发育在纹层密集的薄层泥

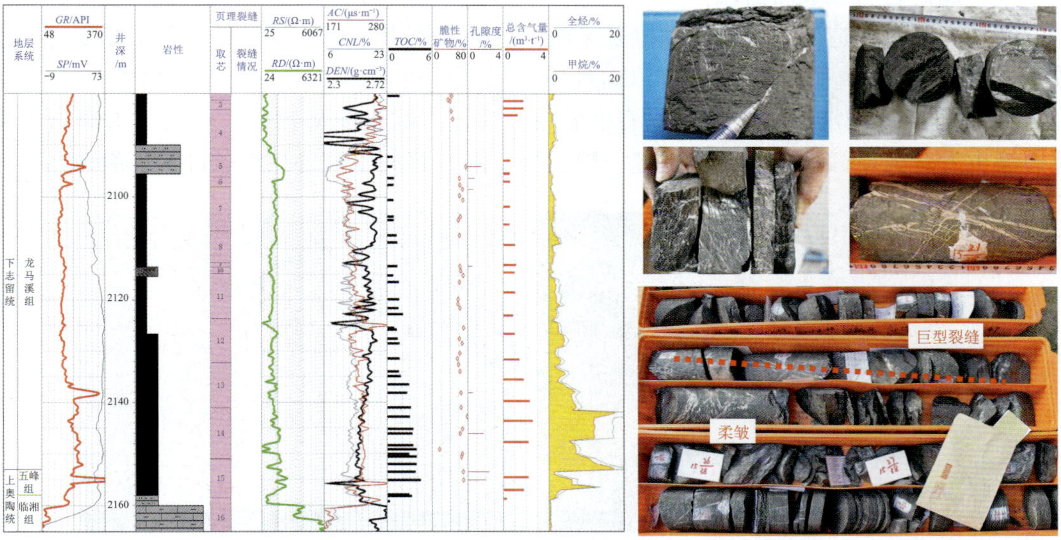

图 3-18 PY1 井五峰组裂缝发育特征图

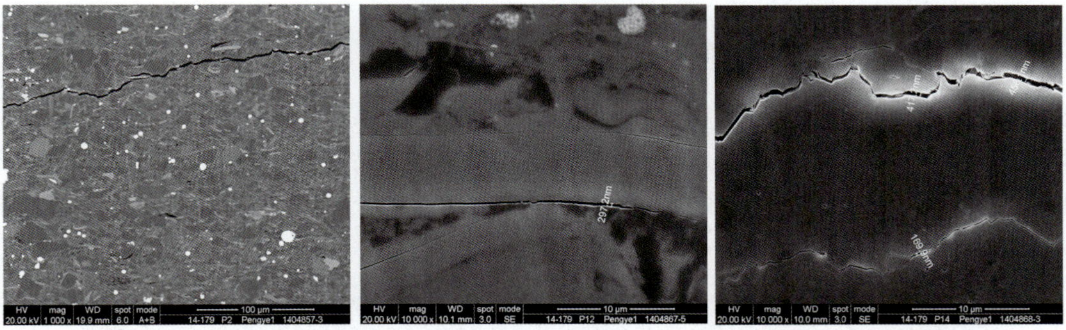

图 3-19 PY1 井五峰组—龙马溪组微裂缝发育特征

页岩层段，沿力学性质薄弱界面裂开，这种顺层分布的页理缝密度大，是页岩中最为常见的裂缝类型，是影响渗流和压裂的关键因素。纵向上看，五峰组—龙马溪组优质页岩段中层理缝相对发育（图 3-20）。

图 3-20 JY10 井五峰组—龙马溪组页理缝发育特征

成岩缝是岩石在成岩阶段由于上覆层的压力和本身失水收缩、干裂或重结晶等作用产生的裂缝，为非构造缝。成岩收缩缝是某些张应力作用下形成的拉张裂缝和扩张裂缝，形成于岩石收缩体积缩小的过程，可以由纯冷缩形成，也可以由构造应力作用参与。图 3-21 中，黏土矿物失水可以造成体积缩小形成收缩缝，除黏土矿物外，石英、方解石等颗粒边缘也发育大量微裂缝，此类裂缝一般延伸有限，有利于改善孔渗条件和压裂改造。

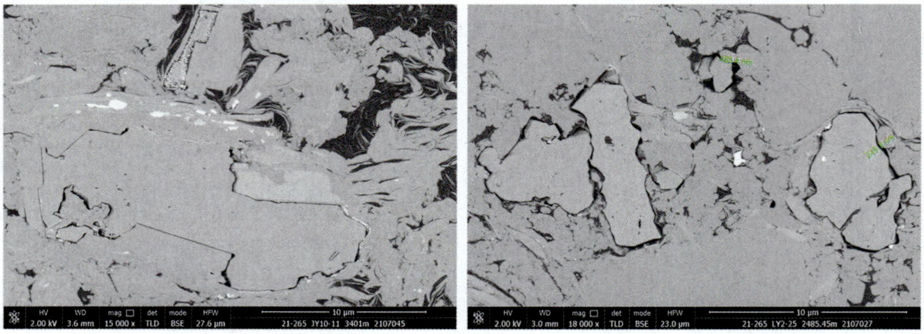

图 3-21　常压区五峰组—龙马溪组收缩缝发育特征

二、超压区微观孔隙发育特征

涪陵、綦江等地区龙马溪组页岩气多表现为超压，同样也发育有机孔、基质矿物孔和裂缝三大储集空间类型，涪陵地区龙马溪组有机孔隙发育特征如图 3-22 所示，有机质孔平面上呈圆形、椭圆形及不规则形状，有机质面孔率一般介于 10%～60%之间。有机质中孔隙大小从 10 nm 至上百纳米不等，中-大孔均有发育。

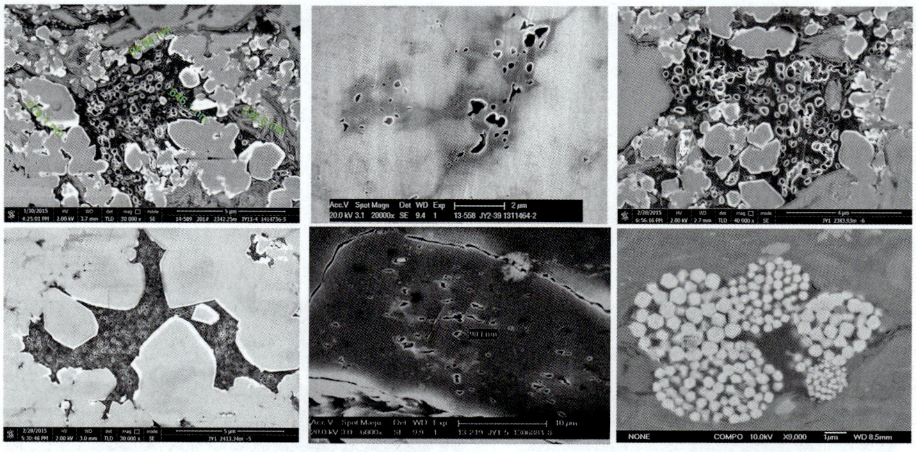

图 3-22　涪陵超压区五峰组—龙马溪组优质页岩孔隙发育特征

矿物基质孔以黏土矿物晶间孔、黄铁矿晶间孔以及方解石溶蚀孔为主，孔径在几百纳米到数微米之间，多为大孔级别。碎屑颗粒粒间孔一方面为经历压实作用后残留的粒间孔，另一方面为有机质生烃过程中有机酸形成的溶蚀孔，多呈不规则状。纵向上来看，相对于优质段，矿物基质孔一般在龙马溪组上部（⑧~⑨小层）更为发育。

岩芯观察发现 JY1 井五峰组（①小层）裂缝共计 8 条，裂缝长 0.5~30 cm，一般长 10 cm，仅发育小、中型裂缝（图 3-23）。相对彭水地区来说，构造变形明显较弱。

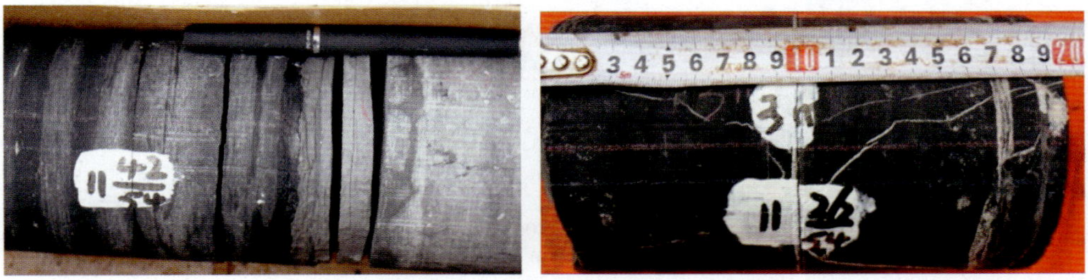

图 3-23　超压区五峰组—龙马溪组裂缝发育特征

第四节　孔隙结构特征

一、常压区页岩孔径分布特征

如图 3-24 所示，常压区典型井（LY2 井）五峰组—龙马溪组页岩孔径分布曲线有多个峰值，最高的峰值出现在 0.6~0.8 nm 和 1~2 nm 这两个孔径区间范围内，表明 2 nm 以下的微孔提供的孔体积相对较大。其次 2~100 nm 区间孔径提供的孔体积也较为明显，而孔径 100 nm 以上的大孔占比相对较少。南川地区 JY10 井五峰组—龙马溪组页岩的孔径分布也表现出相似的特征（图 3-25）。

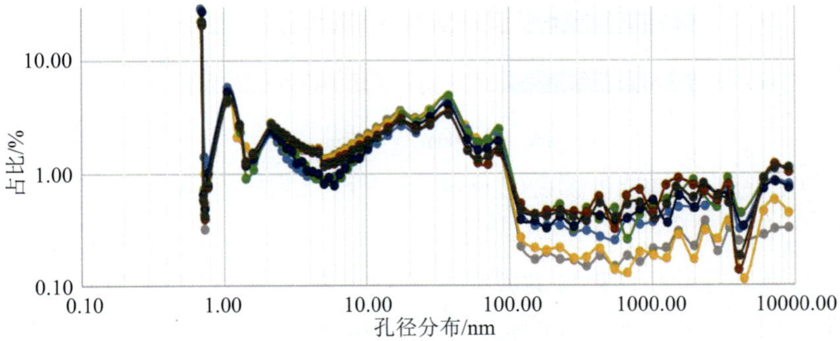

图 3-24　常压区 LY2 井五峰组—龙马溪组孔径分布特征

统计表明：LY2 井的微孔（<2 nm）占比为 32.3%~42.7%，平均为 36%；中孔（2~50 nm）占比为 38.9%~55.4%，平均为 47.4%；大孔（>50 nm）占比为 10.5%~21%，平均为 16.6%。JY10 井微孔（<2 nm）平均占比为 34.9%；中孔（2~50 nm）平均占比为 50.6%；大孔（>50 nm）平均占比为 14.5%（图 3-26）。

武隆南川常压区五峰组-龙马溪组孔体积以中孔和微孔提供为主，中微孔占比达到 80%以上，大孔比例较低（图 3-26）。

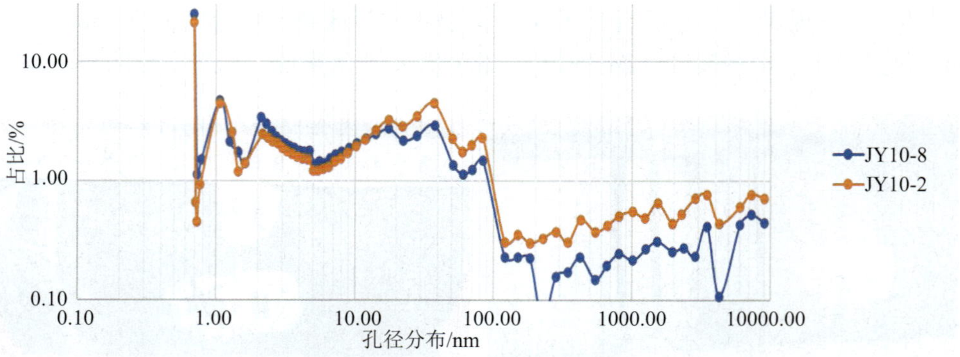

图 3-25　常压区 JY10 井五峰组—龙马溪组孔径分布特征

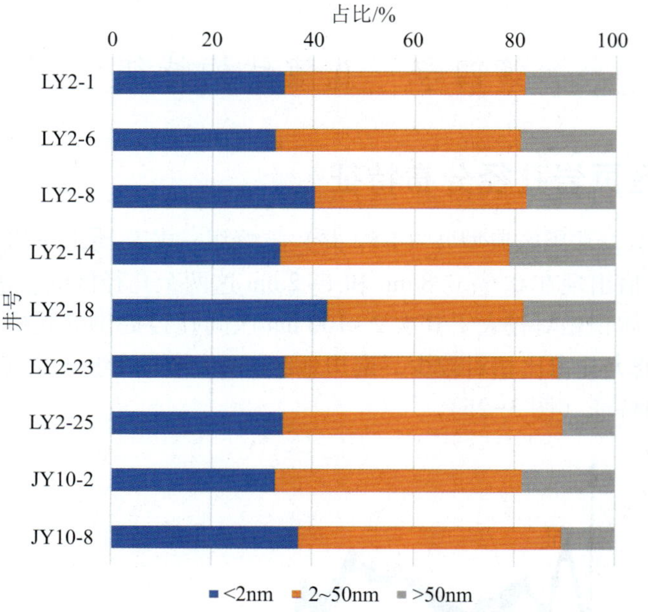

图 3-26　武隆南川常压区五峰组—龙马溪组不同孔径占比

从微孔、中孔以及大孔的孔体积与 *TOC* 的相关性上看（图 3-27），*TOC* 与微孔和中孔体积表现出明显正相关趋势，而大孔的孔体积与 *TOC* 则相关性相对较差，表明常压区有机质以提供中孔和微孔为主。此外，比表面积与中-微孔孔体积正相关，表明有机质提供的中-微孔不仅贡献了主要的孔体积，还提供了绝大部分的比表面积。

二、超压区页岩孔径分布特征

从超压区的两口典型井（JY1 和 JY41-5 井）五峰组—龙马溪组页岩孔径分布特征可以看出（图 3-28 和图 3-29），超压区孔径分布主要以中孔为主，次为微孔，大孔部分占比很少。孔径分布曲线主要有 3 个峰值，对应的孔径区间分别为 3～5 nm、20 nm、40～50 nm，其中微孔区间的峰值明显低于中孔区间。

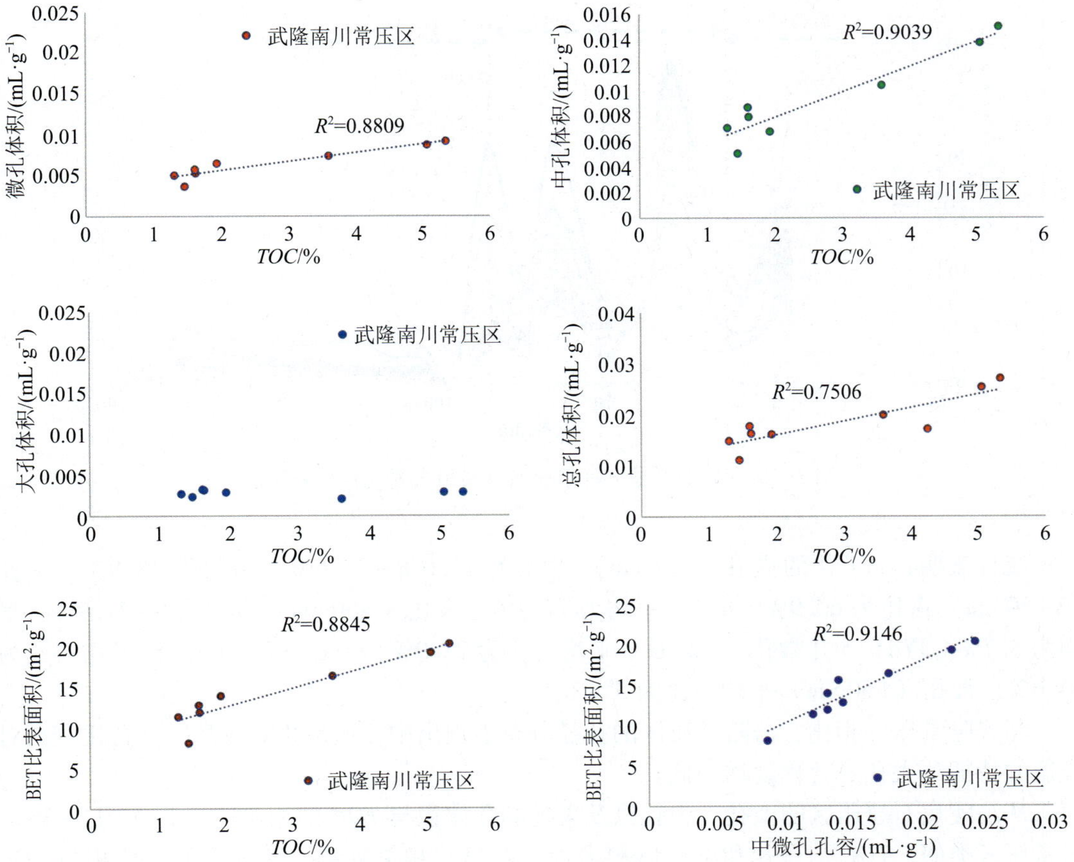

图 3-27　武隆南川常压区五峰组—龙马溪组孔体积与比表面积相关图

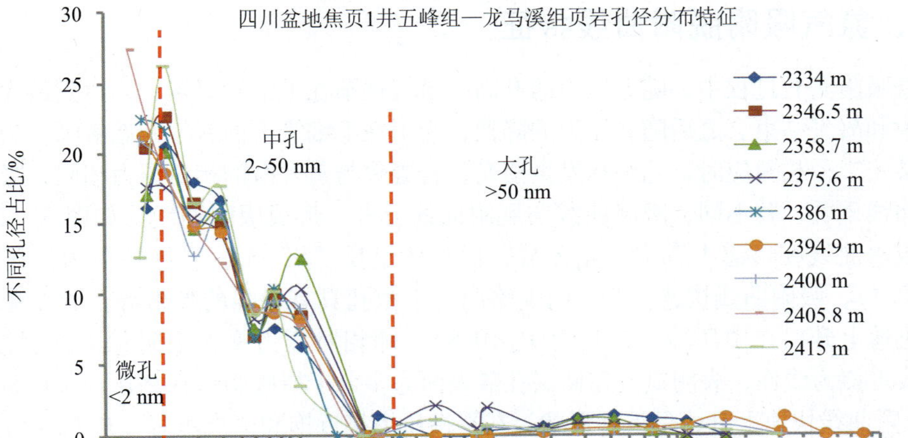

图 3-28　JY1 井龙马溪组页岩孔径分布特征

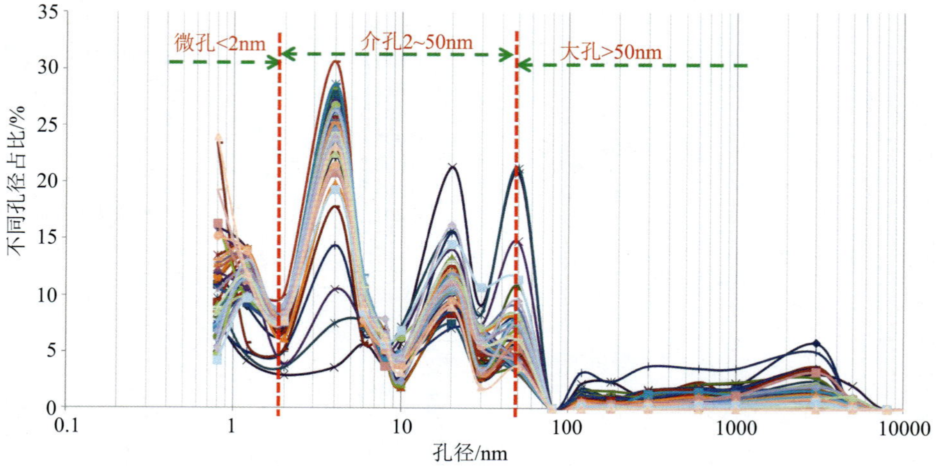

图 3-29　JY41-5 井五峰组—龙马溪组页岩孔径分布特征

统计表明：JY1 井的微孔（<2 nm）占比为 12.0%～27.6%，平均为 18.9%；中孔（2～50 nm）占比为 60.9%～88%，平均为 77.4%；大孔（>50 nm）占比为 0～21.9%，平均为 3.7%。JY41-5 井微孔（<2 nm）平均占比为 28.9%；中孔（2～50 nm）平均占比为 64.6%；大孔（>50 nm）平均占比为 5.8%。

与武隆常压区相比，涪陵超压区的孔径分布表现出中孔比例相对较高，微孔比例相对较低的特征，大孔发育程度均偏低。

从涪陵焦石超压区的微孔、中孔以及大孔的孔体积与 *TOC* 的相关性上看（图 3-30），与常压区类似，*TOC* 与微孔和中孔体积表现出明显正相关趋势，而大孔的孔体积与 *TOC* 则相关性相对较差，表明超压区有机质以提供中孔和微孔为主，超压区比表面积也与中-微孔孔体积正相关，同样表明有机质通过提供中-微孔，进而贡献比表面积。

三、氮气吸附脱附曲线特征

氮气吸附实验过程中，随着压力的升高，氮气逐渐在毛细管凝聚，当达到最大孔半径时，吸附和凝聚结束。之后随着压力的降低，吸附在毛细管上的氮气开始解吸，当压力减小到与某一半径相对应时，毛细孔发生蒸发，若凝聚与蒸发时的相对压力相同，吸附曲线与脱附曲线重叠；若不同，吸附曲线与脱附曲线分开，形成吸附回线。如图 3-32 所示，各样品吸附曲线在形态上存在一定差异，但整体呈反“S”形。具体特征为：在低压段（$P/P_0<0.1$），吸附曲线快速上升，向上略凸，于微孔具有很强的吸附势，所以在低分压时曲线迅速上升；在中压段（$0.1<P/P_0<0.8$），随相对压力增大吸附量逐渐缓慢增加，吸附曲线近似为线性，表明氮气在储层孔喉表面为多分子层吸附；在高压段（$0.88<P/P_0<1$），吸附曲线快速上升，呈下凹形状，在平衡压力接近饱和蒸汽压时（$P/P_0=1$），大部分样品的吸附曲线近似垂直于 P/P_0 轴，样品未出现吸附饱和现象，表明发育一定量孔径大于 50 nm 的孔喉。在 $P/P_0>0.5$ 时，样品脱附曲线位于吸附曲线上方，形成吸附回线，其形态可以反映样品中所存在孔隙的结构特征。

根据 IUPAC（2018）对 N_2 吸附-脱附曲线的分类（图 3-31），三口井典型的特征是

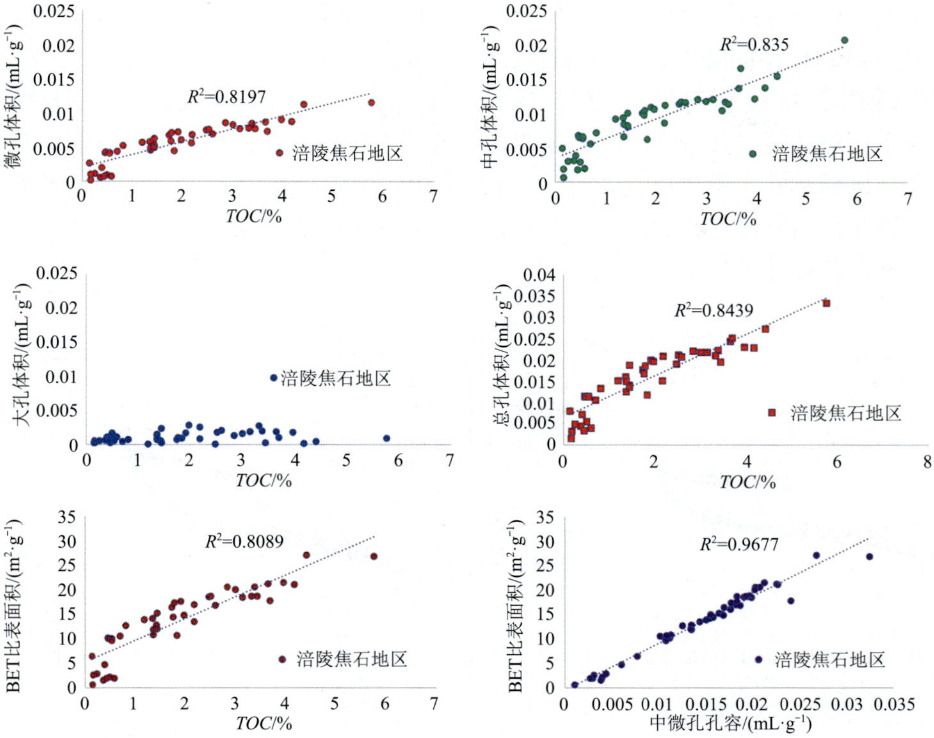

图 3-30　涪陵焦石超压区五峰组—龙马溪组孔体积与比表面积相关图

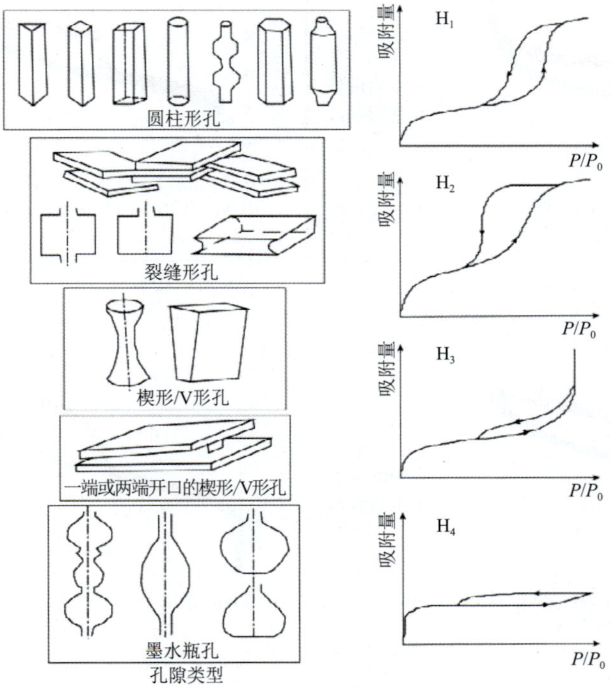

图 3-31　氮气吸附-脱附曲线及分类

（据马真乾，2018）

吸附气量大（图3-32），大部分大于10 cm^3/g，吸附-脱附曲线属于多个标准回线的叠加，主要为 H_1 型和 H_2 型的叠加，典型特征是等温线的吸附分支与等温线的脱附分支不一致，可以观察到迟滞回环。发育以开放性的透气孔为主，其孔隙结构类型特征为圆柱形孔和裂缝型孔为主，包括两端开口圆筒形孔及四边开放的平行板状孔，夹杂少部分的一端封闭的不透气孔（圆筒形孔、平行板状孔等），以纳米级、微米级孔隙为主，夹杂少量大孔。这与氩离子抛光扫描电镜观察的结果具有一致性，体现了一种多元复合（主要为 H_1 型和 H_2 型复合）复杂的孔隙结构类型。

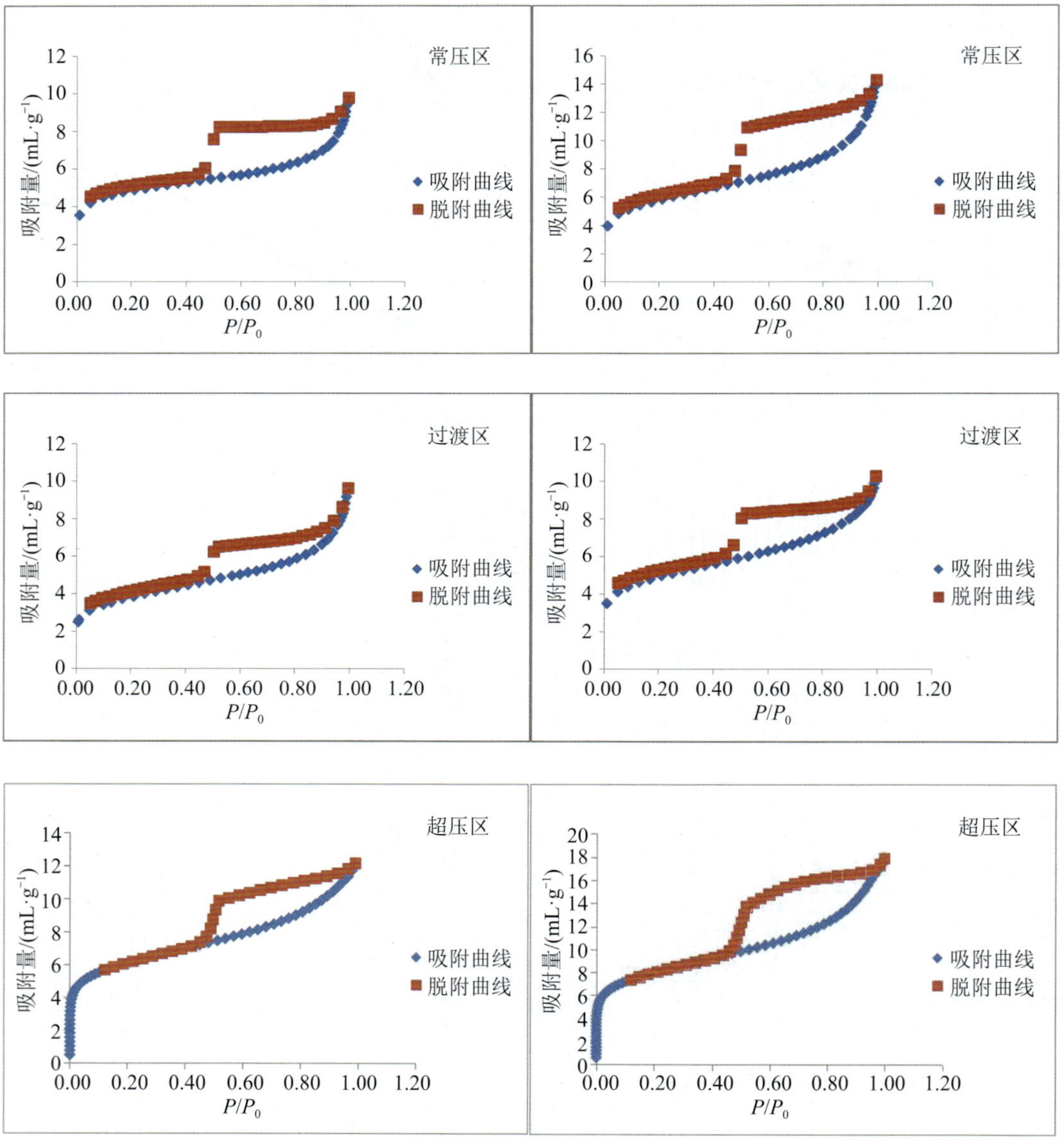

图3-32　常压区-过渡区-超压区液氮等温吸附-脱附曲线

第五节　超压区和常压区储层特征对比

以涪陵焦石坝为代表的超压区和以彭水武隆为代表的常压区在矿物组成、物性、孔隙空间类型、孔隙结构特征方面具有异同点，五峰组—龙马溪组优质页岩均为深水陆棚相带，矿物组成差异不大，均表现出脆性矿物含量较高的特点，黏土矿物含量一般在35%左右。

在物性、孔隙特征方面差异较大，通过对多口井的对比，发现孔隙度的高低受*TOC*含量和压力系数影响较大，不同地区、不同压力带差异较为明显，总体来说是压力系数越高，*TOC*越高，孔隙度越大。

孔径分布方面，涪陵超压区页岩孔体积由中孔提供为主，次为微孔，大孔最少；而以武隆为代表的盆缘常压区，页岩孔体积主要由中孔、微孔共同提供，大孔的贡献最小（图3-33），*TOC*与微孔和中孔孔体积的关系可以看出，相同的*TOC*含量条件下，超压区对应的中孔体积高于常压区。从氮气吸附脱附曲线特征上看，超压区和常压区五峰龙马溪组优质页岩段孔隙总体形态为圆柱形孔和裂缝型为主，孔隙开放程度较好。

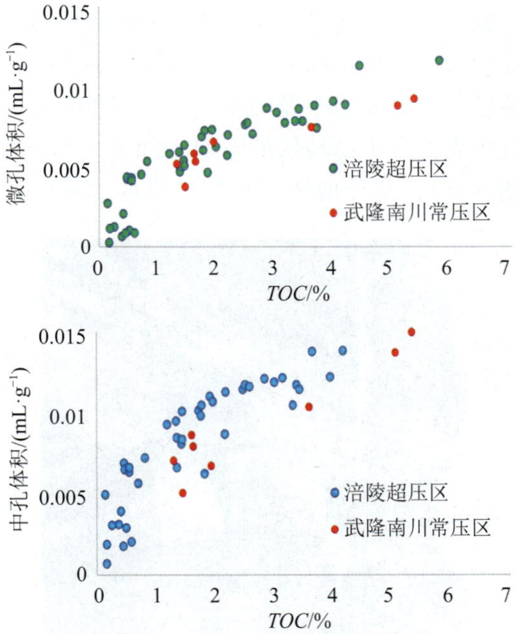

图3-33　常压与超压区五峰组—龙马溪组中微孔与*TOC*关系图

第四章　构造与保存条件

第一节　构造演化

一、关键构造变形期

五峰组—龙马溪组页岩层经历了多期构造运动的影响，如桐湾运动、加里东运动、东吴运动、印支运动、燕山运动、喜马拉雅运动等，一般认为在印支—燕山运动以前，四川盆地及周缘主要表现为升降运动，晚印支运动后，盆地周缘开始有褶皱变形，并由造山带向盆地递进变形。

加里东运动主要分三幕，即郁南运动、都匀运动和广西运动，都匀运动发生在中晚奥陶世与志留纪之间，表现为大面积地块隆升，在武陵山、湘鄂一带表现为下志留统与中-上奥陶统之间的假整合接触，对五峰组—龙马溪组页岩气保存影响不大。志留纪末的广西运动总体以隆升为主，造成志留系上部地层的普遍剥蚀，大部分地区二叠系与中志留统韩家店组为假整合关系（图 4-1），部分地区（石柱、彭水一带）有泥盆系—石炭系。

图 4-1　道真泥高地区梁山组（P_1l）与韩家店组（S_2h）假整合接触

广西运动对龙马溪组页岩气保存条件的影响主要表现为整体抬升后对其顶板的剥蚀，通过地层厚度趋势、剥蚀界面附近的地层生物组合和特殊标志层，结合剖面点 R_o 反演和裂变径迹热史反演获取的剥蚀量数据，综合确定了广西运动造成的剥蚀量。如图 4-2 所示，彭水及邻区加里东期剥蚀量较小，彭水-仁怀地区一般在 200~250 m 之间。图 4-3 为彭水及邻区志留纪末龙马溪组 R_o 模拟结果，可以看到，志留纪末龙马溪组 R_o 在 0.5%~0.7%之间，刚进入生烃门限，尚未开始大量生烃，综合来看，加里东运动（广西运动）对于彭水及邻区龙马溪组页岩气保存影响较小。茅口组沉积末期的东吴运动也以垂直隆升为主，未发生明显的水平挤压作用。

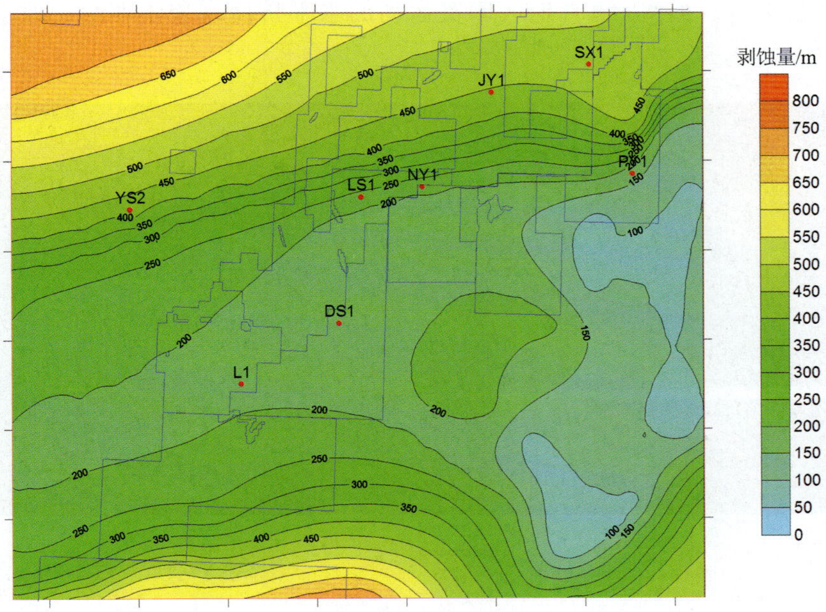

图 4-2　彭水及邻区加里东期剥蚀量等值线图

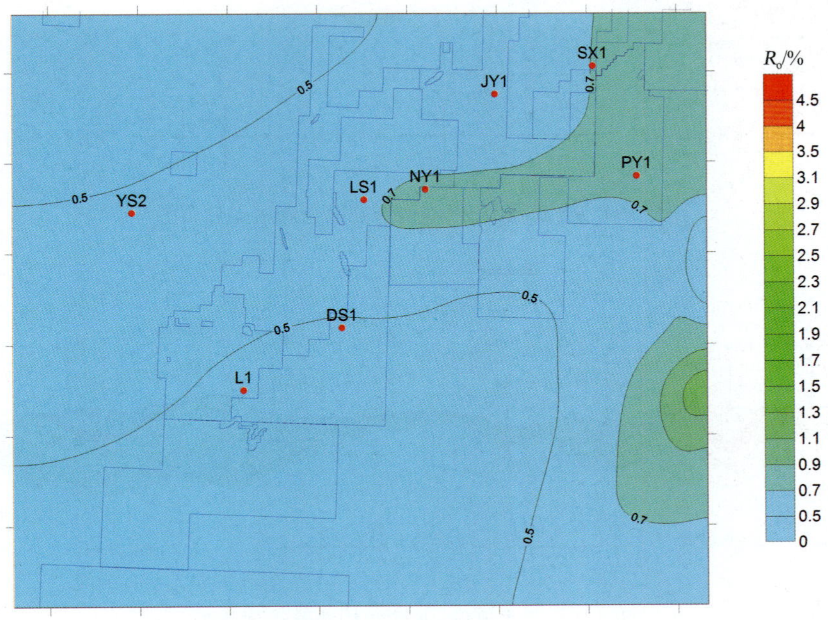

图 4-3　彭水及邻区志留纪末龙马溪组 R_o 等值线图

印支运动在湘鄂西一带主要表现为中下侏罗统与下伏地层（中 、下三叠统）间的微角度不整合，至华蓥山一线逐渐过渡为假整合或整合接触关系，反映印支运动的主体水平褶皱运动由南东至北西逐渐减弱，其他区域主要表现为垂直运动。彭水及邻区印支运动褶皱及冲断作用表现微弱，以整体抬升为主，从道真砚山-巴渔构造剖面上可以看到，上三叠统须家河组与下伏中三叠统（巴东组）产状基本一致，从彭水诸佛-花棣棠构造剖面上看，团家堡复向斜核部须家河组与巴东组产状也基本一致，表现为假整合关系。从印支面地层接触关系来看，彭水-道真地区印支运动的水平挤压现象不明显，改造较弱（图4-4~图4-6）。

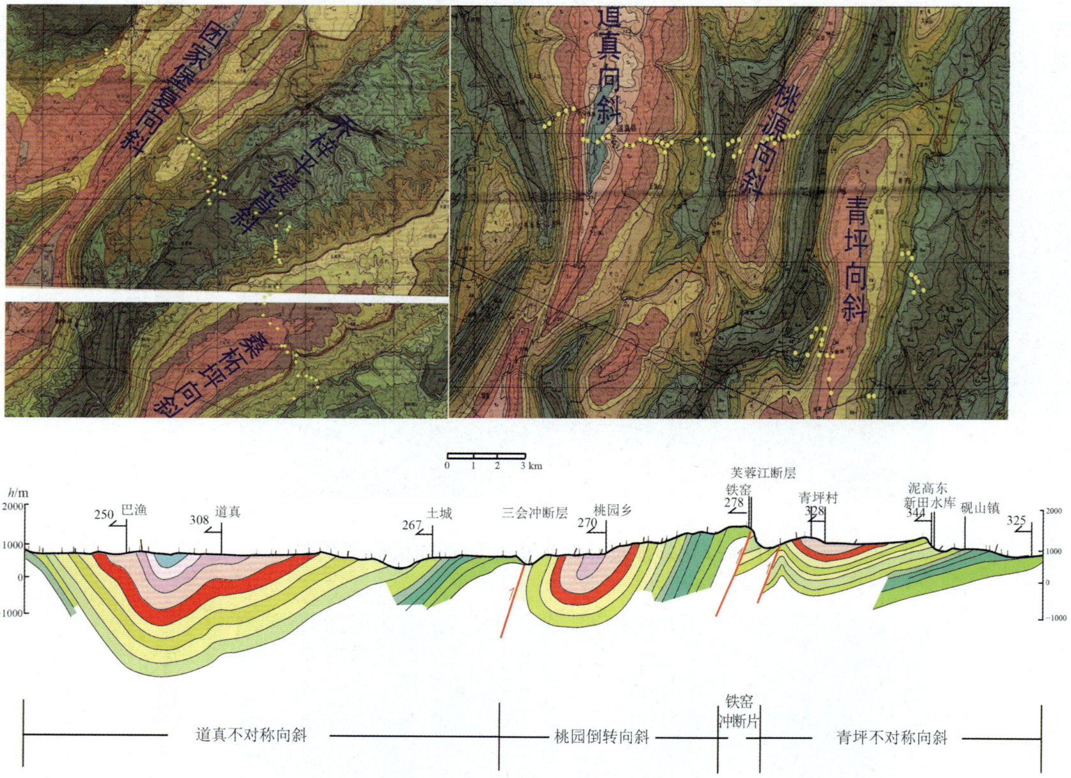

图 4-4　道真砚山-巴渔构造剖面与观察点分布图

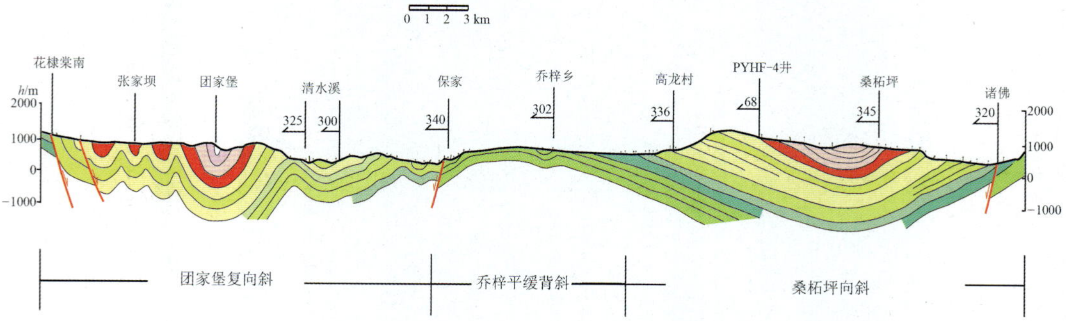

图 4-5　彭水诸佛-花棣棠构造路线剖面图

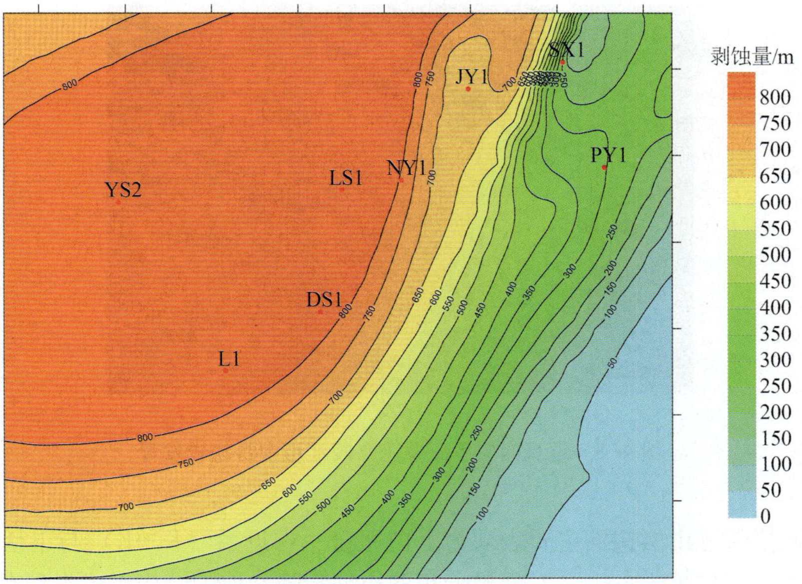

图 4-6　彭水及邻区印支期剥蚀量等值线图

印支期剥蚀量恢复结果表明（图 4-7），印支运动在研究区表现为一次短暂的抬升剥蚀，剥蚀量较小，彭水-仁怀地区 300~550 m 之间，中下三叠统剥蚀程度相对较低，从热演化程度模拟图上可以看到，中三叠世末龙马溪组 R_o 在 0.8%~1.2%之间，以生排油为主，未进入大量生气阶段，嘉陵江组—巴东组发育的膏盐岩对于下伏龙马溪组滞留烃具有良好的保护作用。

图 4-7　彭水及邻区中三叠世末龙马溪组 R_o 等值线图

图 4-8　道真向斜下三叠统嘉陵江组中膏盐岩发育

湘鄂西断褶带燕山构造面主要表现为上白垩统—古近系（K_2-E）与下伏地层间的高角度不整合，上白垩统—古近系以零星分布的小型断陷盆地的结构形式出现在石门新关盆地（图4-9b）、龙山盆地（图4-9c）、恩施盆地（图4-9d）和忠路溪盆地（图4-9e）等地区。

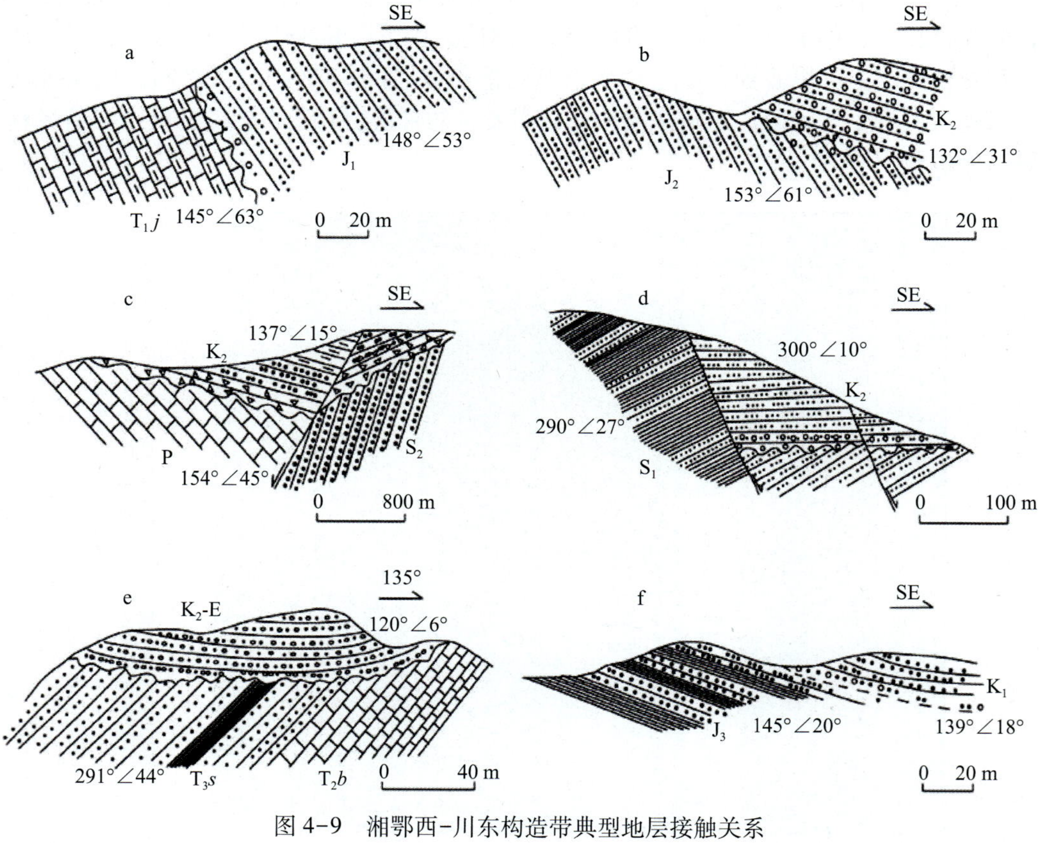

图 4-9　湘鄂西-川东构造带典型地层接触关系

a—石门雷山洞；b—石门新关；c—龙山北；d—恩施西；e—利川忠路溪；f—宣汉毛坝场东

上述印支面和燕山面的地层记录将湘鄂西断褶带的主体逆冲褶皱作用的时间限定在中上侏罗统沉积之后、上白垩统沉积之前，即中晚侏罗世末—早白垩世经历的构造运动造成了基底及中古生界强烈的褶皱变形，而一系列小型断陷盆地的发育又指示了湘鄂西断褶带在晚白垩世燕山晚期经历了伸展作用或应力松弛重力滑覆。

川东断褶带南东段从齐岳山到七里峡南的川东弧形构造段卷入褶皱的最新地层为上侏罗统，显示褶皱作用的最早时间为晚侏罗世末及之后；北西段开江褶皱带卷入褶皱的最新地层为下白垩统，下白垩统与上侏罗统之间为平行不整合（图 4-9f）。显示该段的褶皱变形发生在早白垩世末或之后。

上述地层接触关系的轮廓可以限制川东-湘鄂西断褶带的褶皱作用主体在晚三叠世与早白垩世之间，而川东断褶带南东段的褶皱作用在晚侏罗世末之后，川东断褶带北西段的褶皱作用在早白垩世末及之后，大致揭示了从湘鄂西断褶带到川东断褶带发生褶皱作用的时间有从印支晚期（雏形，晚三叠世）—燕山早期（晚侏罗世）—燕山中期（早白垩世）到燕山晚期（晚白垩世）变新的趋势（图 4-10）。古蔺县城北成龙村观察到上白垩统与上侏罗统呈微角度不整合接触（图 4-11），不整合面上下地层产状平缓 ，说明在古蔺北早白垩世末仅发生了整体的抬升，表明中燕山运动在该处以升降运动为主，挤压作用不明显，根据上述彭水及邻区主要构造运动剥蚀量、生烃演化史以及卷入变形地层等综合分析，彭水-武隆-涪陵一带五峰组—龙马溪组的关键构造变形期为早中燕山期，南东—北西向的挤压作用造成彭水及邻区隆坳相间的构造格局（图 4-12），从雪峰山-华蓥山变形具有递变特征。

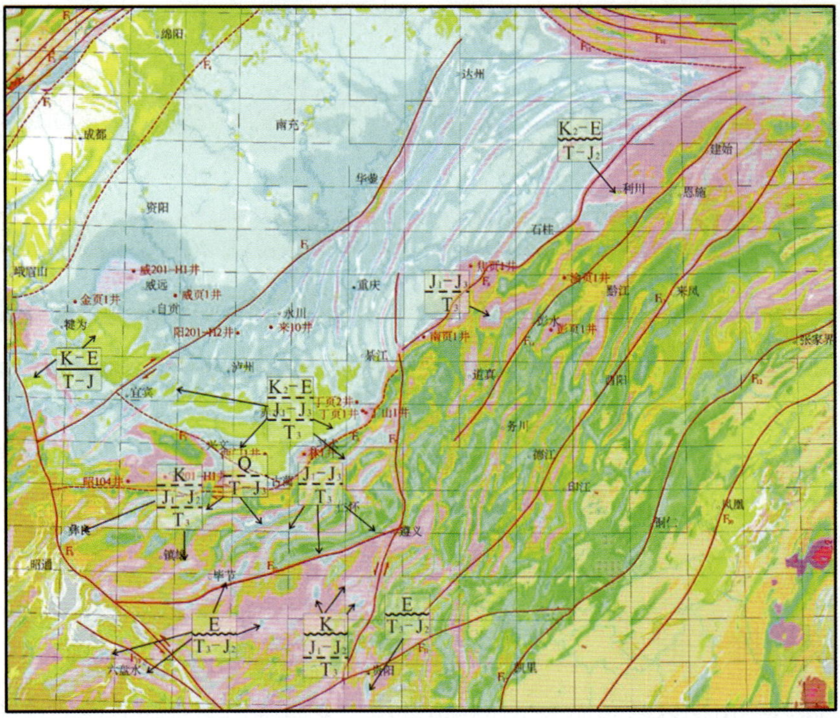

图 4-10　川东-湘鄂西地区中新生界地层接触关系分布图

图 4-11　古蔺县城北成龙村白垩系—侏罗系接触关系

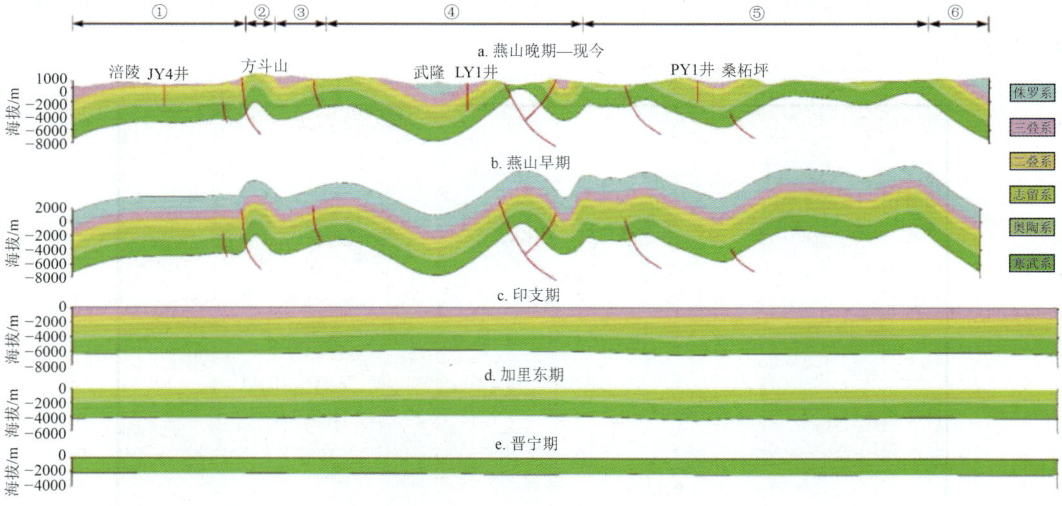

图 4-12　彭水-武隆-涪陵地区构造平衡剖面

（据方志雄等，2016）

①万县复向斜；②方斗山复背斜；③石柱复向斜；④利川-武隆复向斜；⑤中央复背斜；⑥花果坪复向斜

二、晚期隆升时序

彭水及邻区燕山期以来总体为挤压构造环境，受雪峰山南东往北西的逆冲推覆作用影响，主体形成一系列北东—北北东走向的褶皱构造，晚期主体抬升剥蚀起始时间对于页岩气保存来说至关重要，具体体现在三个方面：一是晚期隆升时间的早晚决定了五峰组—龙马溪组接受构造改造时间的长短；二是隆升的幅度（剥蚀量的大小）决定了页岩微裂缝的开启程度；三是隆升改造与龙马溪组生排烃期的匹配关系，决定了滞留烃量的大小。

李双建、聂海宽等专家学者针对湘鄂西-川东地区开展了大量磷灰石、锆石的径迹年龄和热史模拟分析（图 4-13），认为雪峰西北缘湘鄂西-川东地区在印支期以来至少经历了 3 次区域性的抬升、冷却等热事件，即早中三叠世（250~235 Ma）、晚侏罗世—早白垩世（140~110 Ma）和始新世—渐新世（25~45 Ma）。雪峰山在中三叠世发生抬升剥蚀，湘鄂西断褶带抬升时限为晚侏罗世（燕山早期），川东断褶带发生抬升剥蚀的时间为早白垩世（燕山中期），整个地区在喜马拉雅期发生了强烈的抬升剥蚀，剥蚀量普遍在 3000 m 以上。

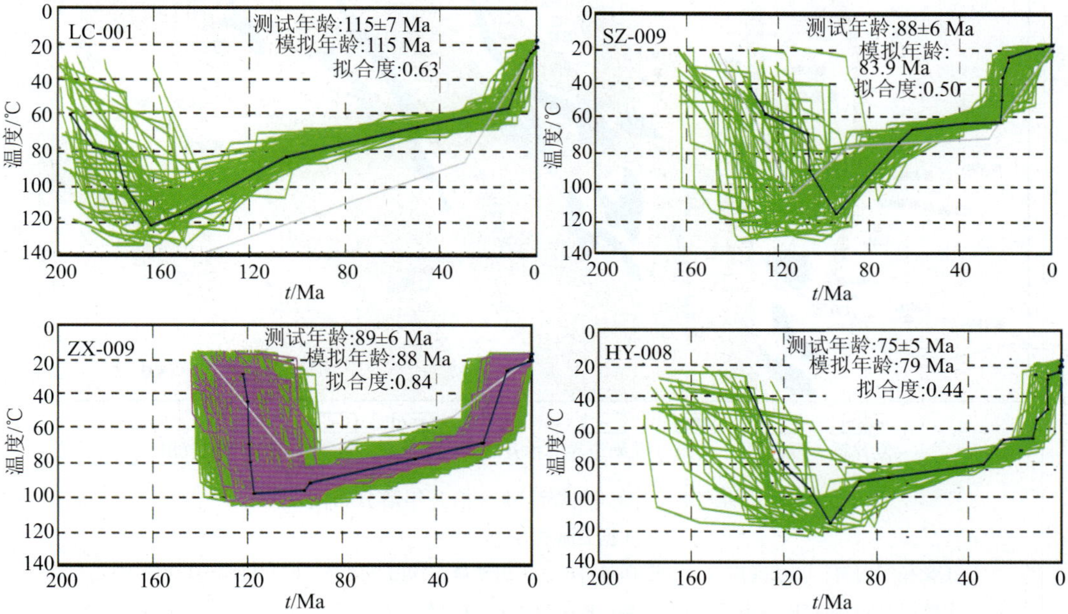

图 4-13　川东-湘鄂西地区磷灰石裂变径迹热史模拟结果

区域的抬升总体具有东西分带、递进变形的特点（图 4-14），自东向西的抬升时间逐渐变晚。以齐岳山断裂为界，东部主体在 160~140 Ma 开始隆升，西部最早在 100~85 Ma 开始隆升。早期逸散对页岩气藏的破坏作用较大。从湘鄂西向四川盆地内部，燕山期的构造抬升越来越晚。桑植-石门复向斜在 165~140 Ma 抬升，花果坪复向斜在 155~115 Ma 抬升，利川复向斜在 160~95 Ma 抬升，彭页 1 井所在的桑柘坪复向斜在 140~110 Ma 抬升；而在四川盆地内，涪陵焦石坝地区的抬升约在 85 Ma，华蓥山地区抬升最晚，约在 65 Ma。

抬升较晚，变形强度较弱，构造样式为宽缓背斜、断背斜或宽缓向斜，产状相对平缓，对页岩气保存较为有利；抬升早，页岩气藏接受改造的时间则较早，经历改造的时间较长，页岩气藏的破坏程度也就越大。花果坪复向斜的 HY1 井、利川复向斜的 LY1 井和石柱复向斜的 YZ1 井，虽然三者都位于复向斜内，但由于抬升较早（约在 160~120 Ma 之间），页岩气藏的超压破坏时间较早，导致现今页岩气藏的含气性较差，含气量分别为

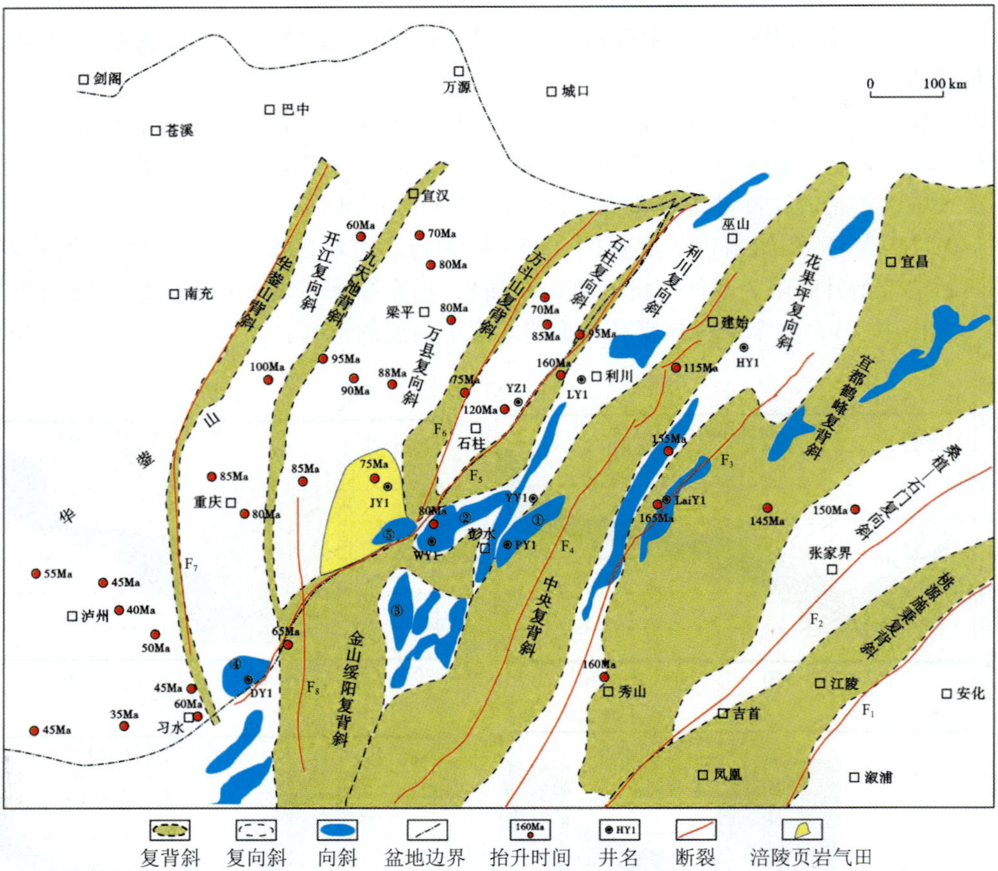

图 4-14　川东-湘鄂西地区抬升年龄分布图

（据聂海宽等，2019）

①桑柘坪向斜；②武隆向斜；③道真向斜；④丁山断鼻；⑤白马向斜。F_1—桃园-怀化断裂；F_2—大庸-保靖断裂；F_3—来凤-酉阳断裂；F_4—建始-彭水断裂；F_5—齐岳山断裂；F_6—方斗山断裂；F_7—华蓥山断裂；F_8—遵义-贵阳断裂

0.5~1.5 m^3/t、0.8~1.8 m^3/t 和 0.2~1.2 m^3/t。利川复向斜和石柱复向斜较早的抬升使得向斜保存差异性加大，需进一步分析向斜不同部位的抬升时间，根据建始-彭水断裂、齐岳山断裂和方斗山断裂活动的差异，寻找抬升时间相对较晚的地区。断裂开始活动的时间较晚，其天然气逸散的时间也就较晚，有利于压力系统的维持。

三、断裂体系

川东-湘鄂西地区存在多条主干断裂及基底断裂，主干断裂一般是指构造边界大断层和一些长期活动的深断裂，它们对四川盆地及周缘构造边界的形成、隆起和坳陷的发育、断褶的演化、区域岩相变化等都具有明显控制作用（图 4-15，表 4-1）。

主干断裂区域上主体为北东向、其次为近东西向、北西向和近南北向。基于断裂的展布方向，划分为北东向、东西向、近南北向和北西向等断裂体系。

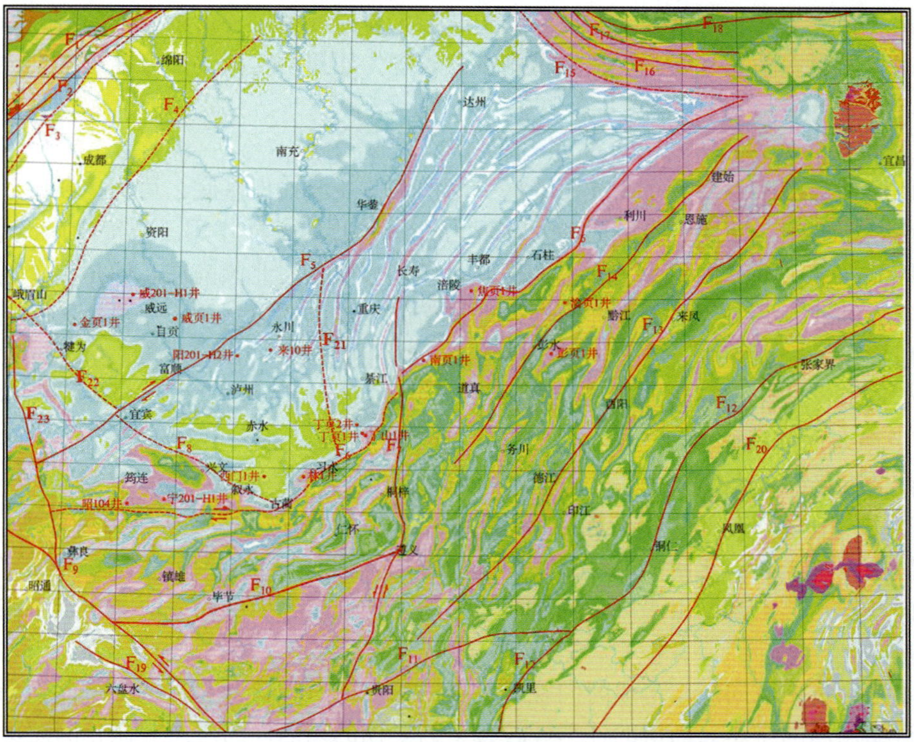

图 4-15　川东-湘鄂西地区主干断裂分布图

F_1—青川-茂汶断层；F_2—北川-映秀断层；F_3—安县-灌县断层；F_4—龙泉山断层；F_5—华蓥山断层；F_6—齐岳山断层；F_7—遵义-贵阳断层；F_8—兴文-古蔺断层；F_9—垭都-紫云-罗甸断层；F_{10}—赫章-金沙断层；F_{11}—贵阳-施秉断层；F_{12}—慈利-大庸-保靖断层；F_{13}—来凤-假浪口断层；F_{14}—建始-彭水断层；F_{15}—铁溪-固军断层；F_{16}—万源-巫溪断层；F_{17}—镇巴断层；F_{18}—城口-房县断层；F_{19}—六盘水断层；F_{20}—桃源-辰溪-怀化断层；F_{21}—綦江断层；F_{22}—犍为-宜宾断层；F_{23}—荥县-峨边断层

1. 北东向断裂体系

北东向断裂体系在川东-湘鄂西地区广泛发育，除赤水地区以外。在利川-恩施-彭水地区槽档过渡带中以北东向为主，往南至道真-务川-德江一带则为北北东向，至黔北仁怀一带则转为北东东向。这些不同方向的断裂体系主要受边界条件的差异所造成。

表 4-1　川东-湘鄂西地区主干断裂特征统计表

断裂编号	断裂名称	断裂走向	构造位置	断裂性质及倾向
F_5	华蓥山断裂	北东	川中地块与川东隔档褶皱带边界断裂	逆冲断层，南东
F_6	齐岳山断裂	北东	四川盆地东部边界断裂	逆冲断层，南东
F_{10}	赫章-金沙断裂	北东	鄂渝对冲过渡构造带南断裂	左行走滑断层，北西
F_7	南川-遵义断裂	北北东	黔中隆起东界断裂	左行走滑断层，南东
F_9	垭都-紫云-罗甸断裂	北西	黔中隆起西南界断裂	左行走滑断层，南西
F_{21}	綦江断裂	近南北向	川东隔档褶皱带与川南黔北低缓褶皱带边界断层	走滑断层，近乎直立

齐岳山断层与慈利大庸保靖断层之间的断层多为逆冲断层和少许反向断层，断层主体倾向南东，断层多断至基底。仁怀一带则主要表现为压扭性特征，部分断层晚期表现为走滑性质。

2. 东西向断裂体系

东西向断裂体系主要分布于赤水地区，断层主体断至盆地基底，均为逆断层，其中在长垣坝南断层以南，断层主体倾向南，体现为由南向北的逆冲作用。长垣坝南断层以北，断层主体倾向北，反映受到由北向南的挤压，如长垣坝断层北倾南冲。但是结合区域构造环境来看，其北倾断层可能为反冲断层，即在南侧大娄山的作用下，赤水地区受到来自南缘的挤压作用，形成系列南倾北冲断层，而在逆冲的前缘，可能受泸州古隆起的阻挡作用，发生反冲，从而形成北倾南冲的断层。

3. 近南北向断裂体系

近南北向断裂体系主要分布于赤水地区以及道真-务川-德江一带。

道真-务川-德江一带近南北向断裂发育较为普遍，南川-遵义断层最为典型，南川-遵义断层为苗岭隆起向北西方向扩展时因应力不均一从而产生的调节断层。而该区的大量近南北向断层为燕山晚期由于区域构造应力发生变化，东西向的构造应力产生了南北向的断层构造。

赤水地区近南北向断层形成时间晚，为喜马拉雅期产物，即三江造山带的活动引发的该区的近东西向的挤压。断层的连续性较差，为早期的东西向断层所限制，断层倾向东或者西，断距不大。

4. 北西向断裂体系

北西向断裂体系主要在仁怀毕节一带大量发育，但是规模较小，多为扭动特征，为北东向构造的不均一发育过程中调节所形成，如松坎向斜中的仙源断层，桑木场背斜中大量北西向断层的发育，也可能为一些调节断层。

图 4-16 展示了川东南地区褶皱和断裂分布情况，可以看到齐岳山断裂和南川遵义断裂是重要的边界断层，齐岳山断层以西大部分地区，地表断层发育少；齐岳山断层以东、南川遵义断层以东的地区，断层和褶皱走向总体以北东向为主，往南部道真、务川-德江一带断裂密度增加，叠加了近南北向的断裂和褶皱。

四、构造变形单元划分

1. 划分原则

齐岳山断裂两侧地区构造复杂，属于多种类型构造复合叠加和联合作用的地区。构造变形单元划分主要考虑以下两个方面：一是以构造形变特征、变形强度、主要断裂活动期次和性质、褶皱形态及走向作为依据，以早期主要逆冲断裂作为主要构造单元的划分界线；二是构造单元命名突出褶皱形态特征，名称叫法尽量与前人惯用的名称保持一致。根据上述原则，将川东南地区划出 8 个一级构造单元，重点区块划分出 11 个二级构造单元，26 个三级构造（表 4-2，图 4-17）。

2. 划分结果

（1）武陵山逆冲推覆构造带

武陵山逆冲推覆构造带总体呈北东向展布，位于余庆-石阡一线以东，出露地层老，

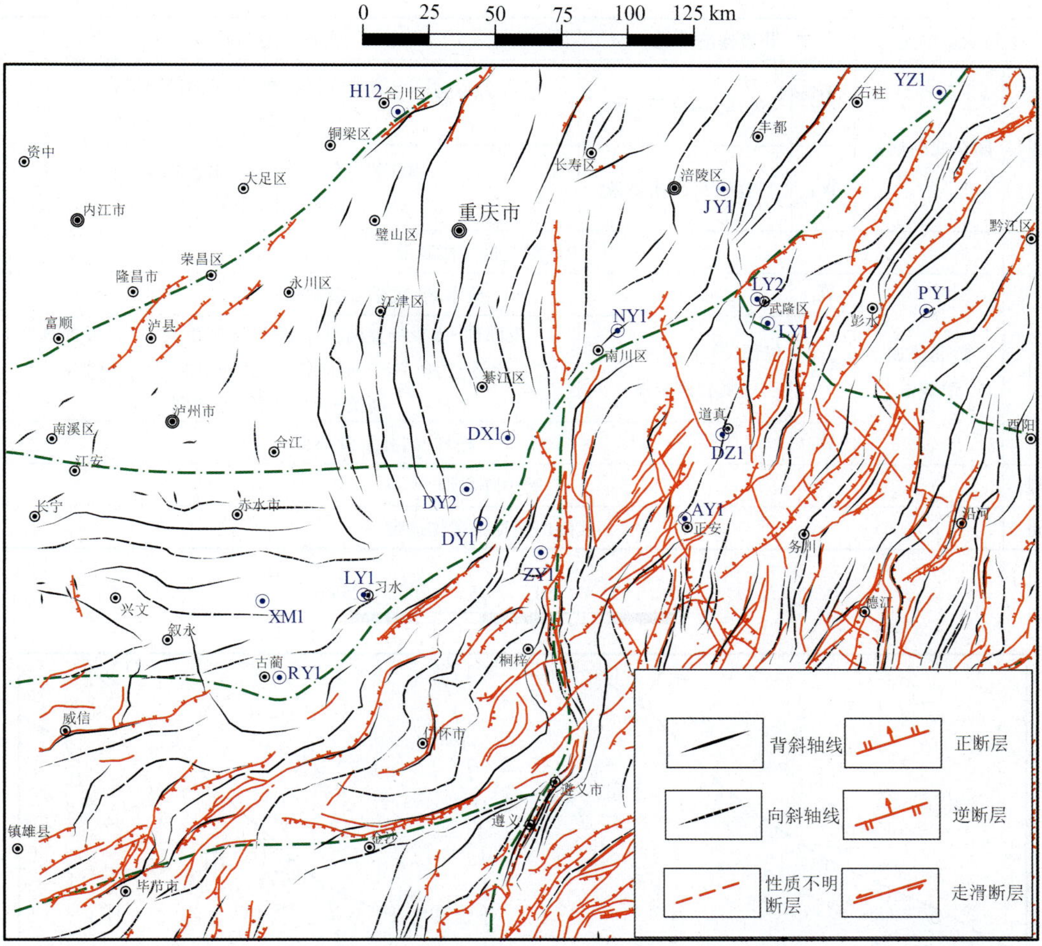

图 4-16　川东南地区构造纲要图

主体由中新元古界冷家溪群、板溪群和早古生代台地边缘斜坡相的寒武系所组成。为雪峰-武陵基底拆离推覆构造的次级推覆构造，变形强烈。

表 4-2　川东南地区构造单元划分方案

Ⅰ级构造单元		Ⅱ级构造单元		Ⅲ级构造单元
Ⅰ	川中穹隆构造带			
Ⅱ	川东隔档式褶皱带	Ⅱ$_1$	石柱-涪陵北东向褶皱带	
		Ⅱ$_2$	江津-泸州南北向褶皱带	
Ⅲ	鄂西-渝东槽档过渡褶皱带	Ⅲ$_1$	利川-武隆复向斜带	老厂坪背斜、湾地复向斜
		Ⅲ$_2$	黔江-彭水褶皱带	乔梓平缓背斜、桑柘坪向斜、诸佛背斜、两河向斜
Ⅳ	黔东北断褶带	Ⅳ$_1$	渝黔褶皱带	金佛山背斜、金山复向斜、太白复向斜、绥阳复向斜、虾子复向斜、团溪复向斜
		Ⅳ$_2$	道真复向斜带	道真复向斜、桃源倒转向斜、青坪向斜

续表

Ⅰ级构造单元		Ⅱ级构造单元		Ⅲ级构造单元
Ⅳ	黔东北断褶带	Ⅳ$_3$	务川-湄潭褶皱带	涪洋-湄潭背斜、务川-凤岗复向斜、思渠向斜
		Ⅳ$_4$	沿河-思南褶皱带	德江复背斜、沿河-石阡复向斜、酉阳-溶溪背斜
Ⅴ	川南黔北低缓褶皱带			
Ⅵ	黔北叠加褶皱带	Ⅵ$_1$	桑木场-民乐复背斜带	
		Ⅵ$_2$	仁怀-燕子口“S”形复合褶皱带	夜郎坝-太极场复向斜、水口寺-阿市反“S”形背斜、合马-九仓“S”形向斜、九坝-中枢“S”形背斜、高桥-长岗“S”形向斜
		Ⅵ$_3$	松林-岩孔复背斜带	
Ⅶ	黔中隆起带			
Ⅷ	武陵山逆冲推覆构造带			

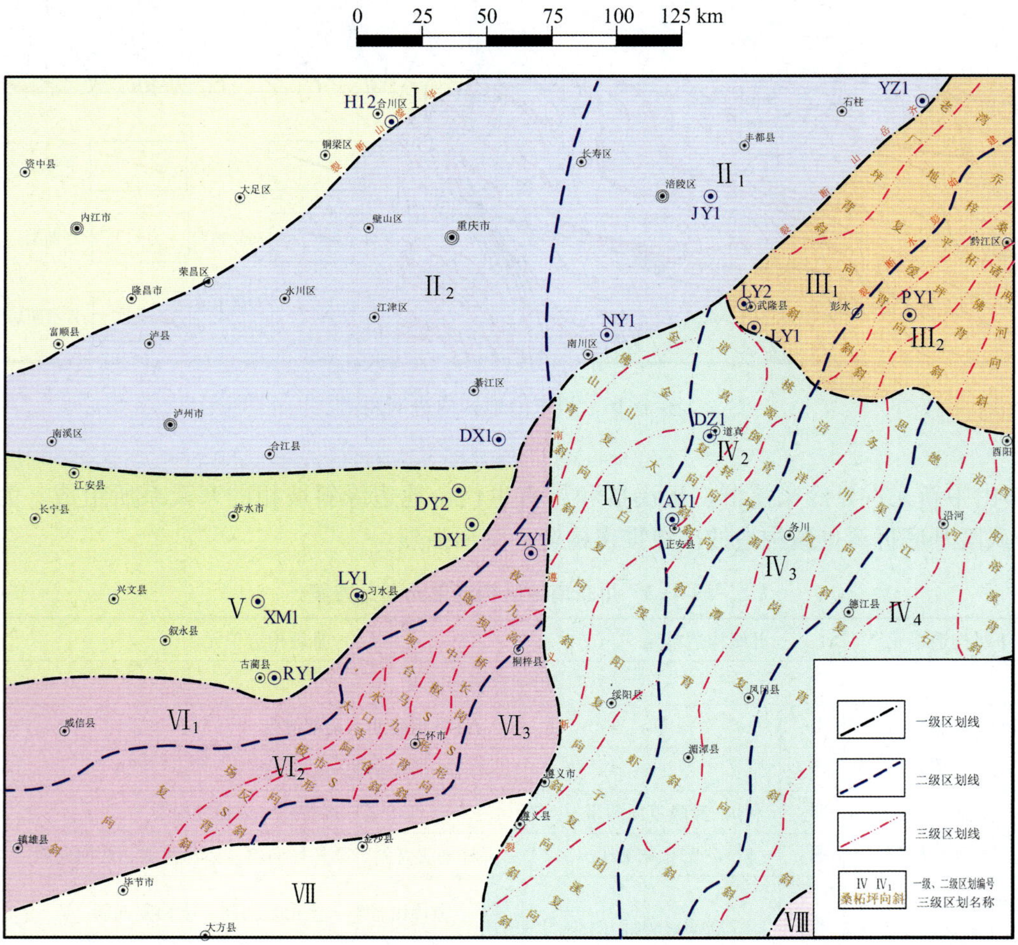

图 4-17 川东南地区构造区划图

（2）黔中隆起带

为一近东西向古隆起带，隆起两翼不对称，北翼宽缓，地层出露齐全。隆起构造形成于加里东晚期，隆起上二叠系直接超覆于寒武系、奥陶系的不同地层之上，隆起上的沉积厚度较周缘皆薄。燕山期产生褶皱、断裂及逆冲推覆，构造线总体方向呈近东西向展布，具有东西向构造与北东向构造复合的特征。

（3）黔北叠加褶皱带

位于仁怀-赤水河-威信一带，由众多轴迹呈“S”或反“S”形侧列式展布的褶皱组成。表现为东西向与北东向的复合构造特征，尤其在仁怀-赤水河-威信一带，在东西向隆起、坳陷的背景上，北东向褶皱呈一系列横排的“S”形展布（图 4-18），反映了该区北东向与东西向构造的复合作用。该区构造轴部多出露寒武系，局部出露震旦系（如桑木场、桐梓、松林及岩孔等背斜），向斜轴部常保存有侏罗系。

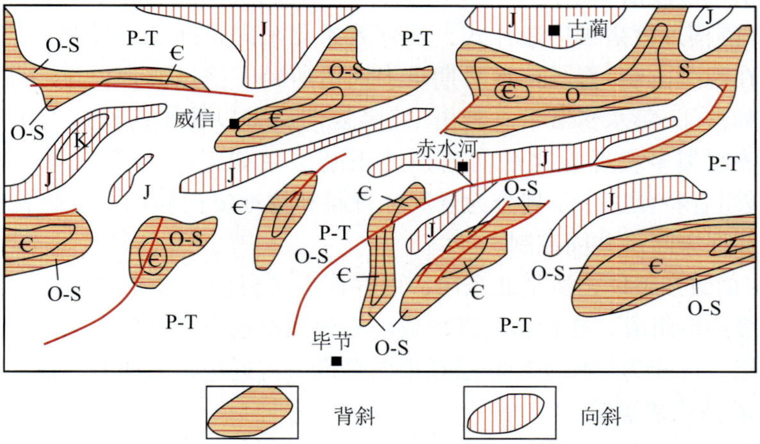

图 4-18　仁怀-赤水河-威信一带“S”形构造展布图

依据褶皱断裂的组合特征，黔北叠加褶皱带由北到南可依据划分出桑木场-民乐复背斜带、仁怀-燕子口“S”形复合褶皱带及松林-岩孔复背斜带 3 个二级构造。桑木场-民乐复背斜由北东向的桑木场背斜、新街背斜、麻城背斜及石坎向斜 4 个主要褶皱组成；仁怀-燕子口“S”形复合褶皱带由夜郎坝-太极场复向斜、水口寺-阿市反“S”形背斜、合马-九仓“S”形向斜、九坝-中枢“S”形背斜、高桥-长岗“S”形向斜组成；松林-岩孔复背斜带由松林穹隆和岩孔背斜组成。

（4）川南黔北低缓褶皱带

泸州至綦江一线以南的川南、黔北一带地区为川南黔北低缓褶皱带，主要特征为近南北向褶皱横跨叠加了近东西向褶皱，形成晚白垩世地层近东西向分布的地层展布特征，是多方向构造应力联合作用的结果。

（5）黔东北断褶带

黔东北断褶带主体以隔槽式褶皱为主，宽背斜和窄向斜呈北东向和北北东向相间排列，断褶带以挤压构造为主，挤压构造主要形成期为燕山早中期。

黔东北断褶带划分出 4 个二级构造单元，由南东往北西方向依次为沿河-思南褶皱带、务川-湄潭褶皱带、道真复向斜带、渝黔褶皱带。

沿河-思南褶皱带整体构造呈北北东走向，向斜紧闭，核部残留三叠系，由德江复背斜、沿河-石阡复向斜、酉阳-溶溪背斜组成；务川-湄潭褶皱带整体构造呈近南北向，由涪洋-湄潭背斜、务川-凤岗复向斜、思渠向斜构成。断层性质多样性，表现为逆断层和正断层，断层走向呈近南北向、北东向和北西向。

道真复向斜带呈近南北向，略呈“S”形展布，发育斜歪，甚至倒转的褶皱，断层以逆冲断裂为主，构造挤压强烈；由道真复向斜、桃源倒转向斜、青坪向斜构成。

渝黔褶皱带西以南北向的南川-遵义断裂为界，由多条强烈挤压的窄陡向斜带和宽缓的背斜带以及与背向斜伴生的南北向断裂组成，如金佛山背斜、金山复向斜、太白复向斜、绥阳复向斜、虾子复向斜、团溪复向斜等。

（6）鄂西-渝东槽档过渡褶皱带

鄂西渝东槽档过渡褶皱带位于齐岳山断裂东侧，构造线呈北北东向展布，背向斜基本等宽，为隔档-隔槽过渡褶皱构造样式，发育数条北东向正断层，推测为燕山早-中期北东向逆冲断裂在晚燕山期-喜马拉雅早期重力回滑所致。该过渡带可进一步划分为利川-武隆复向斜带和黔江-彭水褶皱带。利川-武隆复向斜带以北东向构造为主体，褶皱两翼对称。现今地表断裂多表现为北东向高角度正断层（如老厂坪背斜南东翼的棣棠正断层）。依据褶皱组合特征进一步划分为老厂坪背斜和湾地复向斜两个三级构造。湾地复向斜由马武断层和保家断层共同控制。

黔江-彭水褶皱带整体构造呈北东向，由乔梓平缓背斜、桑柘坪向斜、诸佛背斜、两河向斜 4 个三级构造组成，在背斜翼部形成一系列规模较大的北北东向正断层，如保家背斜北西翼正断层，可能为早期逆冲断层在中白垩世—古近纪重力回滑形成。

（7）川东隔档式褶皱带

位于齐岳山断裂以西、华蓥山断裂以东的区域，由东往西构造线呈现北东—南北变化。变形特征表现为典型的隔档式构造格局。地表褶皱多为无劈理的同心褶曲，尖棱背斜与宽缓向斜相间排列。地震剖面揭示深处背斜往往对应于逆冲断层的上盘，在三叠系嘉陵江组四段与雷口坡组一段之间、中下寒武统之间和志留系下部存在滑脱面，深部断裂大部分消失于雷口坡组之下，而寒武系以下变形消失，基底并未卷入。

由东往西划分为石柱-涪陵北东向褶皱带和江津-泸州南北向褶皱带，涪陵焦石坝箱状断背斜和南川向斜等均位于石柱-涪陵北东向褶皱带，构造稳定性好。

（8）川中穹隆构造带

川中穹隆构造带亦称川中平缓构造带，是川西古陆核基底发育区，受到了川西、武陵山、米仓山-大巴山等陆内褶皱-冲断带的远程联合挤压作用，构造变形微弱，仅发育低幅短轴构造。

第二节　吸附效应环带及其对页岩气保存的影响

页岩对甲烷的吸附作用既有普遍性，又有差异性，其对页岩气赋存状态、保存、富集成藏具有重要影响。本书采用等温吸附、扫描电镜、液氮吸附、页岩有机地球化学等技术手段，对彭水及邻区残留向斜龙马溪组页岩的吸附作用进行了研究。结果表明，页岩对甲烷的吸附作用一方面受控于页岩的矿物组成、有机质特征、孔隙结构等内在特性，另一方面受实际埋藏条件下的温度和压力等外部条件控制明显；地层埋藏条件下页岩的吸附作用强度可采用 L-F 等模型进行预测，实际研究发现，桑柘坪向斜五峰组—龙马溪组页岩在埋藏深度 1000 m 左右吸附作用强度达到峰值。同时理论分析及三轴应力吸附条件下页岩渗透率测定实验表明，页岩的吸附作用可以导致其渗透率降低，表现为一种阻滞页岩气渗流扩散的“吸附效应”（或者叫作“固气作用”），我们针对这种吸附效应及其对页岩气保存及富集边界的影响开展了探索性的研究。

一、页岩吸附能力影响因素

吸附态页岩气是页岩总含气量的重要组成部分，随着页岩自身以及地层条件的不同，一般可占总气量的 20%~80%。页岩对甲烷的吸附作用在页岩气藏具有普遍性，吸附作用强度一般用 Langmuir 体积（也称兰氏体积，下同）进行表征，其值越大，反映页岩对甲烷的吸附能力越强，反之亦然。而获得 Langmuir 体积的途径主要是通过开展甲烷等温吸附实验获取，等温吸附实验可以分为重量法和容积法。

页岩吸附作用影响因素包括页岩自身特性（内因），如矿物组成、有机质特征、页岩微孔结构、含水饱和度等，外部条件（外因）包括温度和压力等。对于自身特性相似的页岩来说，由于温度和压力对页岩吸附能力具有反向的竞争影响作用，因此页岩吸附气量随埋深变化，存在一个深度转折点，这与煤岩相关研究成果相近。

彭水及邻区五峰组—龙马溪组页岩等温吸附测试结果表明，Langmuir 体积变化范围为 1.0~5.9 m^3/t，反映了不同区域页岩吸附作用能力的差异性。从 Langmuir 体积的影响因素分析结果来看，页岩的甲烷吸附能力与页岩有机碳含量、微孔孔容、比表面积等呈正相关关系，反映了页岩自身特性对吸附能力具有明显控制作用；另一方面，温度和压力对页岩气体吸附能力具有反向双重的影响和控制作用，决定了页岩在地层条件下的气体赋存状态。

1. 孔隙结构与吸附能力关系

页岩的孔隙结构参数，包括微孔、中孔、大孔孔容，比表面积等，相关测试结果表明，彭水及邻区龙马溪组页岩岩芯样品的吸附能力与微孔孔容、比表面积表现出明显的正相关趋势（图 4-19），表明孔径相对小的微孔，可以提供更大的比表面和吸附位，对甲烷吸附有利。

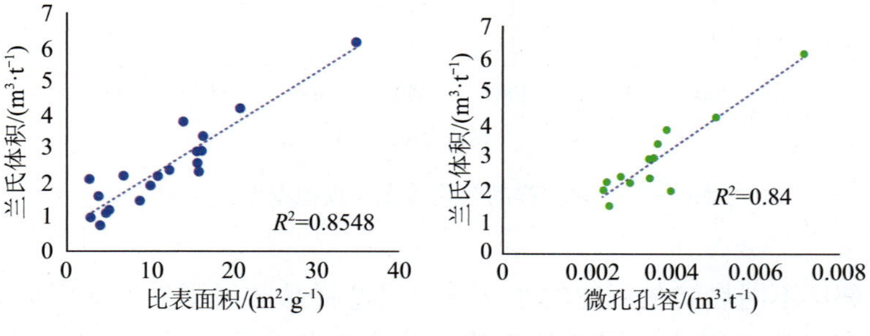

图 4-19　页岩孔隙结构参数与兰氏体积交汇图

2. 有机碳含量与吸附能力关系

龙马溪组有机显微组分以腐泥组为主，生烃演化过程中伴随生成丰富的有机质孔，有机质孔主体以孔径 50 nm 以下的中微孔为主，因此有机质通过提供大量的中微孔，进而贡献数量可观的比表面积，为甲烷提供更多的吸附位。彭水及邻区龙马溪组 *TOC* 与兰氏体积表现出良好的正相关关系（图 4-20）。

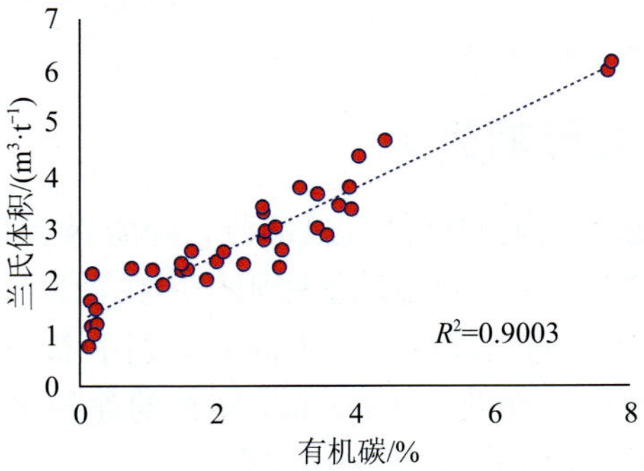

图 4-20　页岩有机碳含量与兰氏体积交汇图

3. 热演化程度与吸附能力关系

在富有机质页岩生烃演化过程中，页岩微观孔隙同样在不断演化，为了研究热演化对页岩吸附能力的影响，针对热模拟实验样品以及自然演化样品开展了系统的等温吸附实验，得到了兰氏体积与模拟温度和反射率之间的关系。

针对低熟陆棚相富有机质页岩样品开展了系统的热模拟实验，并对不同模拟温度的实验残渣开展了等温吸附实验，获取了兰氏体积与模拟实验温度的关系（图 4-21），从图上可以直观地看到，随着模拟温度升高，样品的兰氏体积总体具有先增加后降低的趋势。

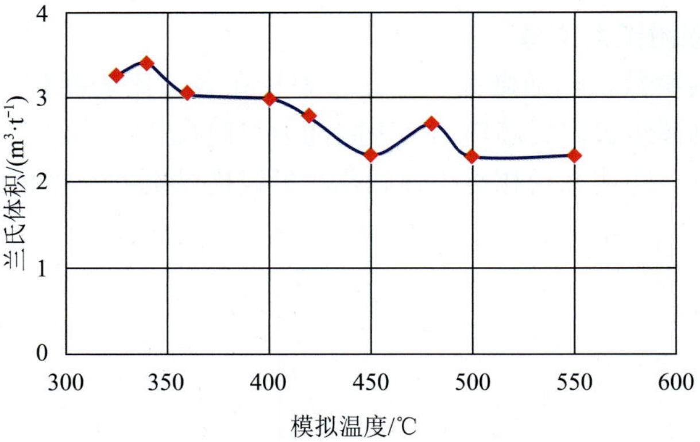

图 4-21　模拟样品兰氏体积与模拟温度关系图

对彭水及邻区不同热演化程度的龙马溪组岩芯样品开展了等温吸附实验，由于 *TOC* 含量对兰氏体积的影响较大，因此研究热演化程度与兰氏体积关系时应避免受到不同 *TOC* 含量带来的影响。本书采用“兰氏体积/*TOC*”来表征页岩的吸附能力。

如图 4-22 所示，在等效镜质体反射率 2.49%～2.86%范围内，等效镜质体反射率越高，龙马溪组页岩吸附能力越小，反映了有机质演化程度对页岩吸附能力有明显的控制作用，与热模拟实验的结果较为相似。王玉满等（2014）也提出，在高过成熟阶段，随着有机质碳化程度的增强，富有机质页岩对天然气的吸附能力降低。

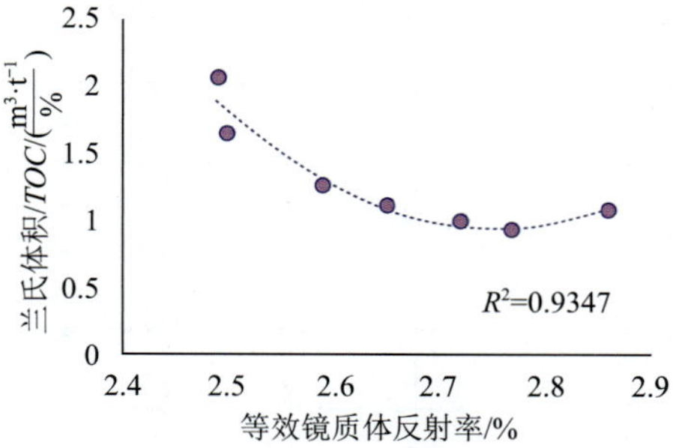

图 4-22　龙马溪组自然演化样品兰氏体积与等效 R_o 关系图

热演化程度对页岩吸附作用的影响机制，可能与在高演化阶段，有机质产生碳化现象有关，碳化导致有机孔隙发生坍塌和充填现象，孔隙边界不清或呈弧形，有机质孔隙度减小，有机质所控制的比表面积减小，而脆性矿物、黏土矿物所控制的比表面积相对增加，对页岩气的吸附能力降低，页岩吸附作用能力减弱。

4. 含水与吸附能力关系

页岩中的黏土矿物和有机质是对吸附能力起主要作用的成分，相对于有机质而言，黏土矿物对甲烷的吸附能力较弱，但黏土矿物中的亲水的微孔隙更容易被水占据，降低黏土矿物对甲烷气的吸附能力，进而弱化页岩对甲烷的吸附能力。因此，页岩中所含水分会对页岩吸附能力产生不利影响。

为了研究含水对页岩吸附能力的影响，针对龙马溪组岩芯样品开展了平衡水以及干燥条件下的等温吸附实验（实验温度为 90℃），从图 4-23 上可以看到，随压力增加，平衡水以及干燥条件下兰氏体积的变化趋势相似，但平衡水样品的吸附能力明显小于干燥样，表明页岩含水可以降低甲烷吸附能力。

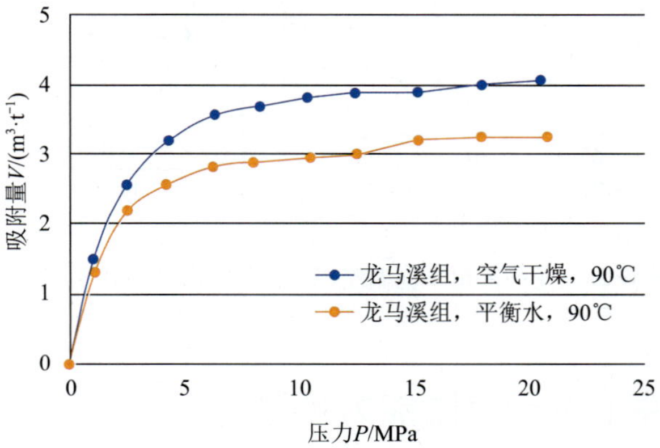

图 4-23　龙马溪组岩芯样品干燥与平衡水条件等温吸附曲线对比图

5. 温度、压力与吸附能力关系

温度和压力是影响和控制页岩吸附能力的外部因素，随着温度的升高，页岩吸附能力下降，压力越大页岩的吸附能力越强，但不同地区龙马溪组页岩吸附能力对温度的敏感性差异较大。图 4-24 为不同地区和不同井龙马溪组页岩兰氏体积与实验温度的关系，尽管兰氏体积均随温度增加而降低，但降低的幅度与速率不同。

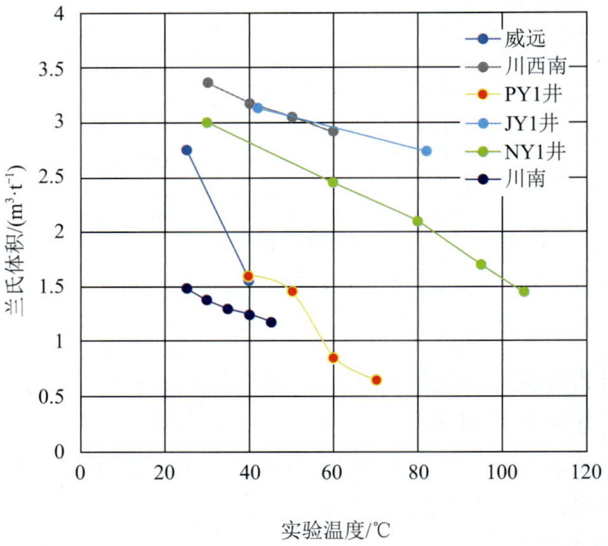

图 4-24　不同地区龙马溪组页岩兰氏体积与实验温度的关系

对 PY1 井、NY1 井和 JY1 井龙马溪组优质页岩样品开展了三组等温吸附实验（30℃、60℃、90℃），获得了不同温度下三件样品的兰氏体积和兰氏压力（图 4-25）。反映了不同井龙马溪组页岩吸附能力的差异性及其温度敏感性的相似性。

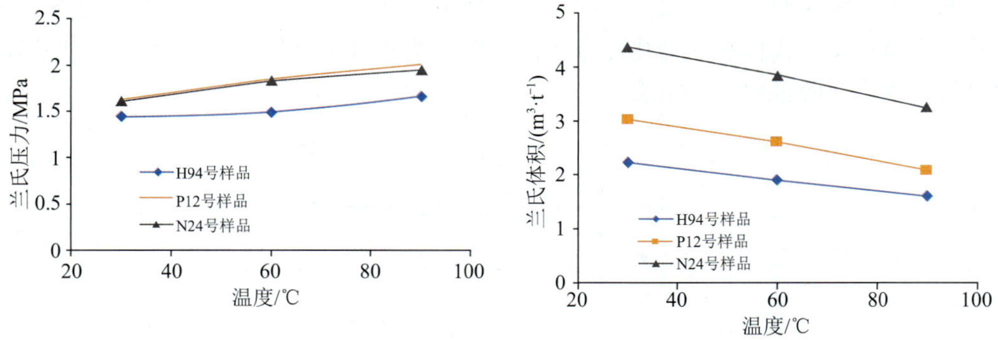

图 4-25　龙马溪组不同温度下兰氏体积与兰氏压力对比图

二、地层条件下页岩吸附能力预测

复杂构造区不同层位页岩的埋深具有很大差异，埋藏深度从地表出露到数千米不等，页岩所处温度和压力条件受控于地层压力系数、地温梯度、埋深等因素，地层压力高者达

50 MPa 以上，温度可达 150℃以上。受实验条件的限制，如此高的温度和压力条件，难以通过实验的方法获得吸附数据。因此，需要根据有限的实验温度和压力条件下获得的吸附数据，以一定的方法预测页岩在地层条件下吸附气量，进而对页岩地层条件下的吸附能力进行预测和评价。

1. 吸附势理论模型

吸附势理论起源于 1914 年，Polanyi 提出的吸附势理论要点包括，吸附剂表面附近存在吸附力场，吸附力场所作用的空间称为吸附空间。吸附空间中各个点存在吸附势，吸附势定义为 1mol 的气体从无限远处吸附到某点需要做的功，是吸附体积的函数，吸附势按吸附空间的分布曲线在所有温度下都是相同的。这就暗示分子间的引力为色散力，吸附势与吸附空间的关系能够描述吸附剂和吸附质的关系特性，故称之为吸附特性关系曲线。

（1）吸附势-吸附空间关系曲线的建立

吸附特性关系曲线的建立包括吸附势、吸附空间计算等。

吸附势以下式计算：

$$\varepsilon = RT \times \ln(P_0/P) \tag{4-1}$$

式中：ε 为吸附势（J/mol）；R 为普氏气体常数（8.314J/(mol·K)）；T 为绝对温度（K）；P_0 为饱和蒸汽压力（MPa）；P 为压力（MPa）。

饱和蒸汽压力 P_0 以下式计算：

$$P_0 = P_C(T/T_C)^K \tag{4-2}$$

式中：P_C 为临界压力，甲烷取值 4.62 MPa；T_C 为临界温度，甲烷取值 190.6 K；T 为温度（K）；K 为经验常数，取值 2.6。

（2）吸附空间的计算

$$\omega = V \times M/\rho_{ab} \tag{4-3}$$

式中：ω 为吸附空间（cm^3/g）；V 为等温吸附实验获得的吸附气含量（m^3/t）；M 为气体的摩尔质量，甲烷取值 16 g/mol；ρ_{ab} 为气体吸附相密度（g/cm^3）。

ρ_{ab} 以公式（4-4）或公式（4-5）计算：

$$\rho_{ab} = \rho_b/\exp(0.0025(T - T_b)) \tag{4-4}$$

式中：ρ_b 为沸点下气体密度，甲烷取值 0.424 g/cm^3；T 为绝对温度（K）；T_b 为沸点温度，甲烷取值 111.5 K。

$$\rho_{ab} = 8P_C M/RT_C \tag{4-5}$$

式中：P_C 为临界压力，甲烷取值 4.62 MPa；T_C 为临界温度，甲烷取值 190.6 K；M 为气体的摩尔质量，甲烷取值 16 g/mol；R 为气体常数，取值 8.205 J/(mol·K)。

获得吸附势及吸附空间数据后，即可建立吸附特性关系曲线。

利用有限条件下的等温吸附数据预测地层条件下页岩的气体吸附量，已成为页岩气评价研究的热点问题。应用吸附势理论模型预测页岩吸附甲烷能力的研究成果众多。王庆等（2015）对四川盆地下寒武统牛蹄塘组黑色页岩在 35℃、50℃、65℃的等温吸附数据进行了分析，认为页岩对甲烷的吸附特性曲线具有温度不变性，不同温度下的吸附特性曲线互相重合。肖青波等（2014）认为饱和蒸汽压的计算对于预测至关重要，在高于临界温度的页岩吸附甲烷预测过程中，要应用 2 个温度下的实验数据进行吸附势的回归，求取适合的 K 值。熊健等（2014）选用美国德福德县密西西比系页岩为研究对象，K 值取 2.33

时，计算的两个温度下的吸附特性曲线几乎重合，说明吸附特性曲线与温度无关。熊健等（2015）提出了 *K* 值优选的方法，采用不同的 *K* 值做吸附相体积与吸附势的非线性拟合曲线，计算拟合曲线的相关系数；比较不同 *K* 值所对应的相关系数，与最大相关系数对应的 *K* 值，即为最优 *K* 值。李新等（2015）研究发现以吸附势理论模型对吸附量进行预测时，低温下预测值与实验值较为符合，压力增高时模型的精度降低，可以运用球状模型对最大吸附量进行限定。

以彭水及邻区五峰组—龙马溪组页岩样品为研究对象，探讨了吸附势-吸附空间关系曲线的影响因素，发现不同温度条件下的吸附势-吸附空间关系曲线不重合，难以获得吸附特性曲线。提出了引入 Langmuir 体积作为应用的边界约束性条件确定饱和蒸汽压力计算参数的方法。探讨了与温度相关联的利用吸附势-吸附空间曲线预测吸附空间的方法。这对于地层条件下吸附气量预测、页岩气赋存状态分析具有理论和实践意义。

2. 吸附势-吸附空间关系曲线及其影响因素

超临界吸附校正前后吸附势-吸附空间曲线存在差异。甲烷临界压力为 4.62 MPa、临界温度为 190.6 K，在大多数实验条件和地层条件下甲烷已经处于超临界状态。在等温吸附实验过程中，当压力超过 4.62 MPa 时，甲烷为超临界气体，直接得到的吸附量称为 Gibbs 吸附量，需要校正后才能得到真实吸附量。本书按杨兆彪等（2011）的方法，对页岩样品的吸附数据进行了处理，得到了校正后的等温吸附曲线（图 4-26），Langmuir 体积分别为 5.59 m^3/t、4.83 m^3/t、4.0 m^3/t。

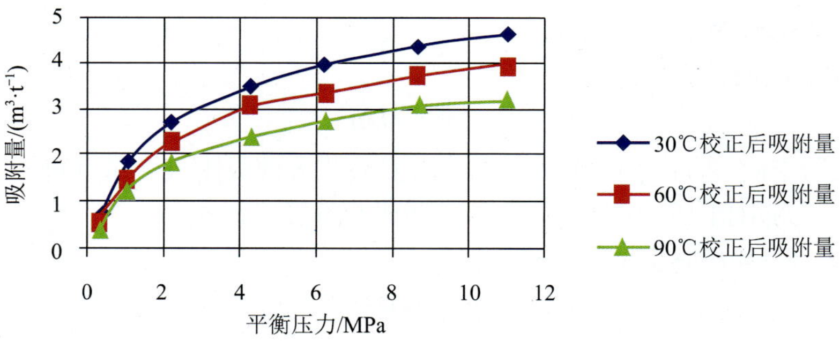

图 4-26　校正后不同温度条件下的等温吸附曲线

吸附势-吸附空间关系曲线是基于吸附势理论建立起来的，从这个意义上讲，某页岩样品在某个温度条件下的吸附势-吸附空间关系曲线，并不能称之为吸附特性曲线，只有验证了该样品多种温度条件下吸附势-吸附空间关系曲线重合时，才能称之为吸附特性曲线。

按照吸附势-吸附空间曲线建立的方法，在吸附势计算过程中，*K* 取值为 3，吸附空间由未经超临界校正的吸附量计算确定。经过计算得到页岩样品在 30℃、60℃、90℃条件下的吸附势-吸附空间关系曲线（图 4-27）。

由图 4-27 可见，川东南五峰组—龙马溪组页岩在 30℃、60℃、90℃条件下，其吸附势与吸附空间的关系曲线并不重合。如果以多项式：$Y=ax^2+bX+c$（其中，*Y* 为吸附空间，单位为 cm^3/t；*X* 为吸附势，单位为 J/mol）描述吸附势-吸附空间的关系时，发现不同温

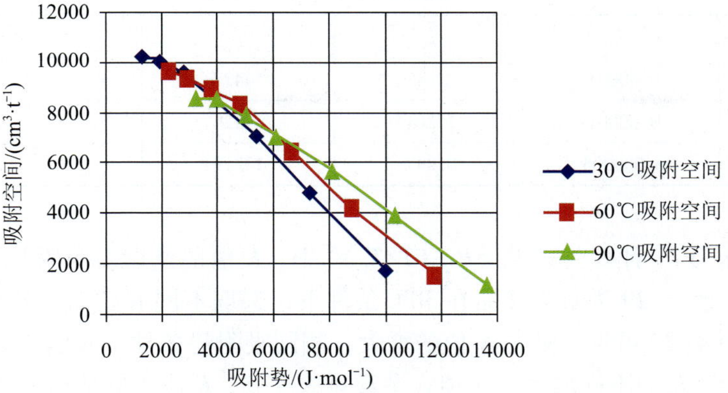

图 4-27　页岩-甲烷吸附特性曲线

度下多项式存在差异（表 4-3）。如果用该样品 30℃ 条件下的吸附势-吸附空间关系曲线预测 60℃、90℃ 条件下的吸附空间，则会产生较大误差，直观地看，至少在吸附势大于 4000 J/mol 时，预测的吸附空间偏小，且随吸附势的增大，预测偏差具有增大的趋势，不能满足吸附空间预测的需要。

表 4-3　多项式参数对比表

温度/℃	a	b	c	相关系数 R^2
30	-0. 00004	-0. 579	11272	0. 996
60	-0. 00003	-0. 522	11082	0. 993
90	-0. 00002	-0. 403	10253	0. 997

吸附量校正后吸附势-吸附空间关系曲线如图 4-28 所示，获得的不同温度条件下多项式拟合参数见表 4-4。如果用该样品 30℃ 条件下的吸附势-吸附空间关系曲线预测 60℃、90℃ 条件下的吸附空间，直观地看，至少在吸附势大于 3000 J/mol 时，预测的吸附空间偏小，且随吸附势的增大，预测偏差具有增大的趋势，不能满足吸附空间预测的需要。但从吸附势与吸附空间的相关系数来看，校正后的相关系数 R^2 高于校正前的相关系数，因此，对等温吸附实验获得的吸附气量进行超临界校正是非常必要的。

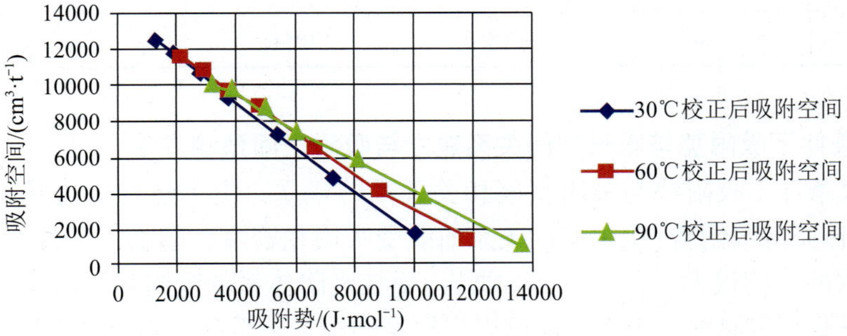

图 4-28　校正后页岩-甲烷吸附特性曲线

表 4-4　校正后多项式参数对比表

温度/℃	a	b	c	相关系数 R^2
30	0.00001	1.4	14427	0.999
60	0.00001	1.201	14227	0.998
90	0.000005	0.947	13213	0.999

饱和蒸汽压力 P_0 计算公式 $P_0=P_C\ (T/T_C)^K$ 中，K 值的选取对吸附势-吸附空间曲线具有明显影响。图 4-29 为页岩样品在 30℃条件下，选取不同 K 值时的吸附势-吸附空间关系曲线。由图 4-29 可见，随着 K 值的增大，相同吸附势条件下吸附空间随之加大，如果以多项式拟合，K 的不同取值其多项式参数见表 4-5，K 取不同值时，吸附势与吸附空间的相关系数相同，但当吸附势为 0 时，多项式中的 c（理论最大的吸附空间）随着 K 值的增大而增加。

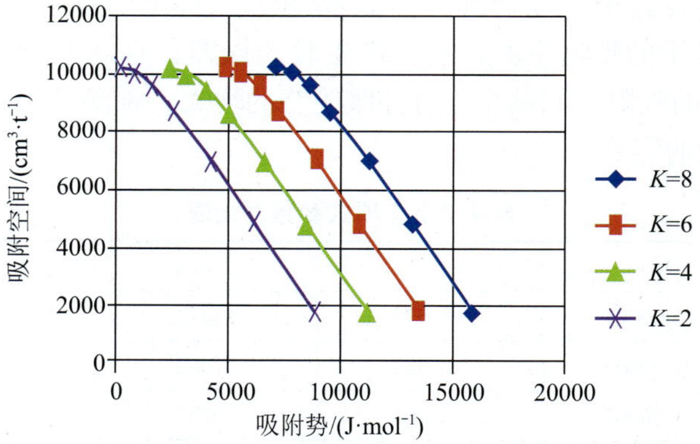

图 4-29　K 取值不同时吸附势-吸附空间关系曲线

表 4-5　K 的不同取值多项式参数对比表

K	$a/10^{-5}$	b	c	相关系数
8	-4	-0.142	13382	0.996
6	-4	-0.317	12844	0.996
4	-4	-0.491	11898	0.996
2	-4	-0.666	10543	0.996

3. 约束条件下吸附势与吸附空间关系建立与吸附空间预测方法

针对约束条件下吸附势与吸附空间相关关系的建立，由上述分析可见，一方面，页岩-甲烷吸附体系的吸附势-吸附空间关系曲线受吸附相密度、超临界条件下吸附量校正，以及 K 值选取的影响很大；另一方面，页岩-甲烷吸附体系的吸附势与吸附空间总是呈负相关关系，只要给定温度、压力，就可以根据这种相关关系确定相应的吸附空间大小，并转换为吸附量，这就为以等温吸附实验数据预测地层条件下的吸附量提供了一种重要的方法和途径。因此，研究建立能够客观反映页岩-甲烷吸附体系的吸附势与吸附空间关系曲线的方法，对于页岩气评价研究具有理论和实践意义。关于吸附相密度的确定问题，前人已有众多研究成果，下文将重点讨论约束条件下 K 的选取及吸附势与吸附空间相关关系的建立问题。

K 值的选取直接影响吸附势-吸附空间曲线形态，进而影响吸附气量的预测结果。从页岩-甲烷吸附体系吸附势-吸附空间曲线形态来看，当吸附势趋近于 0 的时候，吸附空间趋近于最大，而这一最大的吸附量，应该与校正后等温吸附实验的极限吸附量（Langmuir 体积）相当。因此，可以将吸附势-吸附空间多项式拟合曲线的截距，作为一个重要参数来考量，当截距与 Langmuir 体积相近时，所选取的 K 值才是较合理的。这样以此作为约束条件，建立较优的吸附势与吸附空间关系曲线。

图 4-30 为 K 取值 3 时，以 Langmuir 体积为约束条件下的吸附势-吸附空间曲线，其多项式回归方程的截距与 Langmuir 体积对比见表 4-6，可以看到截距与 Langmuir 体积接近，说明 K 取值为 3 是比较合理的。

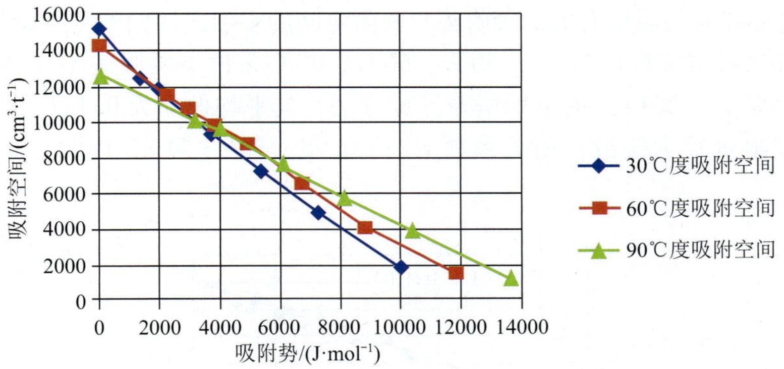

图 4-30　以 Langmuir 体积为约束条件下的吸附势-吸附空间曲线

表 4-6　截距与 Langmuir 体积对比表

温度/℃	30	60	90
截距/（$cm^3 \cdot t^{-1}$）	14922.00	14179.00	12738.00
校正后 Langmuir 体积/（$cm^3 \cdot t^{-1}$）	15196.00	14164.00	12641.00
误差/（$cm^3 \cdot t^{-1}$）	-274.00	15.00	97.00
误差百分数/%	-1.84	0.11	0.76

由图 4-30 可见，即使优选较合理的 K 值之后，30℃、60℃、90℃条件下的吸附势-吸附空间曲线仍然不能重合，说明了页岩-甲烷吸附体系的复杂性，很难得到吸附势理论所称的不受温度影响的吸附特性曲线。

但如果对不同温度下的吸附势-吸附空间曲线进行多项式回归，其多项式回归公式为：

$$Y = ax^2 + bX + c \qquad (4-6)$$

式中：Y 为吸附空间，单位为 cm^3/t；X 为吸附势，单位为 J/mol。发现 a、b、c 随温度变化具有一定的规律可循（表 4-7），随着温度的升高，其中 a、c 逐步减小，b 则逐步增大。

表 4-7　多项式回归参数统计表

温度/℃	a	b	c
30	0. 00003	-1. 604	14922
60	0. 000009	-1. 185	14179
90	-0. 000002	-0. 819	12738

进一步可以建立 a、b、c 与温度的如下关系式，式中 T 为温度，单位为℃。

其中：$a=-5\times10^{-7}\times T+4\times10^{-5}$　$(R^2=0.968)$

$b=0.013\times T-1.9874$　$(R^2=0.998)$

$c=-36.4\times T+16130$　$(R^2=0.967)$

可见相关系数 R^2 达 0.97 以上。表明公式（4-6）可满足不同温度条件下预测吸附空间的要求，进而建立与温度有关的吸附势与吸附空间的多项式回归预测经验公式。

按上述方法对页岩样品进行了 30℃、60℃、90℃条件下的吸附空间（吸附量）预测拟合，以熊健等（2014）的平均偏差计算方法，其平均偏差为 0. 111，预测吸附量与校正后实测吸附量较为接近，相关系数 R^2 达 0. 98（图 4-31），说明了这种方法的有效性。

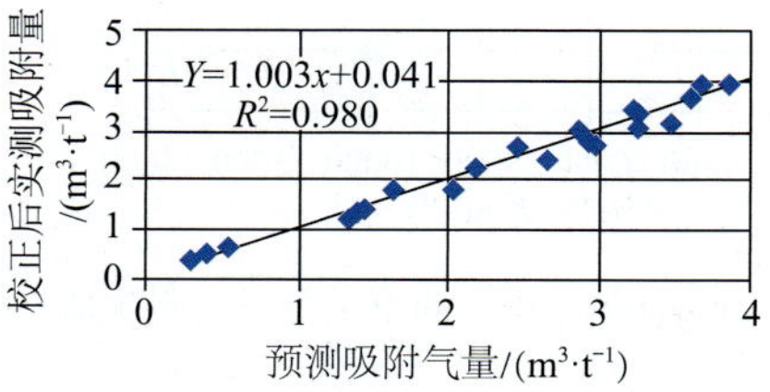

图 4-31　预测吸附气量与校正后实测吸附量交汇图

对吸附势吸附模型的认识有：①吸附势-吸附空间关系曲线不能等同于吸附特性曲线，只有获得的不同温度下吸附势-吸附空间关系曲线重合时，才能反映吸附体系的吸附特性，才能直接用于不同温度条件下吸附空间预测。②页岩-甲烷吸附体系中，甲烷易于处于超临界状态，需对等温吸附实验数据进行超临界条件下的吸附量校正，才能建立合理的吸附势-吸附空间关系曲线，否则会影响吸附空间预测精度。③吸附势计算过程中，饱和蒸汽压计算公式中 K 的取值对吸附势-吸附空间关系曲线具有直接影响，以 Langmuir 体积作为 K 值选取的约束性条件，有助于提高吸附空间预测精度。④对于难以建立吸附特性曲线的页岩-甲烷吸附体系，可以利用经过超临界校正的、多温度条件下的吸附势-吸附空间数据，建立与温度关联的吸附空间预测方法，预测平均偏差为 0. 111。

4. Langmuir 吸附模型

当气体分子运动到固体表面上时，由于气体分子与固体表面分子之间的相互作用，气体分子会暂时停留在固体表面上，致使气体分子在固体表面上的浓度增大，这种现象称为气体分子在固体表面的吸附。如果在固体表面上吸附的气体只有一个分子的厚度，则称作单分子层吸附；如果吸附层厚度超过一个分子，则称为多分子层吸附。朗格缪尔早在1916年就推导出了单分子层吸附的状态方程，后人称之为Langmuir单分子层吸附方程，也就是通常简称的Langmuir方程。

如果以Q表示单位固体表面上吸附的气体的量，a表示单位固体表面上饱和吸附气体的量；b为Langmuir平衡常数；P为气体压力。则Langmuir方程转化为常用的形式：

$$Q = abP/(1 + bP) \tag{4-7}$$

在压力很低时，（4-7）式分母中的bP相对于1可以忽略不计，吸附气体量Q与压力P成正比；在压力很高时，（4-7）式分母中的1相对于bP可忽略不计，吸附气体量Q达到饱和，即发生饱和吸附。

另外的一种表达形式为：

$$V = V_L P/(P_L + P) \tag{4-8}$$

式中：V为吸附量；P为平衡压力；V_L为兰氏体积；P_L为兰氏压力。

气体在每克固体表面的吸附量Q取决于气体的性质、固体表面的性质、吸附平衡的温度以及吸附质的平衡压力P；当给定了吸附剂、吸附质和平衡温度后，则吸附量Q就只是吸附质的平衡压力P的函数，由吸附量Q对压力P作图得到的曲线称为吸附等温线。吸附等温线分5种类型，现在人们已普遍地将它们分别称为第Ⅰ类吸附等温线、第Ⅱ类吸附等温线，一直到第Ⅴ类吸附等温线。简称Ⅰ型、Ⅱ型、Ⅲ型、Ⅳ型、Ⅴ型；它们反映了5种不同吸附剂的表面性质、孔分布性质以及吸附质与吸附剂相互作用的性质。用甲烷作吸附质，研究页岩的吸附性，得到的吸附等温线大多数都属于Ⅰ型。Langmuir方程形式简单、使用方便、易于应用，而且两个吸附常数V_L和P_L的物理意义比较明确，是计算吸附量的基础。V_L称为Langmuir体积，代表最大吸附能力，其物理意义是：在给定的温度下，煤吸附甲烷达到饱和时的吸附量，又称“饱和吸附量”，人们有时用V_L值的大小来反映煤吸附的性能，P_L值与吸附剂、吸附质的特征及温度有关。

在对Langmuir等模型分析的基础上，利用多温度条件下的等温吸附数据，通过建立V_L、P_L与温度的关联关系，形成了针对不同地区的页岩气体吸附能力预测方法，可以对页岩在任意埋深条件下的吸附气量进行预测。

$$Q = V_L P/(P_L + P) \tag{4-9}$$

式中：Q为预测吸附量；P为地层压力（MPa）；V_L为某温度下的饱和吸附量（m^3/t）；P_L为某温度下的兰氏压力（MPa）。

通过前述的页岩吸附能力影响因素分析可见，温度对气体吸附能力具有重要影响，不同样品的温度敏感性不同，据此可以建立V_L、P_L与温度的关联关系，带入公式（4-9）即可预测任意温度、压力条件下的吸附气量，进而对页岩地层条件下的吸附能力进行预测。

为验证预测方法的有效性，选取桑柘坪向斜五峰组—龙马溪组优质页岩样品进行了30℃、60℃、90℃、125℃的等温吸附实验，采用建立的方法拟合了30℃、60℃、90℃的吸附量，预测了125℃、最高压力50 MPa的吸附量（图4-32）。预测/拟合平均偏差0.032，相关系数0.994，说明了预测方法的有效性。

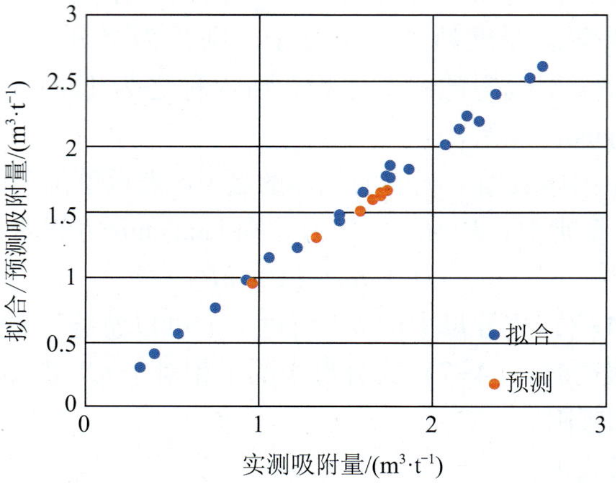

图 4-32　拟合/预测与实测吸附气量交汇图

5. 典型地区地层条件下页岩吸附能力预测

地层条件下页岩甲烷吸附能力除受页岩自身特征影响外，还受到温度和压力反向双重控制，因此当埋深增加时，地层温压同步增大，温度和压力对页岩吸附能力的影响呈竞争关系，利用本次建立的吸附能力预测方法，可以计算任意温度、压力下的甲烷吸附气量，结合页岩地层压力梯度、温度梯度，计算任意埋深的吸附气量。

利用桑柘坪向斜 PY1 井的地温梯度、压力系数，将不同的埋深转化为不同的温度和压力，进一步得到吸附气量随页岩埋深的变化曲线（图 4-33），可以看到，随着埋深的增加，PY1 井龙马溪组页岩吸附气量经历了增大→达到峰值→下降的过程。约在埋深 1000 m 左右达到最大值，随后随着埋藏深度的增加吸附气量逐步下降，这一变化过程反映了温度、压力对页岩气体吸附能力的影响和控制作用。

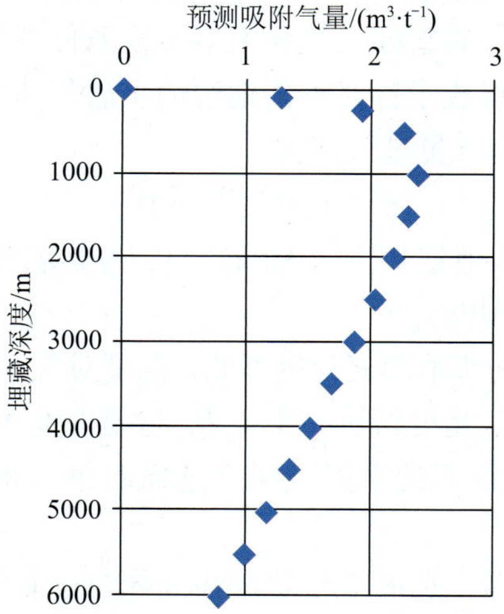

图 4-33　桑柘坪向斜五峰组—龙马溪组页岩
吸附气量随埋深变化曲线

对 NY1 井五峰组—龙马溪组页岩地层条件下吸附能力也进行了预测，图 4-34 中页岩吸附气量随埋深的变化规律与 PY1 井总体相似。

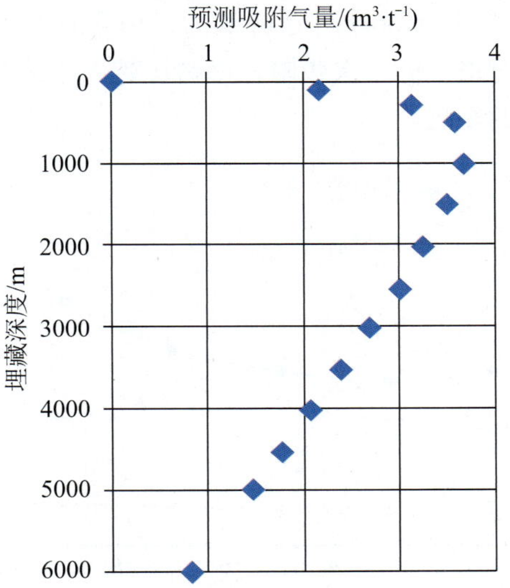

图 4-34　南川地区五峰组—龙马溪组页岩吸附气量随埋深变化曲线

三、页岩吸附作用效应

页岩对甲烷的吸附作用对于页岩气的地质评价具有重要意义，一方面吸附态比例越高，从页岩气保存的角度来看则相对抗构造改造散失的能力也越强，研究表明，埋深 1000 m 左右页岩的吸附能力相对最强，以 1000 m 作为基点，埋深越大，则页岩吸附能力逐渐减小，游离态比例相对增加，对页岩气保存条件的要求也就越高。因此对于复杂构造区来说，由于构造变形强度大，深层页岩游离气比例高，散失的可能性也相对较大，造成总含气量普遍偏低，彭水及邻区龙马溪组现今埋深一般在 2500 m 以浅，地层条件下仍然具有一定的吸附能力，为页岩气的形成富集提供了较好的基础。近年来复杂构造区浅层-超浅层页岩气相继获得重要突破（如太阳构造等），可能与浅埋藏条件下页岩具有相对高的吸附能力，抗改造能力相对较强有关。另一方面，不同赋存形式的页岩气，具有不同的流动特征，吸附气吸附于孔隙系统表面，致使孔隙系统的吼道变小，不利于页岩气的渗流和扩散。

吸附态气页岩气一般占总气量的 20%~80%。从页岩气流动机理不难理解，吸附气的占比影响页岩气的扩散及流动能力，页岩对甲烷的吸附作用是一种阻滞页岩气扩散渗流的“固气作用”。

吸附作用对气体渗流影响的实验研究始于煤层气研究领域。吸附作用对煤岩的渗透率影响显著，吸附作用越强，吸附瓦斯量越多，煤的渗透率越小。在页岩气领域，吸附对页岩气渗流、扩散影响的理论研究取得了进展，众多学者认为，页岩吸附甲烷会在孔隙系统中形成吸附层，由于吸附层的存在使页岩有效流通孔道减小，视渗透率减小。

为研究页岩吸附作用对其渗透性能的影响，开展了样品吸附甲烷前后的渗透率测定实验。渗透率测定结果显示，页岩样品在吸附甲烷之后，渗透率下降（图4-35），渗透率下降幅度达81%~86%；随着渗透压的增大，渗透率下降幅度具有增大的趋势，渗透压力为11 MPa时，渗透率下降幅度达到86%。分析认为，由于该样品渗透率低，测试时间长，在测试过程中发生了页岩对甲烷的二次吸附，渗透压越大渗透率下降幅度越大，反映了吸附气量大小对页岩渗透率的影响。

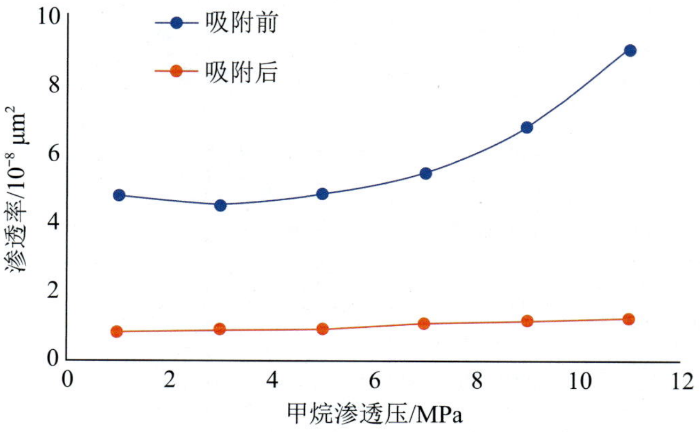

图4-35　页岩样品吸附甲烷前后渗透率

从另外一个方面来看，扩散作为页岩气的重要流动形式，页岩吸附作用对其扩散能力影响显著，页岩中游离气量越大，扩散能力越强，佐证了页岩由吸附作用引发的固气效应对页岩气渗流扩散的影响。

对于PY1井五峰组—龙马溪组优质页岩段，研究表明，页岩总含气量、吸附气量及吸附气占比随埋藏深度呈规律性变化（表4-8）。随着埋藏深度的加大，页岩的总含气量、游离气量增加，在埋深1000 m左右（临界深度）页岩的吸附气量最大，吸附气占比最高。按照前述分析，在埋深1000 m左右页岩的固气效应最强，页岩气的扩散渗流能力势必减弱，形成一个页岩气流动性较弱的“固气效应环带”（图4-36），其对页岩气侧向运移、扩散具有阻滞和封堵作用。

桑柘坪向斜多口钻井勘探实践表明，出露区→向斜翼部→核部，龙马溪组地层压力系数、含气量以及产量具有增大的趋势。

表4-8　不同埋藏深度页岩含气性预测数据

埋藏深度/m	吸附气量/($m^3 \cdot t^{-1}$)	游离气量/($m^3 \cdot t^{-1}$)	总含气量/($m^3 \cdot t^{-1}$)	游离气占比/%	吸附气占比/%
1000	2.4	0.3	2.7	11	89
2260	2.2	1	3.2	31	69
2810	1.85	1.65	3.5	47	53

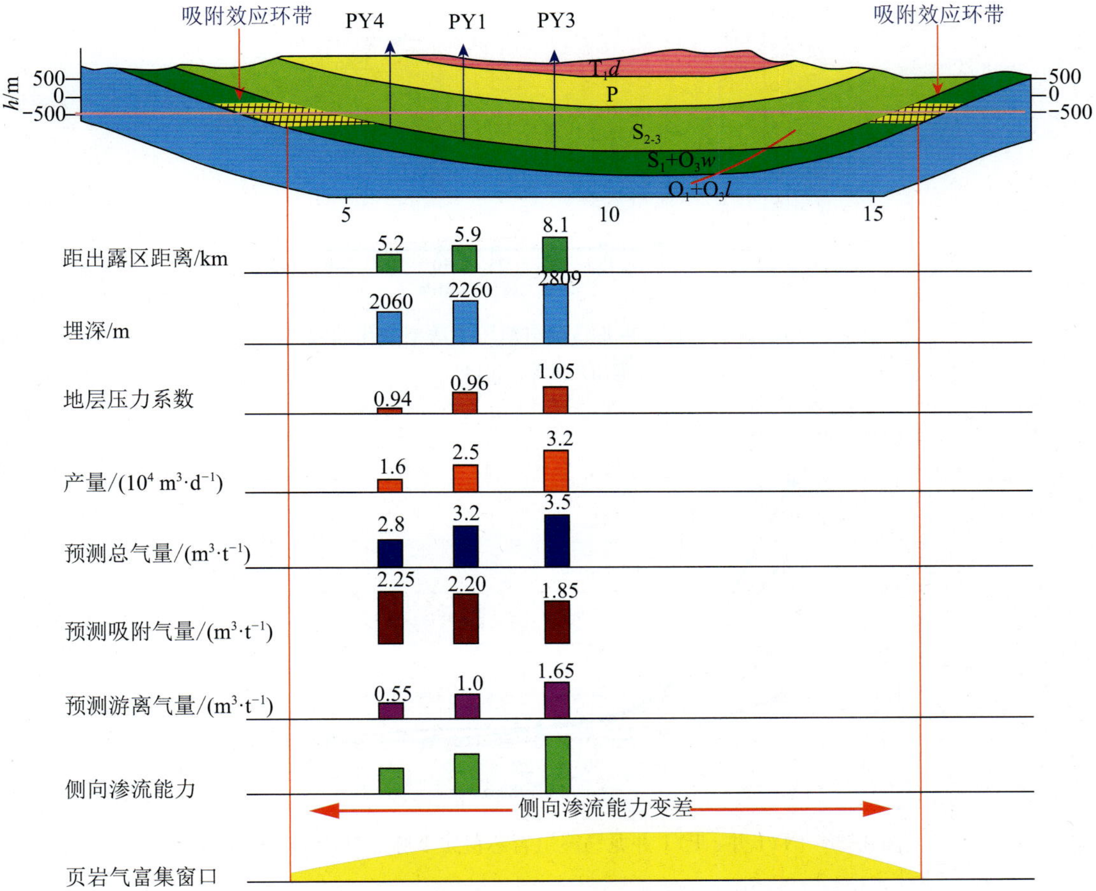

图 4-36　桑柘坪向斜页岩气保存富集模式

第三节　页岩气逸散边界

近年来盆外残留向斜部署的大量页岩气钻井揭示，越靠近出露区，龙马溪组页岩含气性越低，此种现象与随着埋藏深度变浅，页岩的页理缝逐渐开启、微裂缝发育程度逐渐增高有关。

如图 4-37 所示，JY2 井两块龙马溪组岩芯样品随着围压减小，渗透率相应增大，页岩气逸散可能性增大，当围压小于 15 Mpa 时（等效埋深 1000 m 左右），渗透率将快速增加，表明页岩如果抬升至这一临界深度时，页岩气发生逸散的可能性将成倍增大，不利于页岩气保存。

针对 PY1 和 NY1 井的 4 块岩芯（P8、P4、N18、N12）开展了覆压下页岩脉冲渗透率实验（图 4-38），从图 4-38 上同样可以看出，15 Mpa 同样是页岩脉冲渗透率明显增大的临界围压。

根据袁玉松等（2020）的研究成果，如图 4-39，随着围压降低，人造裂缝页岩渗透

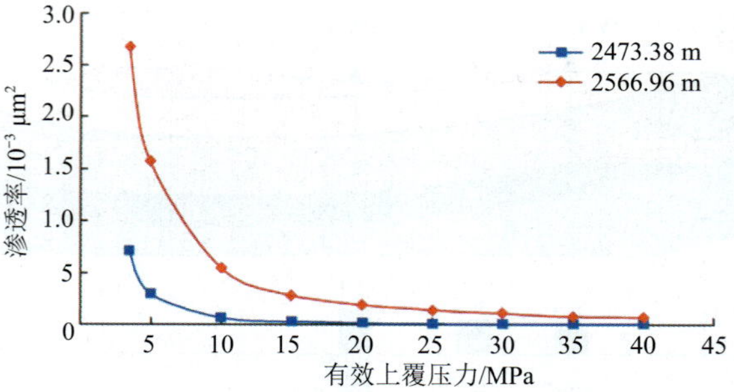

图 4-37　JY2 井龙马溪组覆压渗透率变化曲线

（据胡东风等，2014）

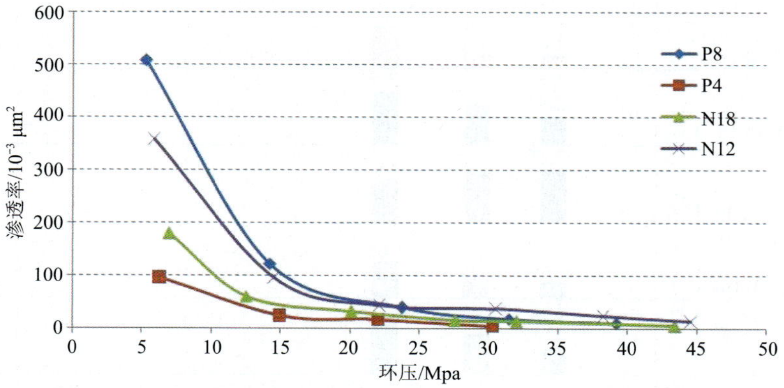

图 4-38　NY1 井、PY1 井龙马溪组岩芯覆压下脉冲渗透率变化曲线

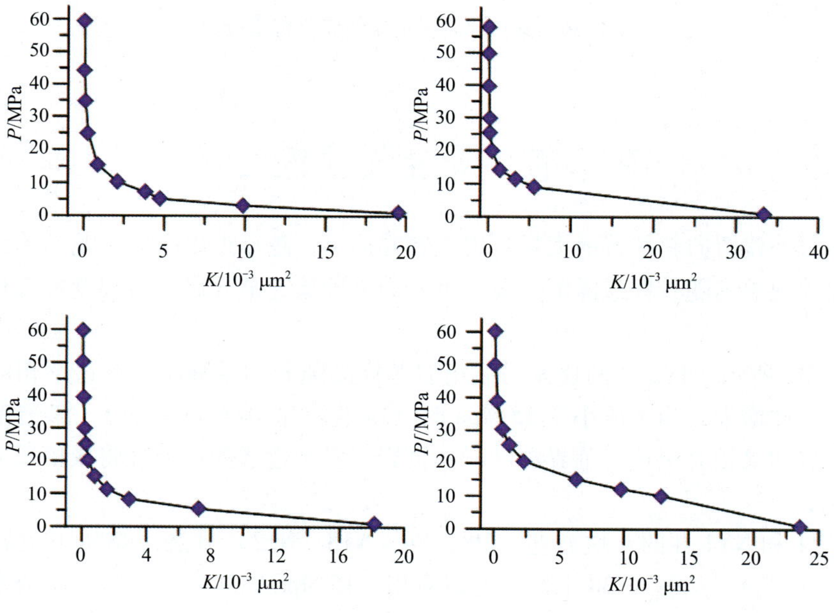

图 4-39　泥页岩人造裂缝渗透率与围压的关系

（据袁玉松等，2020）

率逐渐增大，当围压降至 15 Mpa 时（折算等效埋深 1000 m），渗透率迅速增大，表明人造裂缝由愈合转变为开启状态，此时页岩自身封闭能力变差。与 JY2 井、PY1 井、NY1 井等围压下渗透率变化规律类似。这一系列的覆压渗透率实验直观地描述了抬升阶段页岩自封闭能力的变化规律。

综合上述实验结果，对于 1000 m 埋深以浅的残留向斜来说，随着埋深继续变浅，页岩的层理缝逐渐开启，横向渗透率增加，固气作用减弱，页岩气逸散风险加大，不利于页岩气有效保存。1000 m 左右的埋深，可以作为残留向斜型页岩气逸散的“边界”。

以桑柘坪向斜为例（图 4－40），部署在向斜近核部的 PY3 井埋深相对最大（2809 m），距离出露区 8.1 km，龙马溪组压力系数 1.05，试气产量 $3.2\times10^4\ m^3/d$。PY1

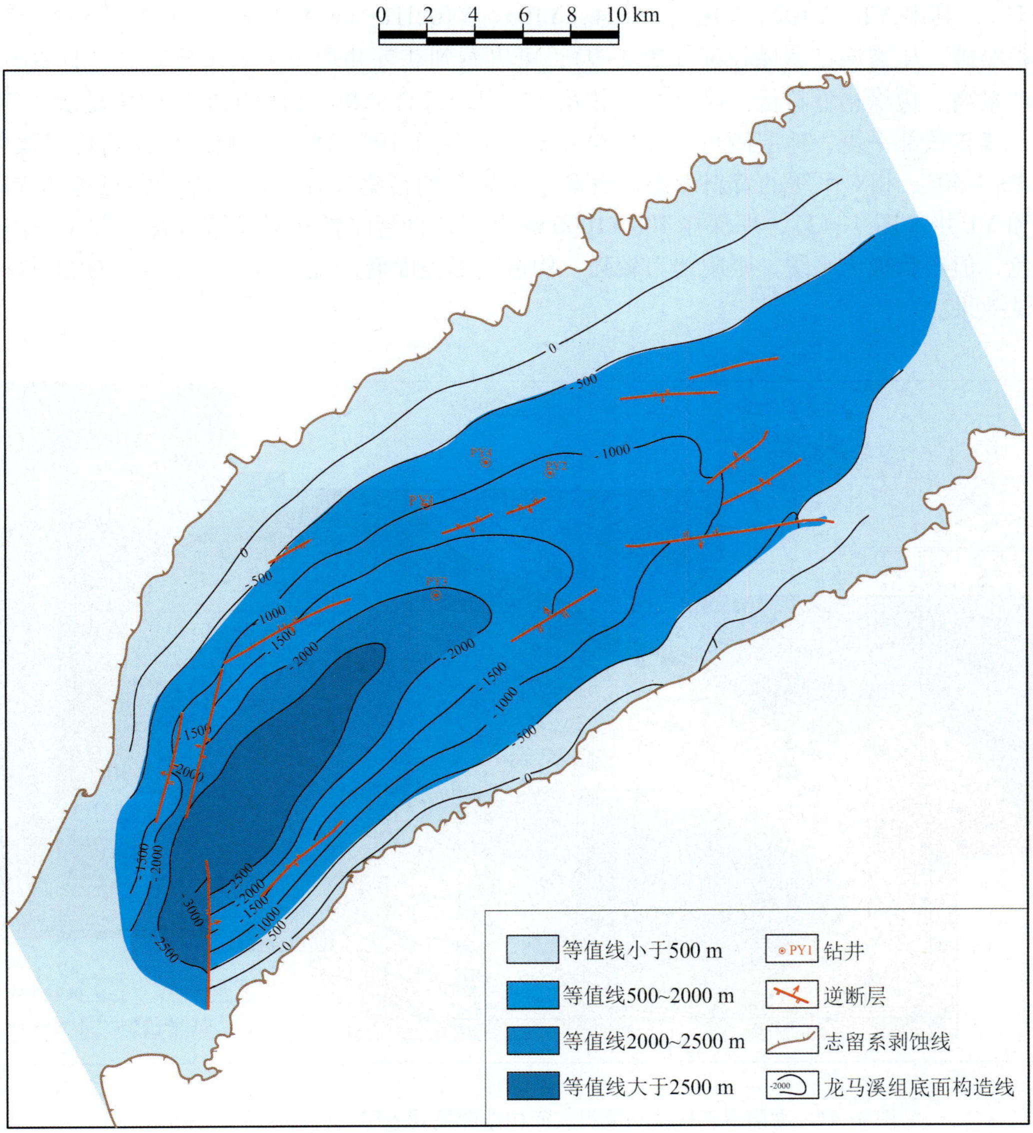

图 4－40　桑柘坪向斜五峰组构造图

井五峰组底面埋深 2260 m，距离出露区 5.9 km，压力系数 0.96，试气产量 $2.5\times10^4\ m^3/d$。PY4 井五峰组底面埋深 2060 m，距离出露区 5.2 km，压力系数 0.94，试气产量 $1.6\times10^4\ m^3/d$。总体来看，随着埋深增加，龙马溪组的压力系数、产量等指标均变优，可能与吸附气比例降低，固气能力减弱、页理开启程度降低、自封闭性变好有关。桑柘坪向斜北部活龙坪向斜 EXY1 井的五峰组底面埋深约 1517 m，优质页岩段气测活跃，测井解释①~⑤小层总含气量平均 $2.6\ m^3/t$，展示出龙马溪组在 1000~2000 m 埋深范围内，产状平缓的地区具有较好的含气性。

对于浅埋藏的背斜构造样式来说，如背斜产状平缓，龙马溪组顶板完整，背斜核部可能为页岩气富集有利部位。近期，昭通太阳背斜区浅层页岩气勘探获得突破，提交了逾千亿立方米规模的探明地质储量。太阳背斜部署了多口埋深 500~2000 m 的页岩气钻井（图 4-41），其中 Y1、Y102、Y103、Y104、Y105、Y102H1-1、YS109、YS117、YS118 等井获得突破，压裂测试总体较好（表 4-9），可以看到获气井均位于太阳背斜内，且具有轴部产量高、边缘稍低特征。经结合测井及地震资料综合分析，研究区地层倾角复杂、变化大，背斜核部平缓，地层倾角一般为 0°~10°、南翼为 10°~15°，北翼地层倾角相对较大，为 15°~40°，相对平缓的背斜形态，有利于页岩气的富集保存，如太阳背斜核部的 Y102 井和 Y1 井（图 4-42），埋深在 700~1000 m 之间，自封闭性相对埋藏较深的井来说略为逊色，但产状极为平缓，吸附能力较强，构造变形强度低，处于微超压，也具有相对好的测试效果。

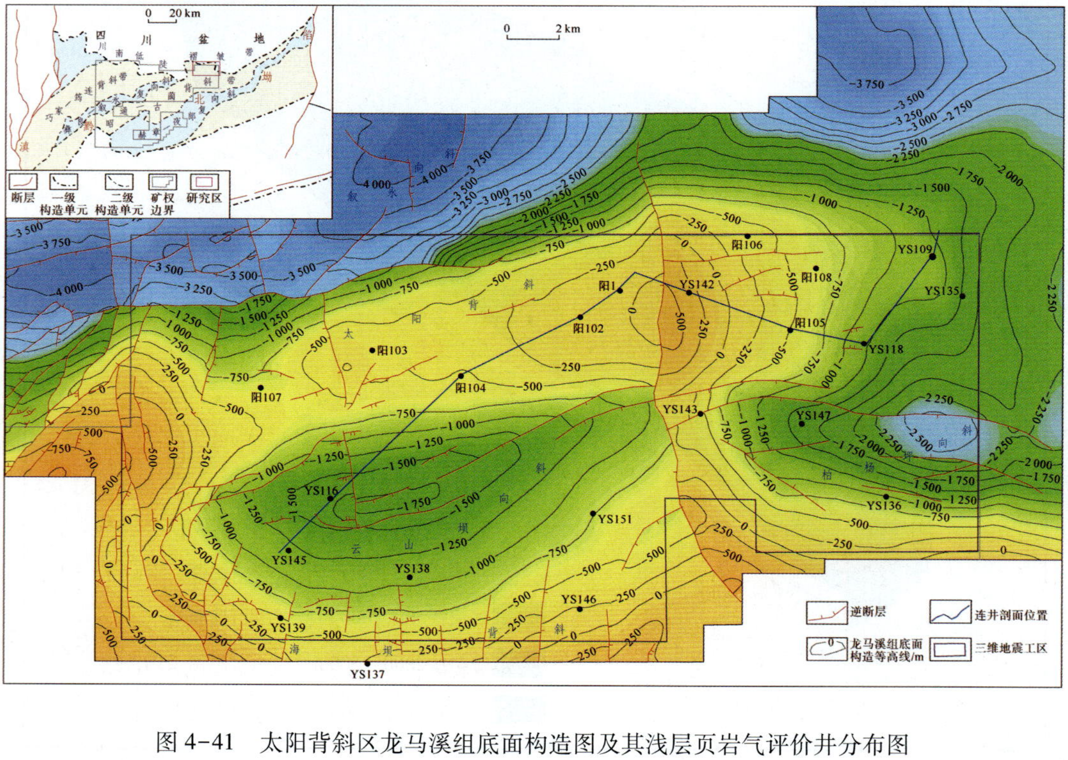

图 4-41　太阳背斜区龙马溪组底面构造图及其浅层页岩气评价井分布图

（据梁兴等，2020）

表 4-9　太阳背斜区浅层页岩气压裂测试成果统计表

井型	井名	测试深度（斜深）/m	测试产量/($10^4m^3·d^{-1}$)	水平段长度/m	试采配产/($10^4m^3·d^{-1}$)	累计产气量/10^4m^3	压力系数
直井	Y1	976.2~986.0	0.39		0.35	56.4	1.22
	Y102	768.5~778.8	1.12		0.8	46.1	1.43
	Y103	1074.0~1088.0	0.8		0.5	22.3	1.25
	Y105	1685.0~1693.8	2.06		1.7	108.4	1.29
水平井	Y102H1-1	963.0~1695.0	6.25	745	2.67	356.5	
	Y105H1-2	1798.0~2040.0	5.3	1121	3.9		
	Y108H1-1	1667.9~1833.7	6.88	1225	2.8		

（据梁兴等，2020）

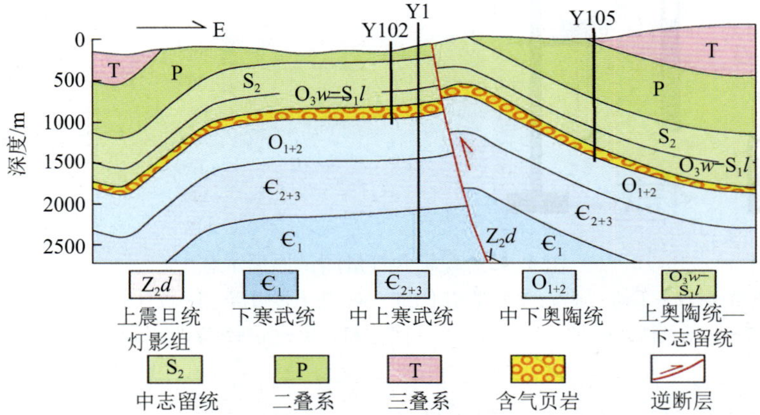

图 4-42　太阳背斜浅层页岩气成藏赋存模式图

（据梁兴等，2020）

第四节　盆缘和盆内龙马溪组页岩含气性

一、含气性测试方法

对于页岩含气性评价主要运用气测录井、岩芯含气量测试、地球物理预测等资料，可归纳为直接表征和间接表征两大类。其中，页岩含气性的直接表征参数有气测显示、含气量、含气饱和度等；间接表征参数有地层压力、地层电阻率等。

气测显示具有实时、快速、连续获取的特点，是在钻井过程中对钻井液的直接检测得到的定量数据；含气量是在现场根据取芯样品实际测量的气量；含气饱和度是根据岩芯样品在实验室测得的反映气体体积占连通孔隙体积的百分数。

页岩含气量是指单位质量页岩中所含天然气折算到0℃、101.325 KPa 时的体积，页岩含气量是计算原地气量的关键参数，对含气性评价、储量计算具有重要意义。在页岩岩芯含气量测试中，引用、借鉴煤层含气量测定方法，将解吸气量、逸散气（损失气）量及残余气量之和称为总含气量。现场解吸法是含气量测试最直接的方法。

现场含气量测试主要利用页岩气现场解析仪来测定，主要基于排水集气原理（图 4-43），通过压力传感器反馈和伺服电机实时跟踪并进行液位自动对正来实现气体体积精确计量，仪器能够每间隔 30 s 记录一个解析数据，每小时记录约 120 个计量数据，从而实现对解析过程完整的表征。通常而言，现场解析需要进行残余气测试，耗时较长且受粉碎样品过程产生热量容易导致气体膨胀，带来极大的不确定性。研究团队经过长期积累研究，创新性地采用二阶解析法，即一阶解析采用钻井泥浆循环温度，正常情况下，解析约 3 个小时后进行二阶解析，二阶解析采用 110℃，直至解析完毕（即解吸速率≤0. 005 mL/min）。

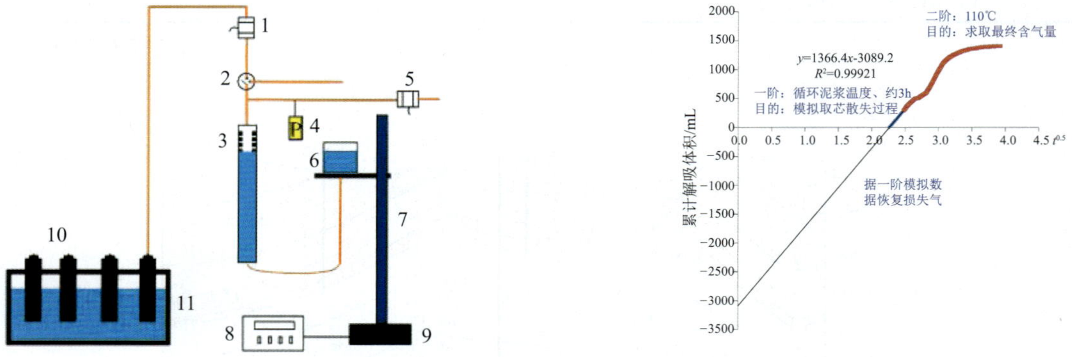

图 4-43　现场含气量测试原理示意

1—进气电磁阀；2—手动三通阀；3—玻璃储气管；4—压力传感器；5—放气电子阀；6—平衡水罐；7—传动丝杠；8—自动控制器；9—伺服电机；10—加热恒温装置；11—解吸罐；

通过此方法解析后残余气量可以忽略不计，将现场解析时间由传统的 6～20 d 左右，缩短为 20 h 左右，大大提高了解析的效率，采用该现场解析仪和基于传统解析方法进行测试样品对比，该现场解析仪测试的数据稳定可靠，精度更高，采用的现场含气量数据主要基于上述原理和方法获得。

损失气量是指钻头钻遇岩层到岩芯从井口取出装入解吸罐之前释放出的气体体积，损失气量是页岩含气量的重要组成部分，也是误差较大的一个参数。损失气在现场无法测量，必须根据损失时间的长短和实测解吸气量的变化速率进行理论计算，早期的行业标准《页岩含气量测定方法》（SY/T 6940-2013）里，提出了 USBM 直接法的两种回归公式（直线法和曲线法回归）。直线法是目前国内使用最为广泛，也是最为成熟的损失气量计算方法，不同实验室采用同一标准得到的直线法损失气量计算结果可对比，数据稳定性较好，曲线法回归得到的损失气量普遍高于直线法，但曲线法回归在极端条件下容易得到异常高或者异常低的损失气量，数据的稳定性不如直线法。为了便于对比常压区和超压区典型井五峰组—龙马溪组的含气量大小与构成，本书均采用 USBM 直线法回归获取损失气量。

二、常压和超压区含气性差异分析

对于彭水-武隆-涪陵及邻区来说，龙马溪组的有机质类型基本一致，热演化程度也大致相当，生烃物质基础基本相似，龙马溪组的含气量与 *TOC* 含量一般均表现出良好的正相关关系，因此含气量平均值可能受 *TOC* 含量影响较大，不利于客观地开展井间含气量对比。为了直观准确地对比常压区和超压区含气性差异，本书采用 *TOC* 含量与含气性参数（解吸气量、损失气量和总含气量）进行相关性分析，趋势线的斜率可以直观地表示出不同地区含气性的优劣。

图 4-44 为五峰组—龙马溪组超压区和常压区典型井现场解吸气量与 *TOC* 关系图，从图上可以看到，尽管处于不同的地区，解吸气量与 *TOC* 含量均表现出良好的正相关趋势，并且斜率也较为相似，表明常压区和超压区五峰组—龙马溪组解吸气总量差异不大。

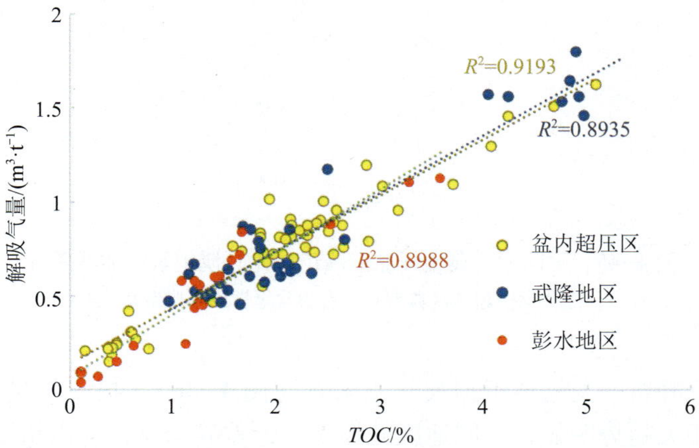

图 4-44　典型地区五峰组—龙马溪组现场解吸气量与 *TOC* 关系图

尽管常压区和超压区的解吸总量差异不明显，但页岩的解吸速率具有明显差异。表 4-10 为涪陵超压区典型井和盆缘彭水道真常压区典型井的现场解吸数据表，可以看到涪陵超压区典型井某样品页岩含气量相对较高，解吸气小于损失气，在一阶解吸过程中（一阶解吸温度选用泥浆循环温度），解吸速率快，初始解吸速率约为 14.6 mL/min，在二阶 110℃解吸温度下，初始解吸速率约为 10.8 mL/min，反映出该井含有较多的游离气，相对而言易于获得较高的产能。

表 4-10　盆内超压区和盆缘常压区典型井现场解吸数据表

序号	井号	解吸气 /（$m^3 \cdot t^{-1}$）	损失气 /（$m^3 \cdot t^{-1}$）	总含气量 /（$m^3 \cdot t^{-1}$）	一阶初始解吸速率 /（$mL \cdot min^{-1}$）	二阶初始解吸速率 /（$mL \cdot min^{-1}$）
1	盆内超压区	0.90	3.37	4.27	14.6	10.8
2	盆缘常压区	1.70	1.22	2.92	5.26	20.6

彭水道真常压区典型井某样品总含气量相对低，解吸气大于损失气，在一阶解吸过程中，解吸速率慢，初始解吸速率约为 5.26 mL/min，在二阶 110℃解吸温度下，初始解吸速率约为 20.6 mL/min，反映出该井含有相对较多的吸附气（表 4-10，图 4-45）。

总体来看，根据现场解吸原始数据分析，常压区和超压区页岩的解吸速率具有明显差异，超压区初始解吸速率大，常压区则表现出解吸曲线总体偏缓的特征。

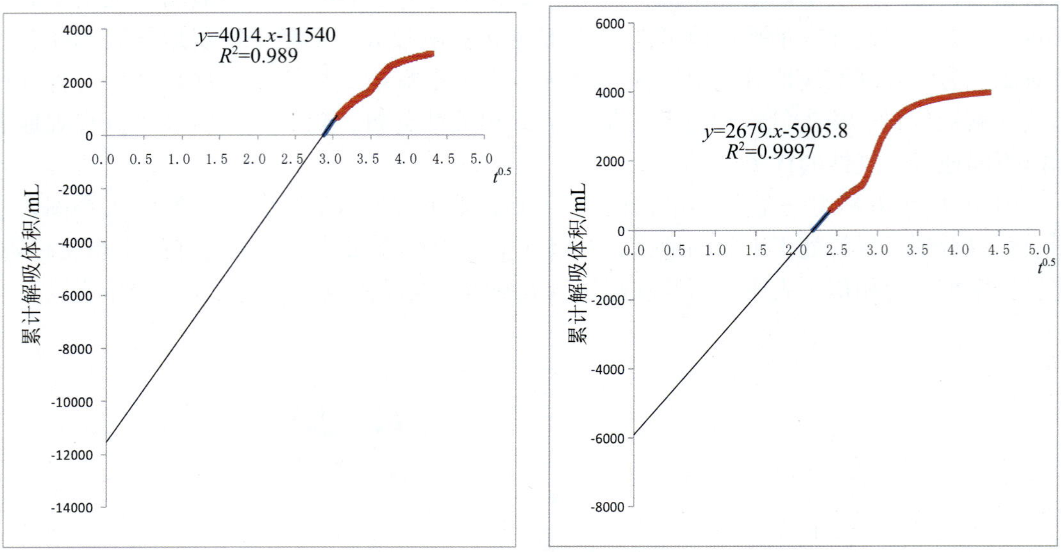

图 4-45　不同地区典型样品五峰组—龙马溪组解吸曲线差异

左为盆内超压区典型井；右为盆缘常压区典型井

从不同地区五峰组—龙马溪组损失气量来看（图 4-46），损失气量均随 *TOC* 含量的增大而增加，正相关趋势明显，不同地区的损失气量差异明显，盆内超压区损失气量的趋势线斜率明显高于武隆-彭水常压区，武隆地区又略高于彭水地区，损失气量的趋势线斜率与明显受压力系数控制，损失气量的高低与页岩气保存条件密切相关。

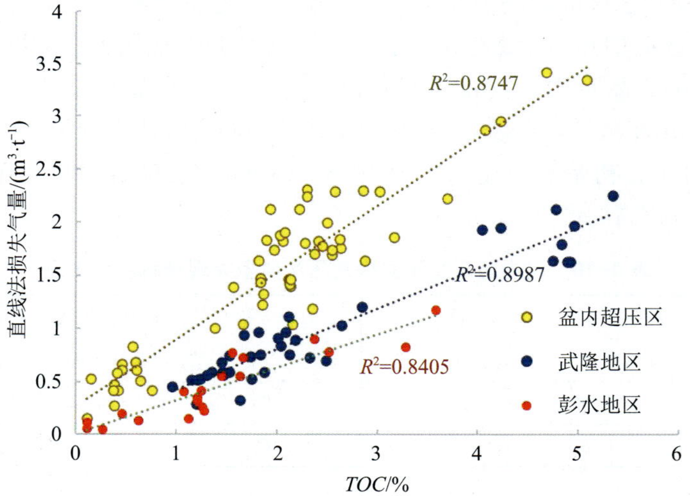

图 4-46　典型地区五峰组—龙马溪组损失气量与 *TOC* 关系图

从不同地区五峰组—龙马溪组总含气量对比来看（图 4-47），总含气量均随 *TOC* 含量的增大而增加，正相关趋势明显，由于超压和常压区五峰组—龙马溪组损失气量的不同，总含气量的差异显著，盆内超压区总含气量的趋势线斜率明显高于武隆-彭水常压区，武隆地区又略高于彭水地区，总含气量的趋势线斜率同样也受页岩气保存条件和压力系数控制。

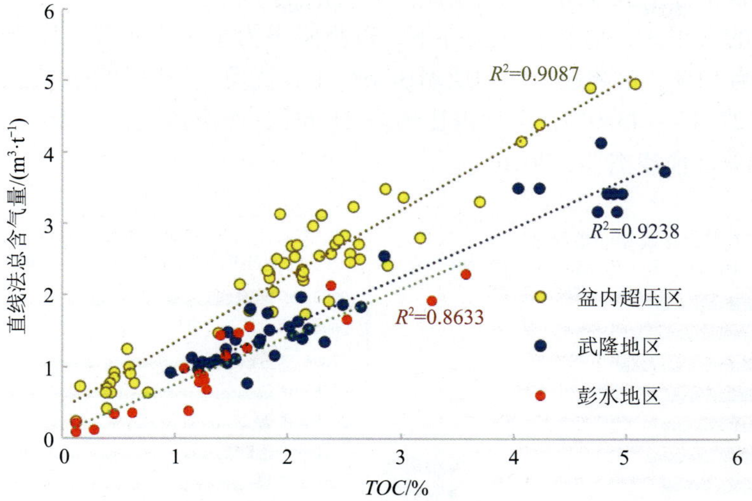

图 4-47　典型地区五峰组—龙马溪组总含气量与 *TOC* 关系图

三、解吸气占比差异特征

超压区和常压区除了总含气量的差异外，解吸气量占总含气量的比例差异也很明显，图 4-48 为不同地区解吸气量占比分布图，从图 4-48 上看，解吸气量占比与 *TOC* 含量关系不大，但超压区和常压区的解吸气占比区间差异明显，盆内超压区解吸气占比主体在 25%~40%之间，武隆常压区解吸气占比主体在 40%~55%之间，彭水常压区解吸气占比主体在 50%~65%之间，通过对比可以看出，常压区五峰组—龙马溪组页岩中，解吸气是含气量的主要组成部分，占半数比例以上。

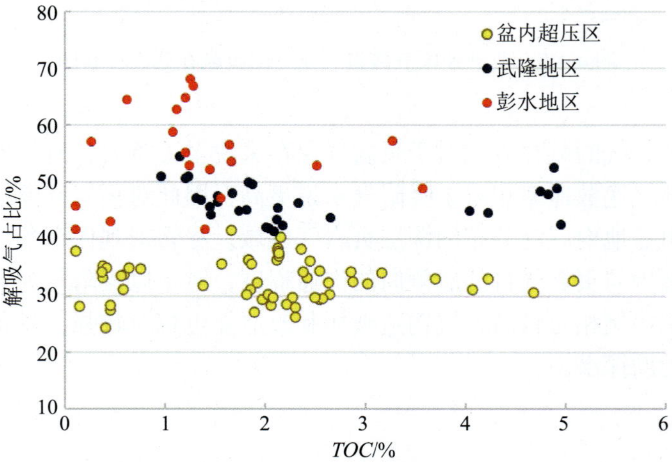

图 4-48　典型地区五峰组—龙马溪组解吸气占比分布图

四、地层条件下页岩气赋存状态差异

从地层埋藏条件下五峰组—龙马溪组页岩气的赋存状态也可以看出（图4-49），以彭页1井为代表的常压区，地层温压条件下，以吸附态为主，优质页岩段吸附气平均占比49%，游离气为51%；涪陵超压区地层温压条件下，优质页岩段以游离态为主，优质页岩段吸附气占比27.4%~43.9%，平均占比约为31.6%，而游离气占比56.1%~74.9%，平均占比为68.4%（俞凌杰等，2016）。

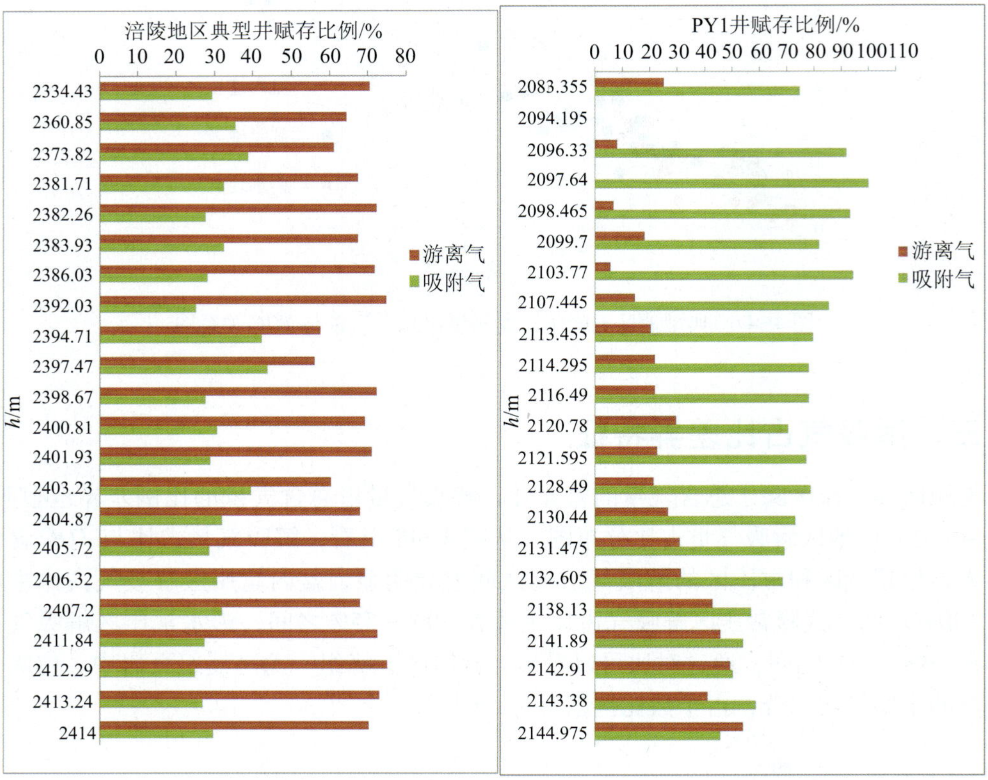

图4-49　典型地区五峰组—龙马溪组赋存状态柱状图

地层条件下页岩气的赋存方式对于页岩气保存来说至关重要，对于以游离气为主的地区来说，由于游离气逸散速率相对于吸附气来说更高，因此对页岩气保存条件的要求也相应提高，对于四川盆地内广泛分布的深层页岩气领域，尽管宏观保存条件优越，但也必须重视高陡背斜断裂带与页岩气目的层侧向的沟通程度；对于以吸附气为主的盆缘广大地区来说，由于吸附态比例相对较高，抗构造破坏和改造能也相对较强，具备一定埋深的残留向斜也具有较好的勘探潜力。

第五章　页岩生-排-滞烃-孔隙演化模式

第一节　模拟实验样品及实验条件

一、模拟样品基本参数

由于彭水及邻区五峰组—龙马溪组热演化程度偏高，在其周边找到低熟的相应层位样品较为困难，本次研究综合考虑热演化程度、矿物组成、沉积环境、有机质丰度、有机质类型等多方面，选取四川盆地西北部广元地区上寺剖面上二叠统大隆组黑色页岩作为热模拟对象。

在广元上寺剖面系统采集了11件大隆组页岩样品，并对11件样品进行了*TOC*和矿物组成分析测试（表5-1），可以看到，样品的非均质性比较强，不同样品间矿物组成和*TOC*差异较大。

表5-1　广元上寺大隆组系列低熟样品矿物组成特征

编号	R_o/%	*TOC*/%	矿物成分含量/%							
			石英	钾长石	斜长石	方解石	白云石	黄铁矿	硬石膏	黏土
SHDL-1	0.66	2.92	54	0	0	42	4	0	0	0
SHDL-2	0.62	2.93	72	0	0	22	3	3	0	0
SHDL-3	0.61	3.84	34	0	0	59	5	1	0	1
SHDL-4	0.64	9.62	47	3	0	18	5	3	0	24
SHDL-5	0.66	8.60	23	0	0	50	5	3	0	19
SHDL-6	0.62	12.08	26	0	0	36	3	7	3	25
SHDL-7	0.70	2.62	49	0	0	19	0	8	0	24
SHDL-8	0.67	13.18	42	0	0	22	5	6	0	25
SHDL-9	0.65	6.89	19	0	0	68	0	2	0	11
SHDL-10	0.69	1.58	27	0	0	71	0	2	0	0
SHDL-11	0.78	4.63	40	0	8	16	7	3	0	26

为了更加贴近龙马溪组富有机质页岩的物质组成，选择了SHDL-4号样品作为模拟样品，主要基于该样品与NY1井、JY1井、LY1井和PY1井龙马溪组的矿物组成基本类似（图5-1），大隆组的碳酸盐含量相对较高，长石含量略低。

有机质类型是影响生-排-滞效率的重要因素根据热解数据分析（图5-2、图5-3），

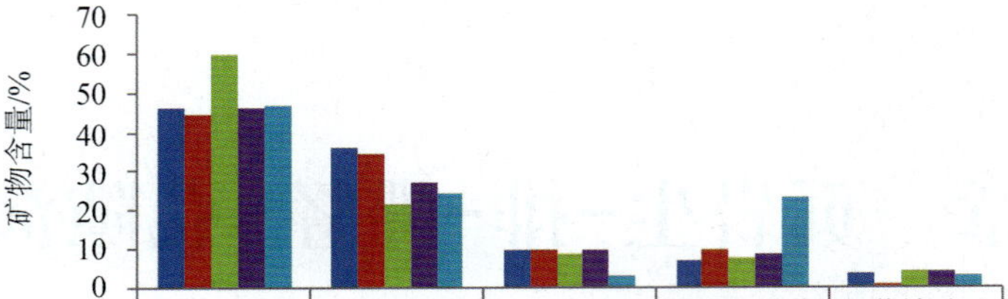

	石英	黏土	长石	碳酸盐矿物	黄铁矿
NY1井	46.21	36.2	9.32	6.96	3.47
JY1井	44.41	34.6	9.3	9.72	0.5
LY1井	59.8	21.2	8.3	7.1	3.9
PY1井	46.46	27.2	9.6	8.7	4
广元大隆组	47	24	3	23	3

图 5-1　广元大隆组与典型页岩气井龙马溪组矿物组成对比图

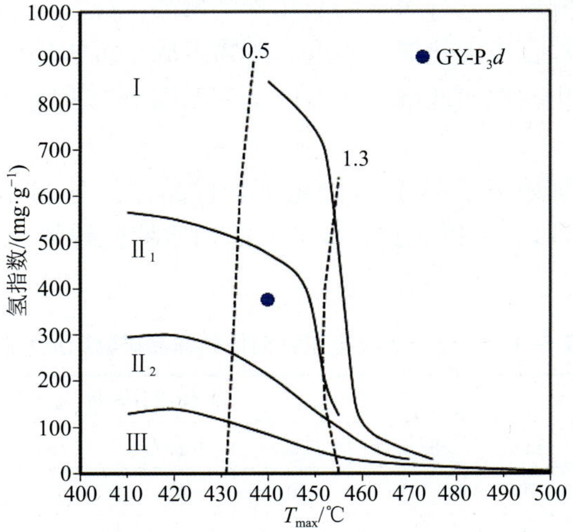

图 5-2　广元大隆组黑色页岩氢指数与 T_{max} 关系图

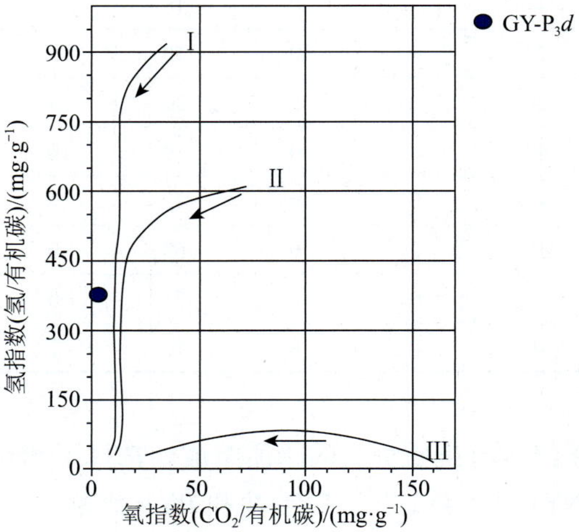

图 5-3　广元大隆组黑色页岩氢指数与氧指数关系

广元大隆组页岩的有机质类型为Ⅱ$_1$型。从干酪根碳同位素上看（图5-4），龙马溪组有机质类型为Ⅰ型，较为接近Ⅱ$_1$。总体上看，模拟样品和龙马溪组有机质类型相近，能够近似反映龙马溪组页岩的生排滞过程。

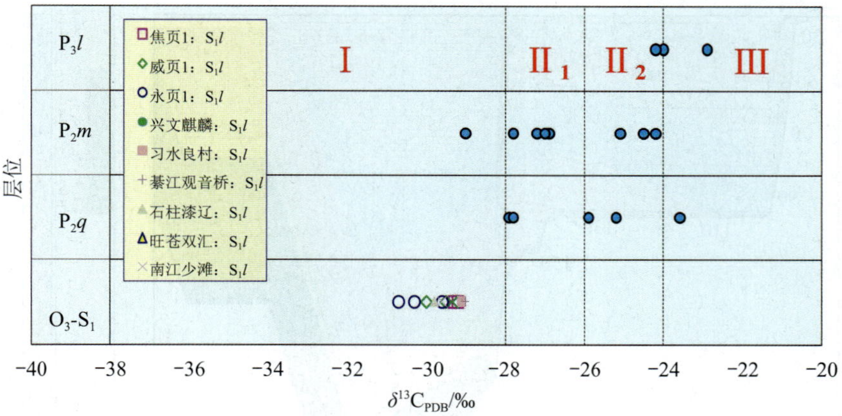

图5-4　四川盆地及周缘龙马溪组干酪根碳同位素分布图

二、模拟实验条件设置

以彭页1井的埋藏史-热演化史为地质约束（图5-5），设置9个模拟温度点及其对应的热演化程度（R_o），并确定相对应的地层埋深、静岩压力和地层流体压力值（表5-2）。然后，利用多节理脆性页岩取芯机，将页岩样品切割成直径3.5 cm、长度8～10 cm的圆柱样，一个实验取一个圆柱岩芯样品。每个实验开始前，进行反应系统试漏，待确保不漏后抽真空，加水、按设定的参数施压升温，反应结束后收集油、气、残余页岩产物。

表5-2　生排烃模拟实验温压参数设置表

序号	埋深/m	R_o/%	模拟温度/℃	静岩压力/MPa	最低地层压力/MPa	最高地层压力/MPa	压力系数
1-325	1900	0.7	325	48	19	23	1.2
2-340	2800	0.9	340	70	28	34	1.2
3-360	4100	1.3	360	102	41	49	1.2
4-400	4400	1.6	400	110	44	53	1.2
5-420	4600	1.8	420	115	46	55	1.2
6-450	4800	2.2	450	120	48	58	1.2
7-480	5200	2.5	480	130	52	62	1.2
8-500	5600	3	500	140	56	67	1.2
9-550	6000	3.5	550	150	60	72	1.2

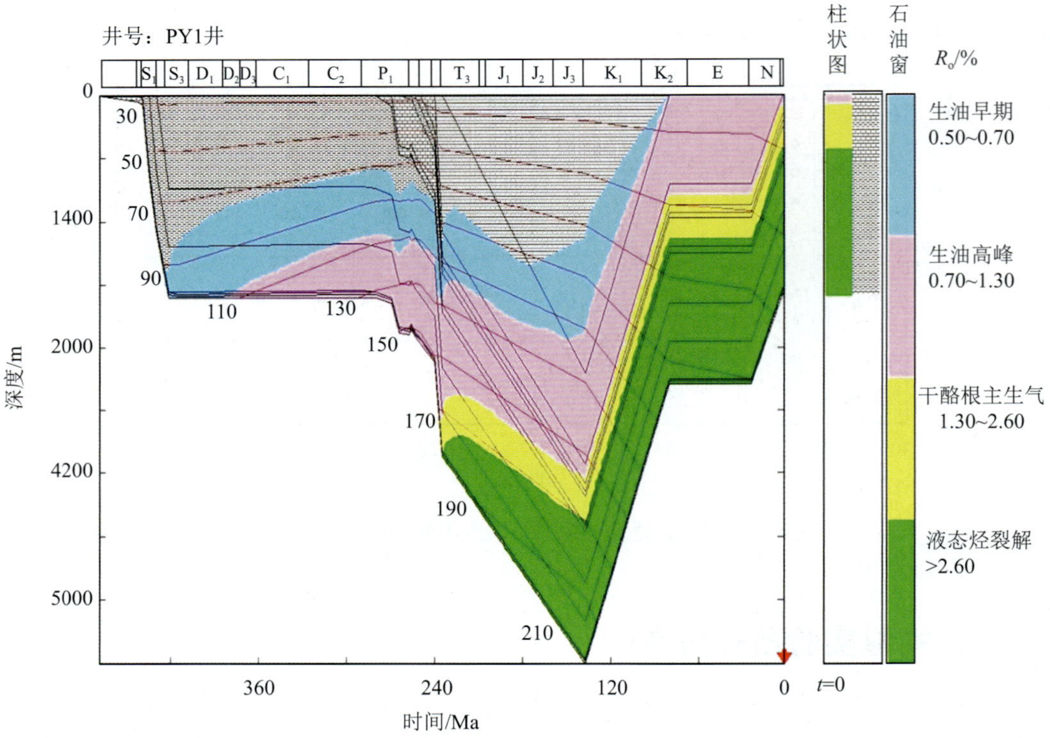

图 5-5 PY1 井埋藏史-热演化史

为了便于利用模拟残样开展孔隙相关分析，避免非均质性造成测试结果偏差，在样品相近位置垂直层理钻取 9 个圆柱样品开展模拟实验（图 5-6）。

图 5-6 模拟块状圆柱样制备

第二节　模拟实验平台与实验流程

一、模拟实验平台

本次模拟实验，采用中国石化石油勘探开发研究院无锡石油地质研究所自主研发的DK-Ⅱ型地层孔隙热压生排烃模拟仪（图5-7）。该仪器可以实现在保留烃源岩原始矿物组成结构和有机质赋存状态情况下，在与孔隙空间接近的生烃空间中完全充满高压液态水和在与地质条件相近的静岩压力、地层流体压力和围压条件下开展页岩有机质高温短时间热解模拟实验。

图5-7　DK-Ⅱ型地层孔隙热压生排烃模拟仪

二、模拟实验流程

在地层孔隙热压生排烃模拟实验过程中，流体物质充满了整个圆柱体岩芯样的孔隙空间，生烃空间与孔隙空间相差不大，因此烃源岩的热压演化是在保留样品的原始状态，在有限生烃空间内，并充分考虑到与地质条件相近的孔隙流体压力和上覆静岩压力情况下，在高温高压液态水环境中进行的。生排烃模拟实验总流程如图5-8所示。整个实验过程分为制样装样、加温加压模拟、产物的收集与定量分析和产物的后继项目分析。

1. 制样装样

考虑到烃源岩的非均质性强，为确保样品的均一性与代表性，将样品粉碎到20~60目，并充分混匀，分成若干份，然后压制成9份圆柱形样品，每个模拟温度点取其中一份圆柱形样品开展实验。依次在样品室中装入一定量的砂岩（氯仿抽提除去可溶有机质）、一定量的烃源岩，在装卸样品台上用约5 MPa的上覆静岩压力压制成直径为3.8 cm的圆

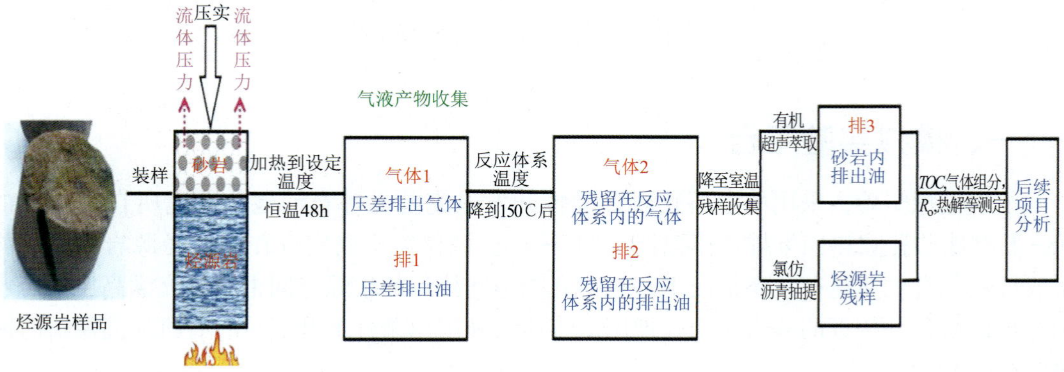

图 5-8　有限空间油气形成模拟实验一般流程

柱体小岩芯样品。

2. 加温加压模拟

1）试漏：将装有岩芯样的样品室安装在反应釜中，施压密封后，充入 5~10 MPa 的惰性气体，放置试漏，待不漏后，放出气体，用真空泵抽真空后再次充气，反复 3~5 次，最后抽成真空。

2）注水：用高压泵充入 60~80 MPa 的高压水（可以是纯水、盐水或地层水），让压制的岩芯样孔隙空间中被水完全充满（压制的岩芯样在吸水过程中，会导致流体压力不断下降，当体系流体压力不再下降时表示样品孔隙已经被水充满）。为了确保整个生、排烃系统被高压液态水所充满，升温之前流体压力为 2~3 MPa。

3）施压（静岩压力）升温：启动双向液压机的小油缸对岩芯样施压使静岩压力升至设定值；启动温度控制器和恒温炉按 1 ℃/min 的升温速率升至设定的温度，达到设定温度后恒温 48 h。

4）排烃模拟过程：对于持续沉降生排烃模拟实验，一直保持生烃反应体系与排烃装置处于连接状态，维持两个系统的流体压力相等；对于“幕式”压差生排烃模拟实验，则每当生烃体系超过排烃体系一定压力之后就打开排烃阀门进行一次排烃过程，然后再迅速关闭（可自动控制）阀门，在整个生烃过程中不断重复该过程；对于密闭生排烃模拟实验，在升温阶段早期打开排烃阀门，当生烃系统压力达到一定埋深的地层压力之后就一直关闭排烃阀门，不再排烃。本次实验采用的是“幕式”压差生排烃模拟实验，能够得到不同压力段内生排烃数据。

3. 产物收集与定量

1）气体的收集与定量：待整个反应体系温度降到地层温度（据热史设置）时，打开连接产物收集定量装置与排烃装置之间的阀门释放生排烃系统中油气水产物（图 5-9）。对于持续沉降与压差生烃、排烃模拟实验分别收集排烃装置与生烃系统的气体，对于密闭生排烃实验，只收集生烃系统的气体产物。首先排出的产物是水、气体与气携轻质油的混合物，通过液氮冷却的液体收集管分离油水与气体，油水混合物被冷冻在收集管中，气体进入计量管收集并计量其体积，用气相色谱仪分析其组成之后计算各气体物质（烃气与无机气体）的产量。

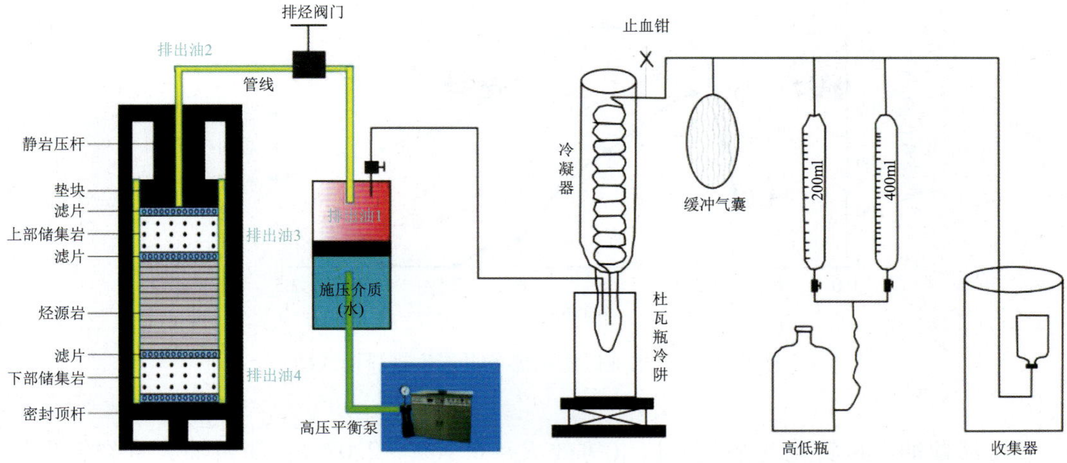

图 5-9　有限空间油气形成热解模拟实验产物收集示意图

2）排出油的收集与定量：排出油 1 是指在实验过程中当生烃系统压力与外部排烃装置存在一定差值时，开启阀门后在排烃装置中收集的油，主要是由于两个系统之间存在一定压差而排出的油。排出油 2 是烃源岩排到高压釜内壁与样品室之间的空隙和连接管道内的油。这部分排出油与压实过程有关，也与源储压差及生烃增压有关，还与高压釜内部结构（残余空间越大，油量越多）有关。排出油 3 是从烃源岩直接排到上下砂岩中的油，其主要是由于泥岩层生烃增压之后，与砂岩层之间形成一定的压差直接排进并储集于砂岩中的。

3）残留油、固体残样的收集与定量：模拟后的烃源岩残样称重后，用氯仿溶液抽提沥青“A”，即得到残留油。残留油与排出油之和称为总油，总油与烃气之和称为总烃。

4. 产物的后继项目分析

产物的后继项目分析一般包括油、气、水和模拟残渣的分析测试，计算油气产率要求进行气体组分分析、氯仿沥青“A”抽提以及等效镜质体反射率测定；孔隙演化研究则需要对残渣开展氮气吸附、余温吸附、氩离子抛光扫描电镜等分析。

第三节　模拟实验结果与生-排-滞烃模式建立

一、生-排-滞过程

图 5-10 为本次模拟实验得到的滞留油、总油和总烃产率随等效 R_o 变化曲线。本次模拟实验是根据彭水地区埋藏史参数设置的实验温压条件，近似代表彭水地区龙马溪组页岩生烃演化特征。

生排滞过程划分为 3 个阶段：

1）干酪根大量生油阶段（等效 R_o=0.70%~0.96%）：干酪根大量生油，排油效率低（13%），以滞留油为主，期间生成极少的烃气，R_o 在 0.96%时达到生油高峰，同时滞留油达到高峰。

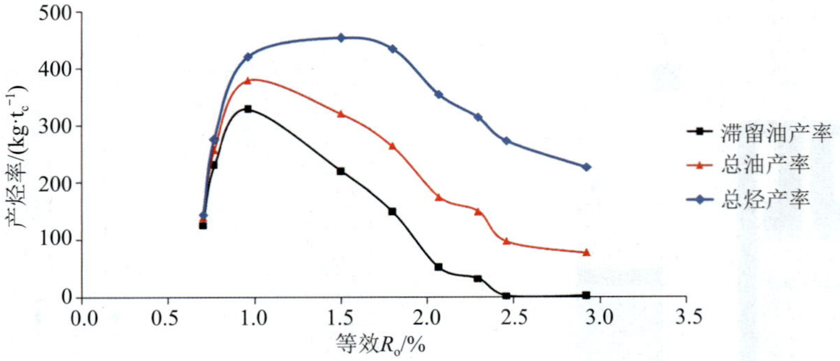

图 5-10 彭水地区海相黑色页岩生排滞模式图

2）滞留油大量转化为烃气阶段（等效 R_o=0.96%~2.0%）：滞留油大量裂解生气，滞留油量大幅度降低，排油效率逐渐增大。该阶段不仅是页岩气（滞留气）最重要的形成时期，同时也是页岩作为烃源岩向常规油气藏供烃的重要阶段。

3）滞留油继续转化为烃气阶段（等效 R_o=2.0%~3.0%）：滞留油继续裂解生气，但产率逐渐降低，基本不排油。

二、滞留油变化规律

图 5-11 为模拟实验中油产率随等效 R_o 变化曲线，主要有两个主要的阶段。第一个主要阶段是 R_o 为 0.7%~0.96%：该阶段为主要生油期，随着热演化的进行，总生油量逐渐增加，至 R_o 达到 0.96%时，达到生油高峰，此时滞留油也达到高峰；第二个主要阶段是 R_o 为 0.96%~3.0%：该阶段主要表现为排出油逐渐增加（排出油指收集装置所计量到的排出油，排出油的过程与初次运移相当），滞留油逐渐减少，其中 R_o 在 1.0%~2.0%期间，滞留油快速减少，代表滞留油开始裂解生气。

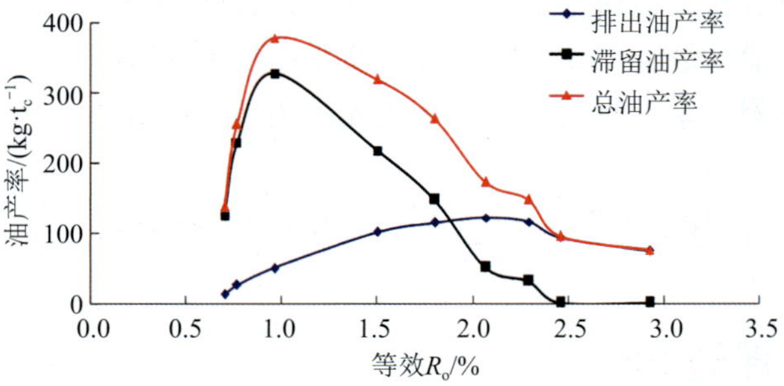

图 5-11 排出油、滞留油、总油演化模式

对于龙马溪组页岩气来说，天然气的来源主要为原油裂解气和干酪根裂解气，且以前者为主体。因此，页岩中排出油越少，则滞留油量越多，滞留油裂解生成的烃气量也就越大，页岩气的总量也就越高，可以说排出油的效率决定了页岩气总量的大小。排出油的量除了受页岩本身的岩性结构和矿物组成影响外，还受构造保存条件影响较大，可以间接地通过现今页岩中固体沥青的含量来反推滞留油的规模。

三、主要生气期

图 5-12 为模拟实验中总烃气体积产率随等效 R_o 变化曲线，这里的总烃气是指仪器收集到的总烃气，总烃气主要由滞留油裂解气和干酪根裂解气两部分组成。从图 5-12 可以看到，R_o 在 1.0%~2.0%之间，总烃气产率表现出快速增加的趋势，是页岩的主要生气期；当 R_o 超过 2.0%后，生气能力逐渐减弱，总烃气产率缓慢增加。

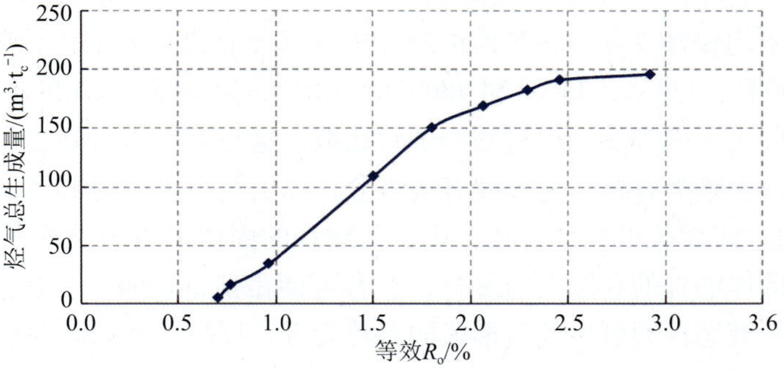

图 5-12　烃气总量演化模式

图 5-13 为模拟实验中烃气阶段产率与累积产率随等效 R_o 变化曲线，为了更好地和页岩含气量测试结果相比较，烃气产率的单位已经换算为 m^3/t（岩石）。从图 5-13 可以看出，大量生气期在 R_o = 1.3% ~ 1.9%阶段；同时还可以得出，*TOC* 为 9.83%的模拟样品，演化至等效 R_o 为 2.92%时，每吨样品能生成近 20 m^3 烃类气体。

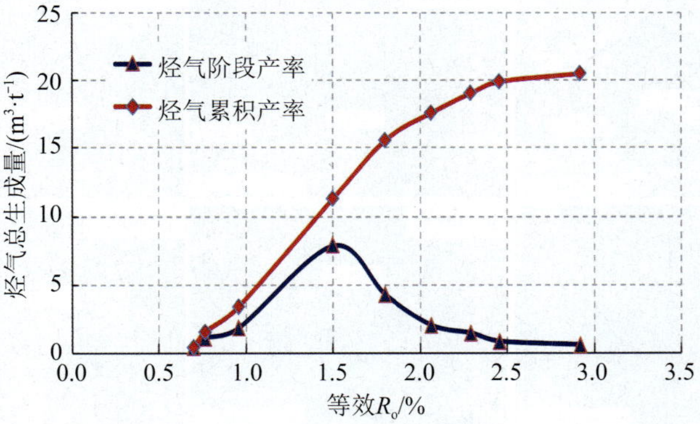

图 5-13　烃气阶段产率与累积产率随 R_o 变化曲线

第四节　有机孔演化特征

设置 325℃、340℃、360℃、400℃、420℃、450℃、480℃、500℃、550℃共 9 级加热温度，针对每一级温度的模拟产物，配套开展了成岩作用和孔隙演化过程研究。利用模拟后的固体残渣，进行氩离子抛光+扫描电镜观察（图 5-14），在生烃演化过程中，有机孔和无机孔发生了明显变化，具体的孔隙演化特征如下。

热模拟温度为325 ~360 ℃时，有机质中孔隙开始发育（图5-14a~c），这是由于有机质熟化作用而形成的，但是有机孔直径普遍较小，只有几个纳米到几十个纳米，且多呈孤立状态分布，连通性差，反映了有机孔早期发育特征。热模拟温度为400 ℃，页岩中有机质内孔隙基本不发育（图5-14d），这是可能由于生成的液态烃充填堵塞有机孔，降低了有机质孔隙度。随着热模拟温度的持续增加，页岩中有机孔的发育程度变好，特别是在热模拟温度为480℃和550℃时有机孔明显发育（图5-14h、i），有机孔的直径从几个纳米变化到几百个纳米均较好发育。在热模拟过程中，部分有机质颗粒内孔隙发育情况较差，如热模拟温度400℃、420℃、450℃和480℃时（图5-14d~g），有机质呈填充状态分布在矿物孔隙的空间中，内部发育少量的凹坑状孔隙，这与有机质组分的非均质性有关。贺儒良等（2018）认为该类有机质为极性有机组分，以生气为主，纳米孔隙发育较差。Yang et al.（2018）通过研究认识到呈板状、块状、球状的固体沥青内纳米孔隙发育差，而呈蜂窝状、堆叠状固体沥青的孔隙较为发育，前者可能是前油沥青，受压实作用影响明显，后者为后油沥青，液态烃裂解生气后形成的多孔沥青，反映了不同时期形成的固体沥青孔隙发育存在显著差异。因而在热模拟过程中，有机孔的发育不仅受控于成熟度，还同时受显微组分的影响（邓模等，2020）。

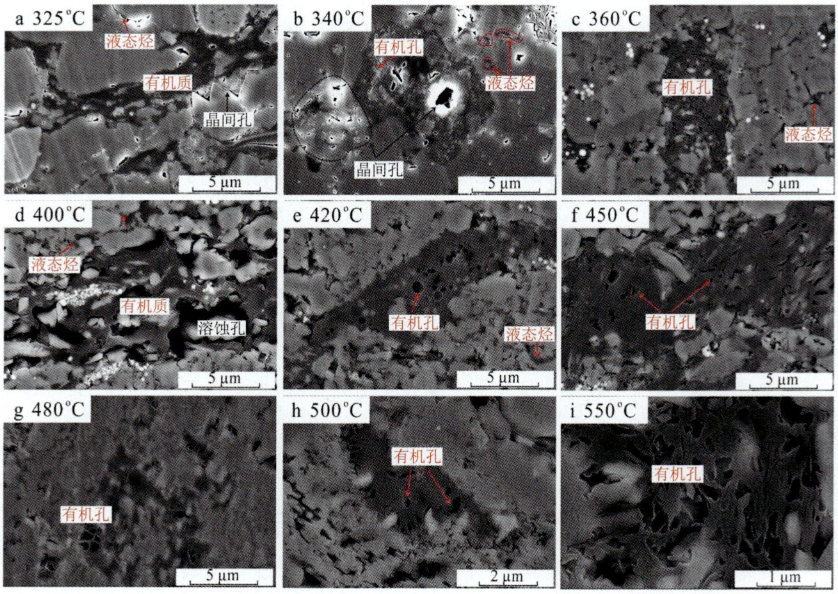

图5-14 热模拟实验不同演化阶段页岩中有机孔发育特征

a—有机孔不发育，少量液态烃分布在矿物孔中，热模拟温度325℃；b—有机孔开始密集发育，孔径较小，液态烃开始大量生成，分布在矿物孔及有机孔中，热模拟温度340℃；c—有机孔进一步发育，连通性较好，液态烃持续生成，占据矿物孔隙和有机孔空间，热模拟温度360℃；d—溶蚀孔发育较好，有机质呈块状，有机孔基本不发育，热模拟温度400℃；e—有机质内部发育凹坑状孔隙，液态烃较少，热模拟温度420℃；f—有机质呈板状、块状分布，内部发育少量不规则形状有机孔，热模拟温度450℃；g—有机质分散分布在页岩基质中，与矿物接触空间发育较好的有机孔，有机质内部有机孔发育较差，热模拟温度480℃；h—块状有机质，内部孔隙发育较少，在有机质边缘发育有机孔，热模拟温度500℃；i—分散状有机质内部极为发育的有机孔，具有很好的连通性，热模拟温度550℃

第五节　模拟过程中液态烃对储层物性的影响

一、液态烃赋存状态

页岩热模拟演化过程中，液态烃含量及赋存状态的变化是研究页岩孔隙演化的重要内容。采用氩离子抛光+扫描电镜来观察页岩中液态烃的赋存状态与页岩组分、孔隙之间的关系，液态烃多以游离态充填在原始晶间孔隙或以吸附态存在黏土表面，呈油脂光泽，滴状分布，连续性差，甚至一些黏土矿物和矿物颗粒的表面也被液态烃浸染，特别是草莓体黄铁矿表面存在油膜状的液态烃，进一步佐证了页岩中液态烃的存在和分布特征。雷裕红等（2016）和 Ko et al. （2016）依据这些特征识别了赋存在黄铁矿集合体表面晶间孔的液态烃和赋存在溶蚀孔和微裂缝的液态烃。有一部分液态烃可能赋存在有机孔中未排出，特别是在生油阶段形成的有机孔，容易被液态烃所占据，这部分液态烃会随着热成熟增加而逐渐裂解成烃气，并能够释放出被占据的有机孔以增加页岩的孔隙空间和比表面积。

在低成熟度阶段（热模拟温度为 325~420℃），页岩中存在一定量的液态烃，能够充填在泥页岩多种孔隙空间中；随着热模拟温度的增加，液态烃裂解成烃气并形成固体沥青，导致液态烃含量急剧降低，裂解后形成的固体沥青内发育大量的有机孔；在高过成熟阶段，液态烃含量很低，其对泥页岩孔隙的充填和物性的影响显著降低。

二、液态烃对氮气吸附的影响

对热模拟样品及其萃取液态烃后样品的氮气吸附曲线进行对比分析，表明除个别样品，萃取后样品的氮气吸附总量总体上具有一定程度的增加（图 5-15），但不同热模拟温度样品之间及萃取后样品的吸附/脱附曲线也存在显著的差异。具体表现为：①当相对压力 $P/P_0<0.1$ 时，热模拟温度较低（<420℃）的样品表现为很低的氮气吸附量值，随着热模拟温度增加，氮气吸附量逐渐增加，表明了热模拟温度较低时样品中微孔数量很少（李恒超等，2017），随模拟温度的增加，微孔的数量显著增加；②在中压阶段（$0.2<P/P_0<0.8$），随着热模拟温度的增加，氮气吸附量呈明显增加的趋势，揭示了中孔体积随成熟度增加而增加；③高压阶段（$P/P_0>0.8$），热模拟温度为 450 ℃和 480 ℃的样品对氮气的吸附能力最强，说明大孔体积并不随热模拟温度呈规律性增加；④萃取液态烃后，在低压阶段（$P/P_0<0.1$）和中压阶段（$0.2<P/P_0<0.8$），萃取样品的氮气吸附能力显著增强，说明液态烃被萃取后，释放了大量的微孔和中孔；但在高压阶段（$P/P_0>0.8$），萃取样品的氮气吸附能力并不是单调地增加，特别是在 450℃和 480℃呈现降低的情况。

通过模拟样品及其萃取样品的孔径分布的差异（图 5-16）分析，可见模拟样品的孔隙呈单峰型分布，孔峰分布在 14.36~23.56 nm 之间，50 nm 以后的孔隙也具有较高的孔隙体积。萃取液态烃后，样品的孔峰向更小的孔隙偏移，分布在 12~22 nm 之间，说明了液态烃萃取后释放出较多的微孔和细中孔，这也说明了液态烃主要赋存在较小的孔隙中。从整体上看，萃取样品的孔隙体积显著高于模拟样品，反映了液态烃对页岩的物性起明显的抑制作用。刘国恒等（2015）认为液态烃占据了大量的 4 nm 左右的孔隙，阻止氮气进

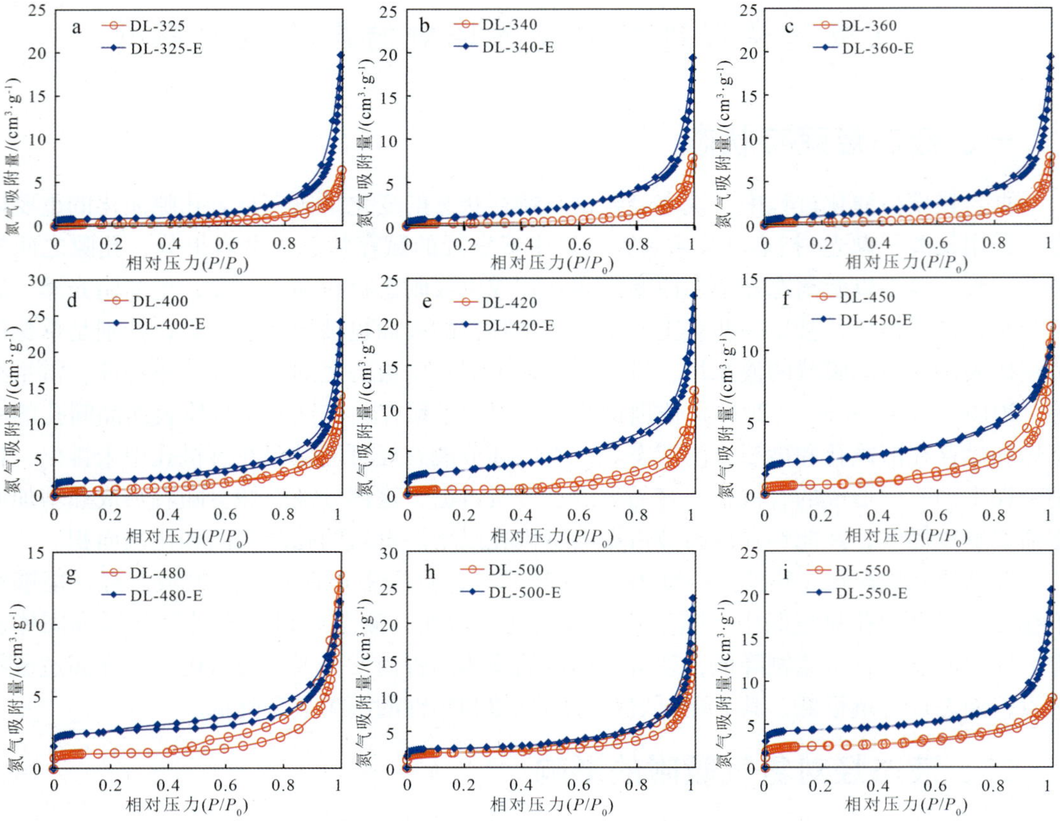

图 5-15　模拟样品及其萃取样品氮气吸附-脱附曲线

入，萃取后液态烃占据的孔隙重新暴露出来，样品具有更多的孔隙空间。潘磊等（2013）认为液态烃在低成熟页岩中赋存在小于 5 nm 的有机孔中，但在中等成熟度页岩中液态烃存在于微孔及小于 20 nm 的介孔中。崔景伟等（2013）、曹涛涛等（2018）对页岩萃取后，增加的主要是大于 10 nm 的孔隙。因此，不同页岩中液态烃占据的主要孔隙范围有所不同，一方面与样品中优势孔隙类型和孔隙发育程度有关，另一方面与液态烃本身含量多少也密切相关，因而液态烃对比表面积、孔隙空间的影响也不相同。

三、液态烃对页岩储集物性的影响

为了进一步研究热模拟温度和液态烃含量对页岩储集物性的影响，对热模拟温度与物性参数的关系，以及萃取样品后物性参数的变化特征进行了分析，其中页岩物性及与模拟温度的关系如表 5-3、表 5-4 以及图 5-17 所示。低熟原岩的比表面积为 0.92 m^2/g，模拟样品的比表面积介于 1.06~8.02 m^2/g 之间。从图 5-17a 中可以看出，模拟样品的比表面积与模拟温度之间存在较好的正相关性，相关系数 $R^2=0.68$；萃取样品的比表面积普遍增加，增幅范围为 3.11~15.37 m^2/g，增加幅度为 13.32%~442.08%。萃取样品的比表面积与热模拟温度之间的相关性变好，相关性系数 $R^2=0.87$，说明液态烃去除后释放出了大量被液态烃占据的微孔，显著增加了微孔数量和页岩的比表面积。低熟原岩孔体积为

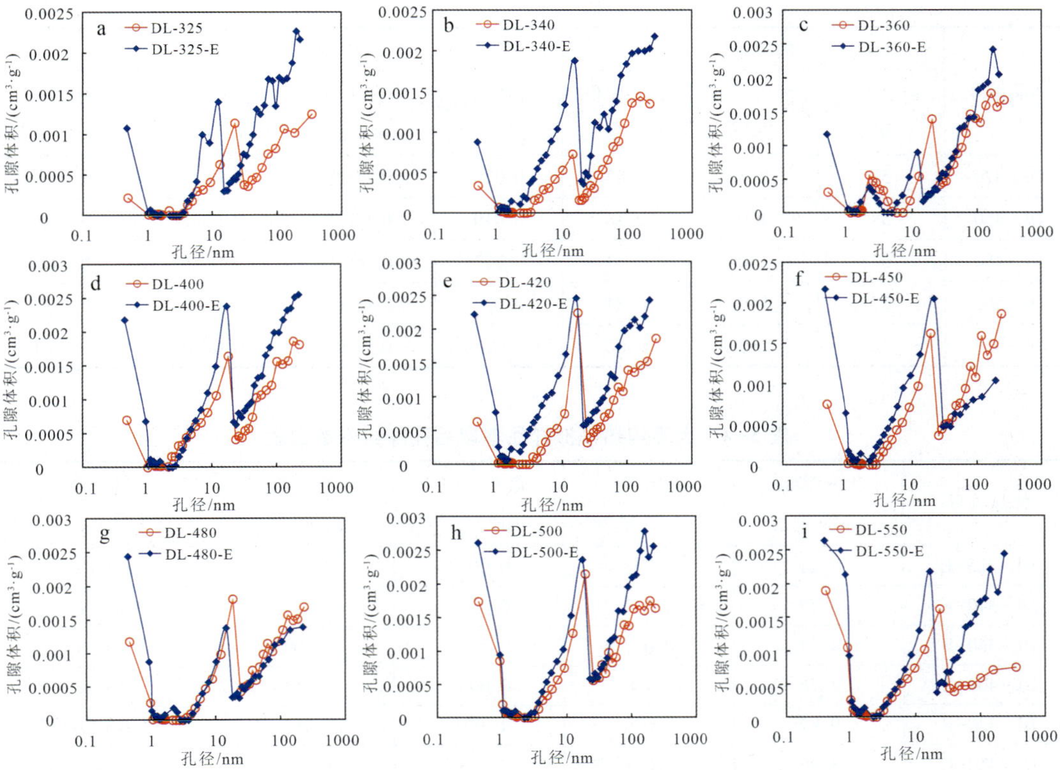

图 5-16　模拟样品及其萃取样品孔径分布特征

0.006 cm³/g，热模拟样品的孔体积介于 0.011~0.027 cm³/g 之间（表 5-3）。随热模拟温度增加，模拟样品的孔体积普遍增加，但热模拟温度与孔体积之间没明显正相关性，说明了页岩孔体积的控制因素较为复杂；萃取样品的孔体积为 0.02~0.04 cm³/g（表 5-4），整体上稍高于热模拟样品的孔体积，但少量样品也会出现萃取样品的孔体积低于模拟样品的情况（图 5-17b）。对于萃取后样品孔体积降低的情况，从图 5-17 中可以看出，主要是大孔体积的降低，可能的原因是与萃取溶剂对固体沥青、焦沥青的孔隙结构具有一定的破坏作用有关（Zargari et al.，2015）。高过成熟阶段萃取出来的部分有机质，可能是含有孔隙的沥青质，因而导致了萃取后孔体积的降低。

表 5-3　大隆组原岩与模拟样品孔隙结构参数表

样品编号	模拟条件		氮气吸附结果				
	地层压力/MPa	静岩压力/MPa	比表面积 ($m^2 \cdot g^{-1}$)	孔体积/ ($cm^3 \cdot g^{-1}$)	微孔体积/ ($cm^3 \cdot g^{-1}$)	中孔体积/ ($cm^3 \cdot g^{-1}$)	大孔体积/ ($cm^3 \cdot g^{-1}$)
DL-0	—	—	0.92	0.006	0.0002	0.0030	0.0033
DL-325	23	48	1.06	0.011	0.0004	0.0049	0.0055
DL-340	34	70	1.08	0.013	0.0005	0.0057	0.0070
DL-360	49	102	3.68	0.022	0.0006	0.0080	0.0130
DL-400	53	110	3.02	0.024	0.0010	0.0109	0.0117

续表

样品编号	模拟条件			氮气吸附结果			
	地层压力/MPa	静岩压力/MPa	比表面积（$m^2 \cdot g^{-1}$）	孔体积/（$cm^3 \cdot g^{-1}$）	微孔体积/（$cm^3 \cdot g^{-1}$）	中孔体积/（$cm^3 \cdot g^{-1}$）	大孔体积/（$cm^3 \cdot g^{-1}$）
DL-420	55	115	1.83	0.020	0.0009	0.0077	0.0115
DL-450	58	120	2.18	0.019	0.0010	0.0082	0.0103
DL-480	62	130	3.52	0.022	0.0017	0.0086	0.0120
DL-500	67	140	6.84	0.027	0.0033	0.0101	0.0140
DL-550	72	150	8.02	0.014	0.0038	0.0068	0.0030

表 5-4　大隆组热模拟样品萃取后孔隙结构参数表

样品编号	比表面积/（$m^2 \cdot g^{-1}$）	孔体积/（$cm^3 \cdot g^{-1}$）	微孔体积/（$cm^3 \cdot g^{-1}$）	中孔体积/（$cm^3 \cdot g^{-1}$）	大孔体积/（$cm^3 \cdot g^{-1}$）
DL-325-E	3.11	0.033	0.0013	0.013	0.019
DL-340-E	3.72	0.032	0.0014	0.014	0.017
DL-360-E	4.17	0.027	0.0015	0.009	0.016
DL-400-E	7.76	0.04	0.0033	0.015	0.022
DL-420-E	9.92	0.039	0.004	0.018	0.017
DL-450-E	8.26	0.018	0.0035	0.01	0.004
DL-480-E	9.01	0.019	0.0038	0.0087	0.0068
DL-500-E	9.58	0.039	0.0041	0.014	0.021
DL-550-E	15.37	0.034	0.0067	0.012	0.015

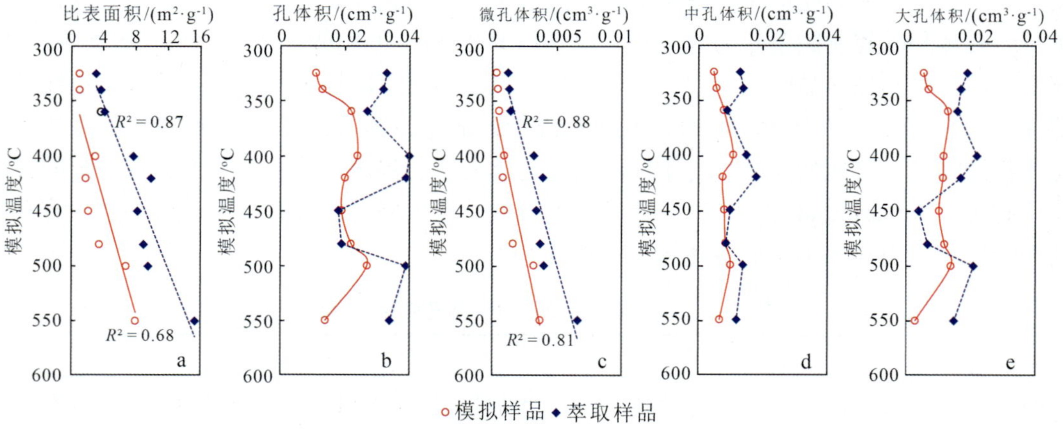

图 5-17　模拟样品及其萃取样品在不同热演化阶段页岩比表面积和孔体积变化特征

a—热模拟样品及其萃取后样品的比表面积与热模拟温度之间具有明显的正相关性；b—热模拟样品及其萃取后样品的孔体积与热模拟温度之间呈先增加、后轻微降低、再增加后降低的复杂变化趋势；c—热模拟样品及其萃取后样品的微孔体积与热模拟温度之间具有明显的正相关性；d—热模拟样品及其萃取后样品的中孔体积与热模拟温度之间呈不明显的变化关系；e—热模拟样品的大孔体积与热模拟温度之间呈先增加后降低的变化趋势，而萃取后样品的大孔体积则呈现先轻微增加、后急剧降低、再显著增加后降低的趋势为了进一步探讨液态烃通过何种方式对页岩物性进行影响，分别进行了萃取后液态烃后，热模拟温度与微孔、中孔和大孔体积之间的相关性研究。结果表明随着热模拟温度的增加，模拟样品的微孔体积呈正向增加，线性相关系数 $R^2=0.81$；萃取液态烃后，萃取样品的微孔体积显著增加，且与热模拟温度的相关性变得更好（$R^2=0.88$），揭示了液态烃主要通过占据微孔空间来抑制页岩的孔隙发育。另外，对模拟样品的中孔和大孔体积随热模拟温度的变化分析（图 5-17d、e），可以看出随热模拟温度的增加，中孔和大孔的体积没有明显增加的趋势；萃取液态烃后，萃取样品中孔体积普遍增加，但大孔体积既有增加也有降低的现象，说明有一部分液态烃会赋存在中孔内，但在大孔中赋存的较少（邓模等，2020）。

第六节　生烃演化过程对页岩孔隙发育的控制作用

泥页岩作为烃源岩和储层，其孔隙系统的动态演化不仅受无机成岩作用的控制，还受有机质的热成熟生烃作用的影响。有机质热成熟作用不仅控制有机质的形成与演化，还决定页岩孔隙的规模、分布和连通性能。结合本次热模拟样品和自然演化样品的孔隙演化过程和生烃过程结合起来，提出了整个生烃过程中的页岩孔隙演化模型（图 5-18）。

在未成熟初期（$R_o<0.3\%$），干酪根在细菌降解作用下产生生物气，由于压实和胶结作用，孔隙体积显示出快速下降的趋势。在未成熟晚期（$0.3\%<R_o<0.7\%$），未成熟油和过渡带气是主要产物，在进一步成岩作用下，孔隙体积显著减少。

在早期成熟阶段（$0.7\%<R_o<1.0\%$），生成丰富的液态烃和少量伴生气，最大孔隙体积略有增加，中孔体积增加相对明显，微孔体积增加不明显。孔隙体积的增加主要归因于干酪根的裂解（Ko et al.，2018）。在此期间，液态烃排出后，干酪根颗粒中形成少量有机孔，不稳定矿物被有机质生成的有机酸侵入形成溶解孔隙。在成熟阶段晚期（$1.0\%<R_o<1.2\%$），生油量达到峰值，孔隙体积略有减少。虽然干酪根生成的油可以形成丰富的有机质孔隙，但生成的油不能完全从页岩中排出，从而填充与矿物和有机质相关的孔隙。因此，孔隙体积呈现轻微降低的趋势。

高成熟阶段早期（$1.2\%<R_o<1.6\%$），是干酪根转化为烃类气体的主要阶段，主要产物包括甲烷及其同系物。在此期间，由于有机质孔隙的发育，微孔、中孔和大孔的体积均会增加。在高成熟阶段晚期（$1.6\%<R_o<2.0\%$），出现烃类气体的混合过渡期，来源包括干酪根和油气的裂解，导致有机质孔隙度略有增加。但最大孔隙体积出现下降趋势，因为有机质孔隙度的增加无法弥补变质作用造成的矿物孔隙度的损失。

在过成熟阶段，滞留油开始大量转化为干气，孔隙体积逐渐增大。在天然气生成的第二个峰值（$R_o=2.5\%\sim2.9\%$）期间，孔隙体积也达到了一个最大值，高于成熟阶段早期。在此期间，滞留油和沥青裂解产生大量干气，从而形成大量的多孔海绵状孔隙，显著提高了微孔、中孔和大孔的体积。随着热成熟度的进一步增加，滞留油或沥青被耗尽，由于压实和胶结作用，大孔体积急剧减少，最大孔隙体积略有降低。随着成熟度持续增加，微孔体积仍呈现轻微增加趋势，说明压实作用和胶结作用对有机质微孔的发育影响较小。

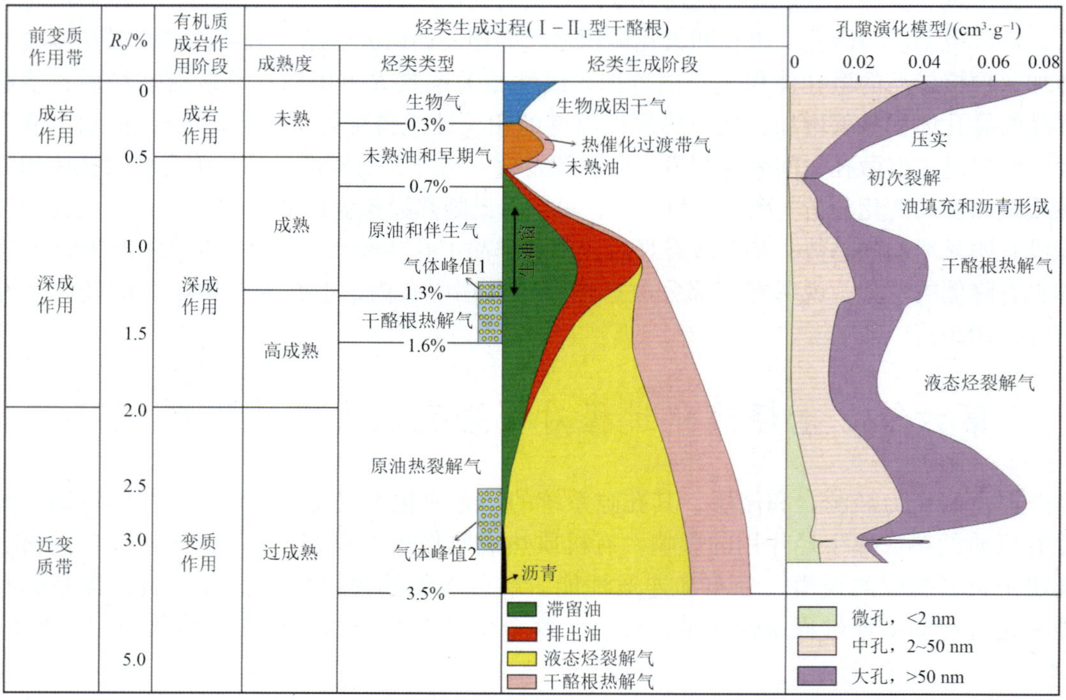

图 5-18　页岩生烃过程中孔隙演化模型

第六章　页岩滞留气量演变特征

第一节　页岩气成因与来源

以涪陵五峰组—龙马溪组页岩气田为代表，干酪根和天然气 $\delta^{13}C$ 值与四川盆地各层系烃源岩干酪根对比表明，页岩气来源于自身层系烃源岩。涪陵、彭水等页岩气井口天然气碳同位素值完全倒转，$\delta^{13}C_1>\delta^{13}C_2>\delta^{13}C_3$，同源不同期生成的天然气混合是造成这种现象的主要原因。

郭旭升等针对页岩气的成因开展了模拟实验，选取了云南禄劝地区泥盆系泥页岩开展生排烃模拟实验，样品的基本特征为：*TOC* 值为 2.64%，为 $Ⅱ_1$ 型干酪根，R_o 值为 0.48%。

模拟实验结果表明：干酪根裂解生气划分为 3 个阶段，3 个生烃高峰（R_o）值分别为 1.0%、2.1%、3.2%。R_o 值为 1.0%是生油高峰期（图 6-1a），为有机质热解生油主要阶段，同时一部分活化能较低的小分子脱落生成烃气；R_o 值为 2.1%时，由于液态烃热裂解能量较高，此时生气能力最强，之后可能由于有机质的缩聚反应生成固体沥青，生气产率下降；R_o 值为 3.0%后，由于水-岩相互作用又产生部分烃气，但从累计生烃产率趋势来看（见图 6-1b），后续生气量不大。干酪根累计生气能力为每吨岩石 2 m^3，滞留油对高-过演化阶段天然气量贡献较大，生油高峰期排油效率 68%的页岩（原始 *TOC* 值为 2.64%）滞留油累计最大生气能力为 6 m^3/t。以实验结果为基础，计算出生油高峰期之后不同演化阶段干酪根裂解气和滞留油裂解气的比例（图 6-1b），在高过成熟阶段，滞留油裂解气约占 70%，干酪根裂解气约占 30%（郭旭升等，2020）。

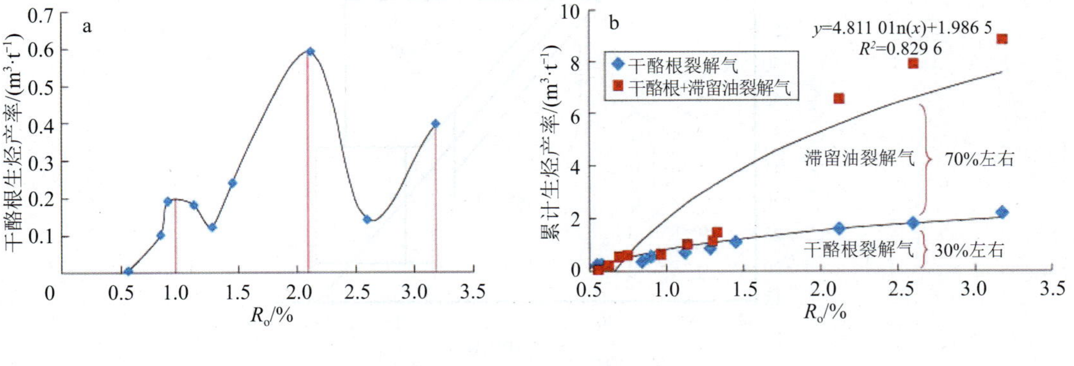

图 6-1　干酪根生烃产率与累计生烃产率

图 6-2 为基于两种端元气（干酪根与原油裂解气）在不同演化阶段、不同比例混合情况下，通过测定其甲烷、乙烷等烷烃气碳同位素值和碳同位素分馏理论计算，建立的一种预测两种端元混合气在某一演化阶段干酪根和原油裂解气贡献比例的烷烃气碳同位素图版。

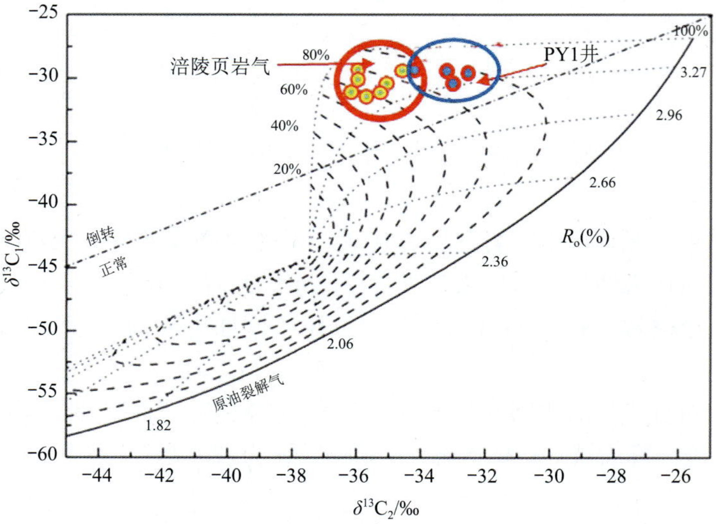

图 6-2　干酪根和原油裂解气的定量判别图版

（底图据 Zhang et al.，2018）

根据两种端元混合气的甲烷、乙烷碳同位素实测值可以预测其成熟度和混合比例范围，判识该混合气中原油裂解气的贡献比例。将现今焦石坝地区和彭水地区龙马溪组页岩气甲烷和乙烷碳同位素组成投点到定量判别图版（图 6-2），发现原油（滞留油）裂解气比例为 60%~80%，进一步验证了前述模拟实验结果的可信度。

从广元大隆组烃源岩热模拟实验生成的天然气甲烷与乙烷碳同位素关系图中可以看出（图 6-3），页岩气的成因是以滞留油裂解气为主，PY1 井、PY3 井的井口产出气甲烷与乙烷碳同位素也表现出类似的特征，进一步说明了彭水常压页岩气的成因主要是原油裂解气。

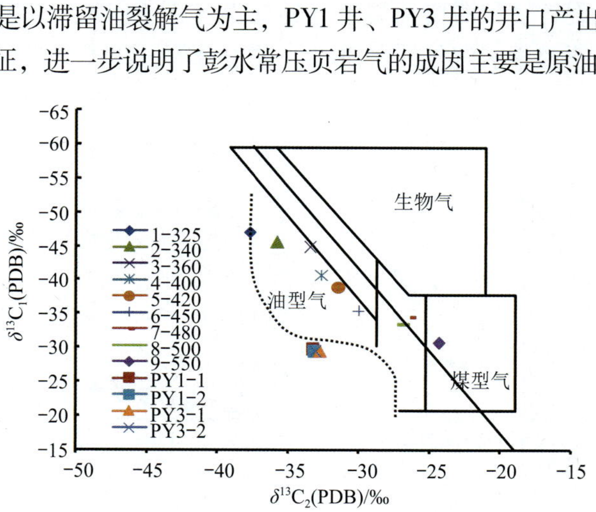

图 6-3　模拟气与井口气甲烷与乙烷碳同位素相关图

第二节　滞留油演化规律与控制因素

一、不同性质原油沥青产率

海相页岩气的来源以滞留油裂解为主，因此对于滞留油的变化规律有必要进行深入系统的研究。根据前人的研究成果，不同性质原油的固体沥青产率和烃气产率具有较大差异（郑伦举等，2008），下面介绍4种类型原油的烃类产率演化模式。

1）轻质油灰岩（以川岳84井油常规模拟实验为例，油质量占样品平均1.96%，相当于 TOC=1.65%）：生烃气演化模式（图6-4a，表6-1）的特点是：①在成熟阶段油热裂解烃气产率非常有限，镜质体反射率在1.2%以前，烃气产率为36.9 kg/t，烃气只占最高总烃气的6.9%，固体沥青产率也很低，产物主要以轻质油为主；②在高成熟阶段早期（400℃时），烃气产率为113.8 kg/t，固体沥青产率约为烃气产率的72%，开始大量产生烃类气体和固体沥青，烃气占最高总烃气的21.4%，此时烃类主要为湿气与凝析油气（一般高压釜中轻质-凝析油收集定量时有所散失，未裂解总油需要校正）；③在高-过成熟阶段烃气产率、固体沥青产率及 CO_2 产率达到最大值，500℃时烃气产率为531.81 kg/t，产物以烃气（甲烷）为主，固体沥青产率及 CO_2 产率在550℃时达到最大值。

2）正常中质原油灰岩（以虎庄47井油+TK606井油常规模拟实验为例，油质量占样品平均1.91%，相当于 TOC=1.60%）：生烃气演化模式（图6-4b，表6-1）与轻质油灰岩很相似，只是在高-过成熟阶段最大烃气产率比后者低80~100 kg/t，固体沥青产率高了30~40 kg/t。

3）稠油灰岩（以TK1111井油常规模拟实验为例，油重量占样品平均2.13%，相当于 TOC=1.79%）：生烃气演化模式（图6-4c；表6-1）与中质原油灰岩及轻质油灰岩也很相似，只是在高-过成熟阶段最大烃气产率比中质原油灰岩低50~100 kg/t，固体沥青产率高80~140 kg/t，比轻质油灰岩低140~185 kg/t，固体沥青产率高约115~165 kg/t。

4）特重质油灰岩（以广元上寺寒武系固体沥青GY-07-24仿真地层模拟实验为例，油重量占样品平均3.01%，相当于 TOC=2.37%）：生烃气演化模式与稠油灰岩、中质原油灰岩及轻质油灰岩相似特点表现为：①在高-过成熟阶段最大烃气产率比稠油灰岩低60~160 kg/t，固体沥青产率高35~155 kg/t，比中质原油灰岩低165~205 kg/t、固体沥青产率高170~235 kg/t，比轻质油灰岩低245~300 kg/t，仅相当于其烃气产率的一半，固体沥青产率高200~270 kg/t，相当于高出了30%~40%或以上；②各成熟阶段烃气产率及固体沥青产率的演化趋势模拟温度相对迟了约50℃（之后 R_o 相近）；③各成熟阶段 H_2 产率、CO_2 产率及总气体明显降低，H_2 产率仅相当于稠油灰岩、中质原油灰岩及轻质油灰岩常规模拟实验的2%~6%，CO_2 产率仅相当于稠油灰岩、中质原油灰岩及轻质油灰岩常规模拟实验的25%~45%，更符合或接近实际地层条件。

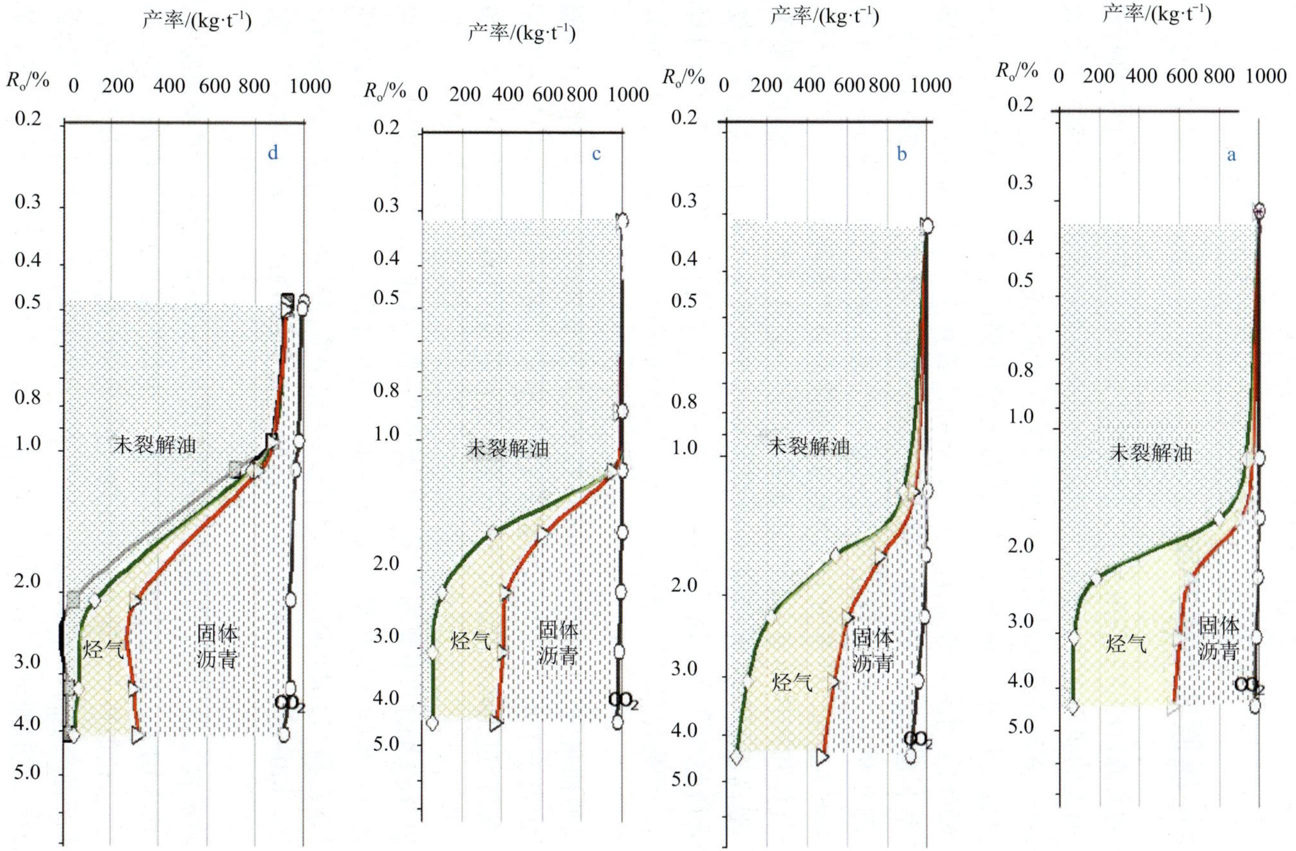

图 6-4 海相轻质油灰岩、原油灰岩、稠油灰岩和特重质油灰岩热裂解演化模式

a—轻质油灰岩，油重量占样品平均1.96%,相当于*TOC*=1.65%,川岳84井油，常规模拟实验模式；b—油灰岩,油重量占样品占样品1.91%,相当于*TOC*=1.60%,虎庄47井+TK606井油，常规模拟实验模式；c—稠油灰岩, 油重量占样品平均2.13%,相当于*TOC*=1.79%,TK1111井油，常规模拟实验模式；d—特重质油灰岩，油重量占样品3.01%,*TOC*=2.37%,广元上寺GY-07-24,固体沥青，仿真地层模拟实验模式

表 6-1　海相轻质油灰岩、中质原油灰岩、稠油灰岩常规热压模拟实验和特重质油灰岩仿真地层热压模拟实验热裂解综合数据表

岩性	模拟温度/℃	R_o/%	未裂解油/($kg \cdot t^{-1}$)	未裂解排出（气携带）油/($kg \cdot t^{-1}$)	烃气/($kg \cdot t^{-1}$)	固体沥青/($kg \cdot t^{-1}$)	CO_2/($m^3 \cdot t^{-1}$)	H_2/($m^3 \cdot t^{-1}$)	总气体/($m^3 \cdot t^{-1}$)	模拟实验	生烃气潜力评价
凝析-轻质油（1.96%）灰岩	原样	<0.32	1000			0.00					相当于Ⅰ型，以川岳84井油为例
	350	1.19	933.90	165.33	36.90	26.57	98.68	0.00	128.93	地层	
	400	1.63	801.15	108.28	113.81	81.94	139.41	10.97	264.21		
	450	2.23	185.83	45.64	470.43	338.71	254.54	80.07	758.12		
	500	3.06	70.63	36.90	531.81	380.60	579.07	107.99	1310.33		
	550	4.42	61.08	35.63	510.98	406.48	879.98	259.31	1820.25		
中质原油（1.91%）灰岩	原油样	<0.32	1000								相当于Ⅱ1型（以虎庄47井油+TK606井油为例）
	350	1.19	878.73	498.90	60.80	58.24	137.03	152.44	353.43	地层	
	400	1.63	540.98	240.84	230.89	221.17	183.91	186.38	605.21		
	450	2.23	217.04	159.77	393.03	376.49	272.76	219.05	861.95		
	500	3.06	102.68	106.15	435.53	417.20	505.17	295.14	1354.40		
	550	4.42	48.41	63.55	433.62	433.50	765.11	586.22	1964.26		
稠油（2.13%）灰岩	原样	<0.32	1000								相当于Ⅱ型（以TK1111井油为例）
	300	0.87	992.17	111.50	2.53	3.19	71.62	104.85	235.75	地层	
	350	1.19	946.24	155.21	22.62	28.51	49.69	137.34	261.41		
	400	1.63	450.21	147.27	241.90	304.79	80.97	205.50	517.77		
	450	2.23	134.66	78.83	380.67	479.64	188.51	276.57	862.71		
	500	3.06	94.75	64.59	392.29	495.99	285.48	346.84	1158.36		
	550	4.42	77.88	60.32	328.58	572.07	237.87	526.89	1555.00		
固体沥青（超重油3.01%）灰岩	原样	0.48	937			63.00					相当于Ⅱ型（以GY-07-24井寒武系固体沥青为例）
	300	0.5	931.67	6.11	0.20	63.51	7.41	34.45	47.80	地层	
	350	0.96	880.81	15.29	1.96	98.21	30.53	37.39	70.89		
	400	1.1	785.64	71.64	33.55	147.88	52.87	9.65	126.28		
	450	2.10	134.23	95.45	171.87	639.84	86.77	7.15	244.16		
	500	3.24	64.11	42.76	233.38	650.48	83.52	4.10	343.14		
	550	4.09	48.43	31.25	266.28	605.86	127.52	10.22	464.94		

轻质油灰岩、中质原油灰岩、稠油灰岩、特重质油灰岩热裂解演化主要特征：①最大烃气产率：轻质油灰岩（531.81 kg/t）>中质原油灰岩（435.53 kg/t）>稠油灰岩（392.29 kg/t）>特重质油灰岩（266.28 kg/t）；对应固体沥青产率：特重质油灰岩（605.86 kg/t）>稠油灰岩（495.99 kg/t）>中质原油灰岩（417.2 kg/t）>轻质油灰岩（380.6 kg/t）。②一般缺少干酪根烃源岩的未成熟阶段，成熟阶段与干酪根烃源岩类似，

相当于 R_o=0.7%~1.2%，可以产生和排出一些轻质油，烃气产率很低，难以向气态烃转化，不溶固体沥青产率、CO_2 产率等也很低。在成熟晚期-高成熟阶段，相当于 R_o 为 1.0%~2.0%，模拟温度变化在375~450℃之间，主要产生凝析油湿气，油随温度升高快速下低，烃气产率急剧增高，烃气量占总生烃量的60%~70%；过成熟阶段，相当于 R_o>2%，模拟温度大于475℃，主要产生烃气（甲烷）为主，随着气体变干（干燥系数大于90%），转化率会下降，这是因为重烃气（C_{2+}）裂解成 C_1，由于氢源不足，一个 C_2 难以裂解为两个 C_1，自然总烃气产率会下降。

二、固体沥青识别统计与滞留油量反演

与常规储层中的固体沥青不同，烃源岩岩石薄片中观察到的固体沥青图像以灰色或者偏灰色为主。烃源岩中颗粒之间连接紧密，不易看到明显的孔隙和裂缝，固体沥青分布规律不明显。另外，除了固体沥青外，还含有大量沉积时期形成的有机质，这种有机质颜色与固体沥青几乎一致，难以辨别。因此，为了更加准确地统计烃源岩中固体沥青的含量，必须对固体沥青的观察方法和统计方法进行改进。

识别烃源岩中的固体沥青方法有普通薄片法和光薄片法。对于普通薄片而言，在透射光下可以清晰地观察到有机质组分和形态特征，但是在透射光下观察普通薄片时，容易受到薄片厚度的影响，厚度越大，观察到的有机质越多（图6-5、图6-6），在统计固体沥青时容易导致其含量偏大，因此不能采用此方法进行固体沥青统计。对于光薄片而言，取垂直岩石层面或者平行岩石层面的样品，将其表面打磨平整，在反射光下观察，可以清晰地识别有机质形貌和不同类型的显微组分。因此将岩石样品制成光薄片在反射光下对其观察，既能识别不同的显微组分，也能更加准确地统计其含量。

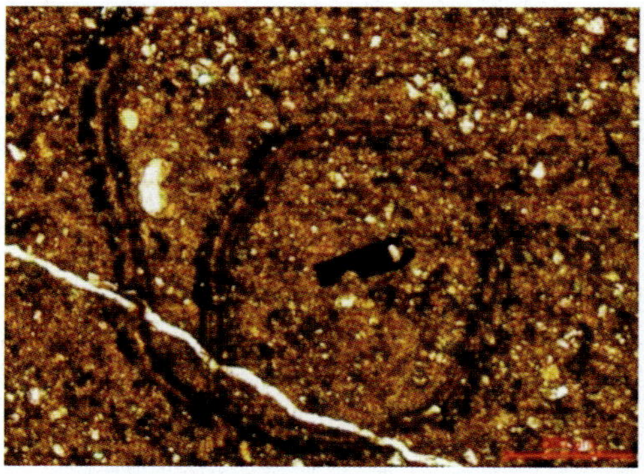

图6-5　普通光学显微镜下固体沥青特征

将光薄片放置显微镜下通过反射光观察，可以区分出有机质与矿物组分。在反射光下，石英、方解石等矿物的反射光强度比有机质弱、表面更粗糙并且具有一定的几何形态。非透明矿物主要是黄铁矿，它的反射光较强，且通常呈圆状或正六边体形。另外，光薄片还可以在反射光下识别出不同类型的显微组分，包括藻质体、前油沥青、无定形体、微粒体和惰质体等显微组分（图6-7）。固体沥青充填于微孔和微裂隙中，呈粒状及细脉状。因此，基于光薄片观察技术能够识别出烃源岩中的固体沥青形貌及含量。

图 6-6　扫描电镜下固体沥青特征

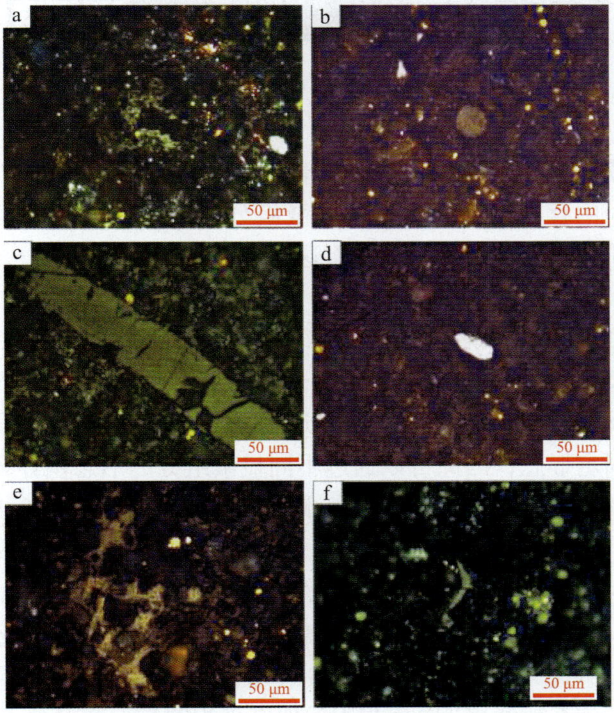

图 6-7　不同类型显微组分显微特征

a—无定形体，表面噪点较高；b—前油沥青，圆状；c—藻质体，长条状；d—惰质体，反射光较强，呈灰白色；e—固体沥青，充填于矿物颗粒之间；f—藻质体

1. 依据反射率区分矿物与有机质

在烃源岩中，主要的矿物成分是黄铁矿、石英和黏土矿物等。与有机质相比，这些矿物在颜色上呈现出明显的差别。具体而言，黄铁矿的反射光较强，亮度高，易加以区分；石英颗粒在反射光下呈现出灰色、亮灰色特征；黏土矿物几乎不反光，呈现深灰色或者黑色的特征。有机质通常呈现出乳黄色或者金黄色特征。因此，通过颜色极易区分有机质和

矿物颗粒（图 6-8）。以黄铁矿与固体沥青为例，黄铁矿的三原色分别为 206、209 和 218，而固体沥青的三原色为 154、151 和 144，两者极易被区分。

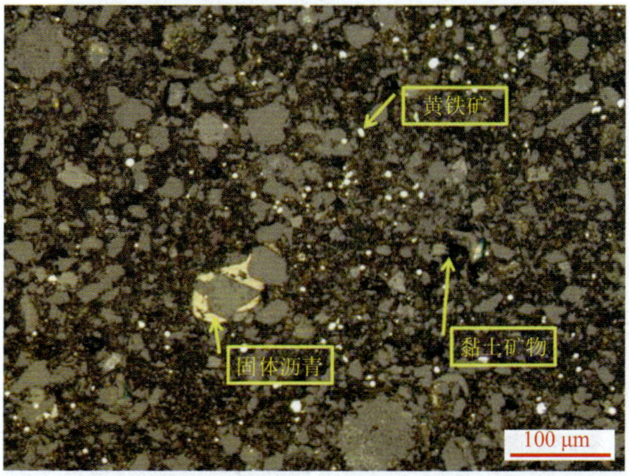

图 6-8　无机矿物与有机质发射率特征对比

2. 依据产状区分不同显微组分（固体沥青与其他有机质）

在龙马溪组页岩中存在着不同类型的显微组分，主要有藻质体、无定形体、前油沥青、后油沥青和惰质体等显微组分。如何将这几类显微组分进行区分，是固体沥青能否被定量统计的前提。

通过大量的显微观察，发现这几种显微组分在形态和颗粒内部特征上具有明显的差异。固体沥青颗粒表面在反射光下较为均一；无定形体中由于混有部分的黏土矿物等杂质，使得其表面在反射光下不均一。藻质体通常呈长细条状；前油沥青呈圆状、次圆状等，而固体沥青无固定形态，因此可以通过不同显微组分的形态差异将三者进行区分。除此之外，惰质体与以上 4 种显微组分在颜色上均明显不同，惰质体反射率较高，亮度大，极易识别。

对这 5 种显微组分形态特征进行数学上的量化是进行定量识别的基础。通过对比和统计发现，形状系数、非均质性和分形维数这 3 个参数能够反映颗粒的形态和内部结构是否均匀。形状系数的表达式为 $4\pi S^2/C^2$，其中 S 表示颗粒的面积，C 表示颗粒的周长，当颗粒的形态约接近圆，该系数约接近 1。非均质性定义为测量偏离对象平均光强度 10%像素的比例，当颗粒内部中出现噪点或者混杂黏土矿物会使其与颗粒基质颜色产生差异，导致颗粒的非均质性增加。分形维数表示颗粒内部和边缘的非均质性程度，当数值越大，表明颗粒边缘结构及其内部分布越复杂，其表达式为 $D=-\text{Log}N/\text{Log}R$，其中 N 表示划分网格的数量，R 表示网格大小。

对典型的显微组分进行识别和量化，分别获取其形状系数、非均质性和分形维数 3 个参数值。结果表明固体沥青形状系数在 0.23~0.33 之间，非均质参数在 0.03~0.05 之间，分形维数在 1.14~1.19 之间（表 6-2）。与固体沥青相比，无定形体的非均质性参数和分形维数分别为 0.34~0.47 和 1.12~1.22，其中非均质性参数与固体沥青存在较大的差异。前油沥青的形状系数和非均质分别为 0.75~0.94 和 0.37~0.57，这两个参数与固体沥青之间存在很大差异，表明前油沥青形状更加规则，且非均质性更强。藻质体的形状系数和非均质性分别为 0.43~0.64 和 0.17~0.25，与固体沥青对应的参数存在明显差异，但是藻质体的形状系数较前油沥青小，表明藻质体形态规则程度介于固体沥青和前油沥青之间。

表 6-2　不同显微组分参数特征

显微组分类型	形状系数	非均质性/%	分形维数
固体沥青	0.23~0.33	0.03~0.05	1.14~1.19
无定形体	0.22~0.31	0.34~0.47	1.12~1.22
前油沥青	0.75~0.94	0.37~0.57	1.72~1.88
藻质体	0.43~0.64	0.17~0.25	1.34~1.55

3. 不同显微组分拉曼光谱特征

为了进一步验证采用数学定量方法对不同显微组分的识别是否准确，对两块不同地区（分别为 JY2 井和 YS118 井）的龙马溪组页岩中的显微组分进行了拉曼光谱分析（图 6-9）。对 JY2 井的页岩样品分析表明，激光拉曼光谱将显微组分分为 3 种类型，分别为结构藻质体、固体沥青和惰质体。通过对激光拉曼光谱中的 D 峰和 G 峰的参数分析发现：G-D 峰位移差参数中，结构藻质体>惰质体>固体沥青；D 峰与 G 峰的强度比表明，结构藻质体≫固体沥青>惰质体；D 峰与 G 峰的半峰宽比（*FWHM*）表明，结构藻质体≫固体沥青>惰质体。除去对惰质体分析，G-D、I_D/I_G 和半峰宽等参数均表明，总体上具有结构藻质体>固体沥青的特征。以上这些特征表明，结构藻质体中的-C-H-键含量最少，碳化强度最高。

对 YS118 井龙马溪组页岩分析表明，该块样品中同样含有 3 种显微组分，即结构藻质体、固体沥青和惰质体。通过对激光拉曼光谱的参数分析发现，峰强度也呈现结构藻质体>固体沥青>惰质体的特征，半峰宽比同样也具有以上规律。因此，通过拉曼光谱分析，也进一步间接的验证了形态参数法对不同显微组分定量统计的准确性。

4. 页岩中固体沥青的定量统计

为了解决细小颗粒在高倍显微照片的色散问题，对图像进行腐蚀运算，以清除孔隙间的细小连接以及因色散导致的假象，获得真实的沥青面积。通过腐蚀计算发现，进行腐蚀计算后显著提高了有机质颗粒的识别数，降低了识别面积。通过建立不同显微组分的定量识别特征和参数，对每张显微照片进行定量识别和统计，提高识别精度。以 JY2 井中的样品图像为例，具体操作如下：首先，获得整个图像的像素值；其次，利用矿物与有机质的颜色差异，获得除惰质体以外的所有有机质颗粒的面积、形状系数、分形维数和非均质性等参数；再次，根据不同显微组分的特征参数，对显微组分颗粒进行筛选，并注重筛选固体沥青颗粒，以获取固体沥青的面积；最后，获得该图片的不同显微组分的特征和比例。

总体而言，通过该方法处理能够降低有效颗粒识别个数和像素点识别数量，提高了统计的准确性。因此，对于固体沥青的识别和定量统计方法可总结为：固体沥青形态不固定、表面结构相对均一，可通过形状系数和分形维数进行识别。在高成熟度烃源岩的光薄片反射光下未见无定形体、惰质体偶见、具有高反射率，可以通过颜色加以区分。

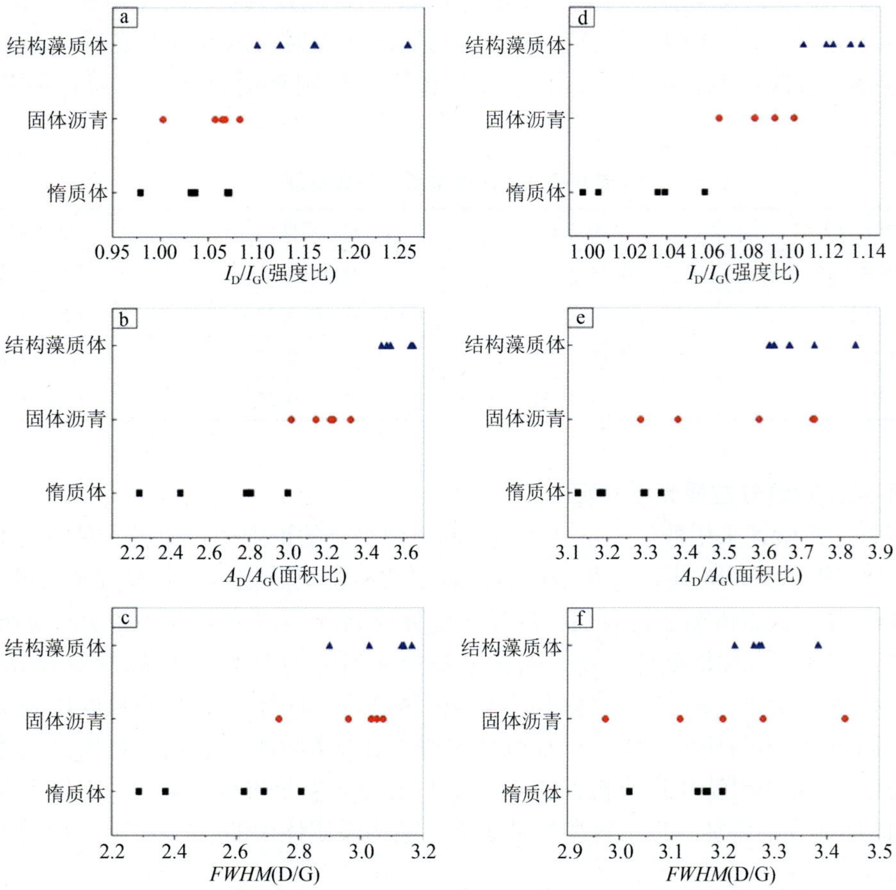

图 6-9 不同显微组分激光拉曼特征

左为 JY2 井；右为 YS118 井

三、典型井滞留油量反演

1. 固体沥青赋存状态及发育特征

五峰组—龙马溪组烃源岩中固体沥青主要以呈块状充填于碎屑颗粒或者裂缝之间，总体上以充填于碎屑颗粒孔隙之间的居多，以基质固体沥青为主，偶见裂缝充填状沥青，这些固体沥青的存在形态多为微粒体。在五峰组—龙马溪组黑色页岩中存在大量的沥青孔隙，这类孔隙通常赋存在颗粒晶间孔隙之间，特别在固体沥青内部具有大量的蜂窝状孔隙（图 6-10），该类孔隙粒径较小，最大仅几百个纳米。泥质岩所见的碳质沥青多呈不规则小透镜体状或细脉状，细脉多围绕某种碎屑充填于方解石包裹体微裂隙中，总体上多平行分布。在黑色页岩中也见呈细脉状穿层分布的碳沥青脉，脉体细小且连通性差。微粒体分布非常广泛，在各种类型烃源岩中均可见，但粒度小、较分散，总量不多。垂向上，在龙马溪组上段的粉砂质泥岩和泥质粉砂岩，几乎未发现固体沥青；在龙马溪组下段页岩中，固体沥青非常发育，主要充填于孔缝中、层理缝、生物体腔孔等（图 6-11），其固体沥青含量在 0.2%~2%之间，分布在硅质泥岩、钙质泥岩和黏土质泥页岩中。

图 6-10　五峰组—龙马溪组固体沥青形态和孔隙特征

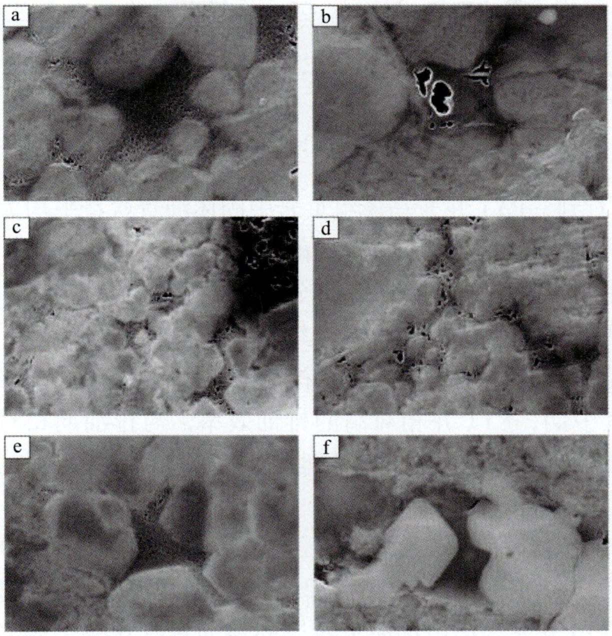

图 6-11　川东-川南地区五峰组—龙马溪组下段固体沥青发育特征

a—固体沥青中蜂窝状孔隙，固体沥青充填于石英矿物中，LS2 井；b—固体沥青中呈现较大的圆孔，固体沥青充填于粒间孔中，H201 井；c—固体沥青中为蜂窝状孔隙，JY2 井；d—固体沥青中为蜂窝状孔隙，微孔和介孔共存，长宁双河剖面；e—充填于石英中的固体沥青，固体沥青中呈现蜂窝状孔隙，YS 118 井；f—固体沥青充填于石英矿物颗粒之间，固体沥青中无孔隙，YS118 井

2. 超压区和常压区典型井固体沥青统计与排油效率

从图 6-12 可以看到，JY2 井龙马溪组页岩中固体沥青含量平均为 0.9%，利用生排烃演化过程中原油裂解转化为天然气和固体沥青的关系，计算出排油效率平均 58%。

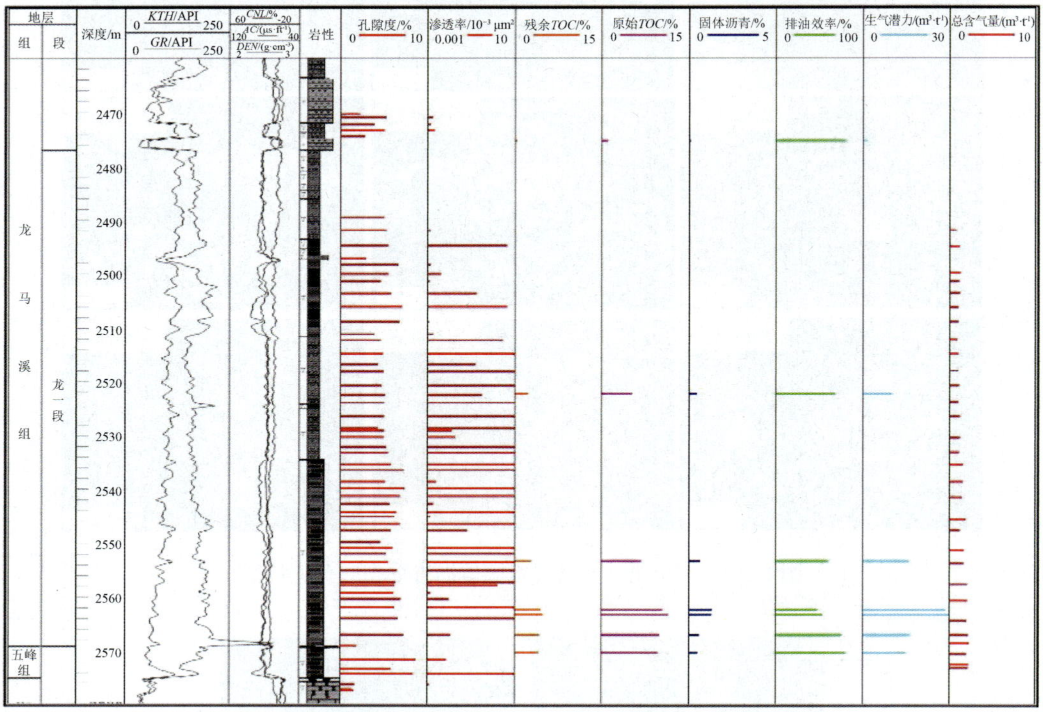

图 6-12　JY2 井五峰组—龙马溪组固体沥青统计柱状图

从图 6-13 可以看到，PY1 井龙马溪组页岩中固体沥青含量平均为 0.3%，相对于 JY2 井龙马溪组页岩中的固体沥青含量来说显著偏低。这表明在排油阶段，彭水地区的封闭性相对较差，导致排油效率较高，滞留油相对较少。同样利用生排烃演化过程中原油裂解转化为天然气和固体沥青的关系，计算出 PY1 井排油效率平均 79%。

根据 PY1 井的热演化史恢复结果，大量排油期（R_o=1.0%~2.0%）对应的地史阶段为三叠纪至早侏罗世中期，PY1 井相对高的排油效率，与排油期相对较强的构造改造有关。彭水地区距离雪峰推覆体相对近于焦石地区，因此其封闭性比焦石地区要差，导致该区的排烃效率偏高。

图 6-14 和图 6-15 分别是超压区-常压区过渡带的 LY2 井和 JY10 井龙马溪组页岩的固体沥青统计柱状图，从图中可以看出，LY2 井龙马溪组优质页岩段固体沥青 0.74%，排油效率平均 76%；JY10 井龙马溪组优质页岩段固体沥青 0.66%，排油效率平均 72%。这反映了处于超压区-常压区过渡带钻井龙马溪组优质页岩的排烃效率低于彭水常压区，高于涪陵超压区。

横向上看，相对于超压区来说，彭水常压区由于排油期封闭性相对较差，导致排油效率偏高，页岩气来源的基础相对偏弱（滞留油相对偏少），是现今含气性相对较差的重要原因之一。

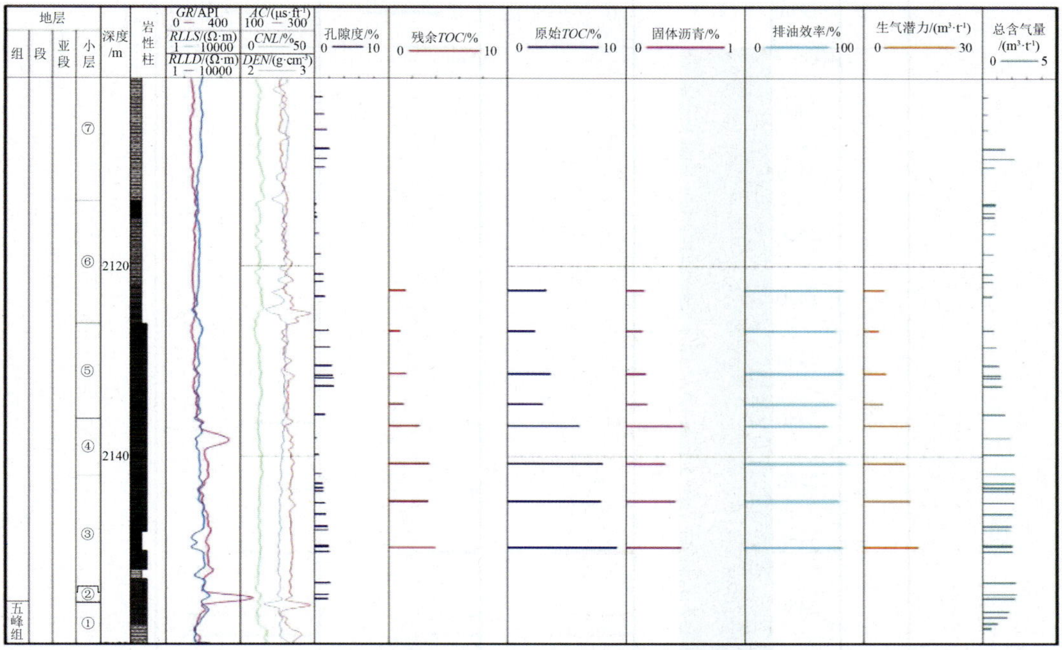

图 6-13　PY1 井五峰组—龙马溪组固体沥青统计柱状图

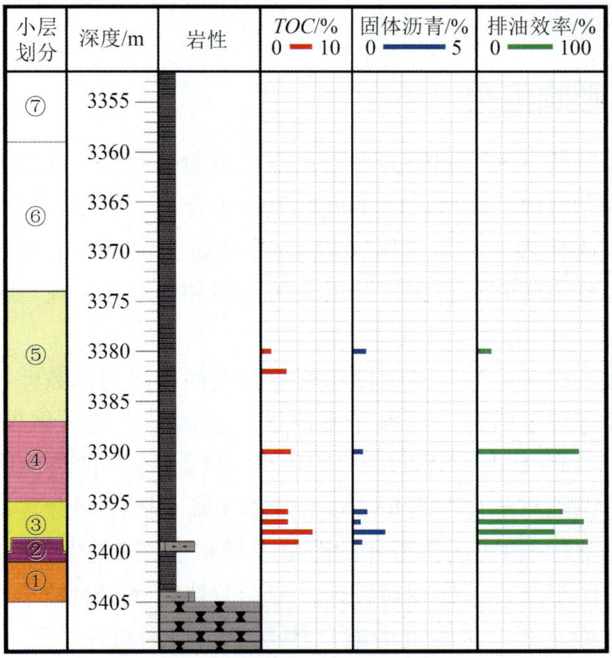

图 6-14　LY2 井五峰组—龙马溪组固体沥青统计柱状图

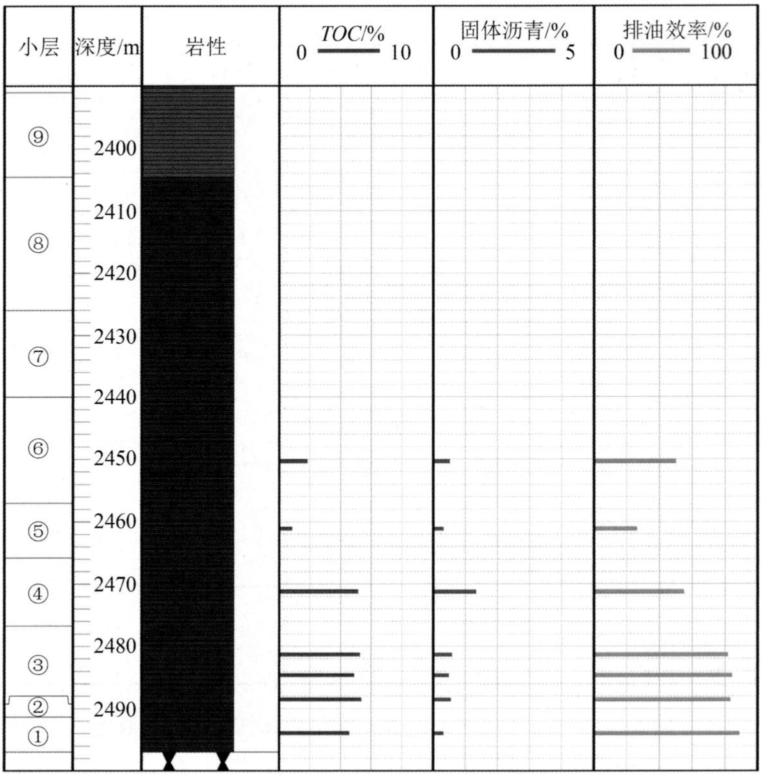

图 6-15　JY10 井五峰组—龙马溪组固体沥青统计柱状图

四、滞留油影响因素

五峰组—龙马溪组的含气性和压力系数在齐岳山断裂两侧表现出西高东低的差异，这是目前较为一致的观点。前文章节已经从成烃生物组合、有机质丰度、成熟度等方面对超压区（以涪陵焦石坝为代表）和常压区（以彭水-道真为代表）五峰组—龙马溪组优质页岩段物质基础进行了系统研究和对比，结果表明涪陵和彭水地区龙马溪组优质页岩在物质基础上差异不大。

为了明确导致齐岳山两侧龙马溪组储层现今含气性和压力系数差异大的原因，从龙马溪组生排滞留烃角度进行了研究。选取了常压区、过渡带、超压区的典型井（压力系数为从 0.9 过渡到 1.55；PY1 井—LY2 井—JY10 井—JY2 井），针对优质页岩段岩芯样品开展了系统的固体沥青识别与统计（图 6-16），基本明确了固体沥青含量的差异，结合不同原油裂解气模式，对常压-超压区典型井的滞留油量和生气量进行了计算。

结果表明，常压区距离推覆体相对较近，变形改造时间相对较早，导致了五峰组—龙马溪组在排油期（三叠纪至早侏罗世中期）接受了较强的挤压变形，使得排油效率相对偏高（图 6-16），滞留油量相对偏低，对于以油裂解气为主体的海相页岩气来说是不利的。因此常压区页岩含气量相对超压区偏低，除了晚期抬升时间和抬升幅度的差异外，沉降阶段排油期的排油效率偏高也是重要的影响因素之一。

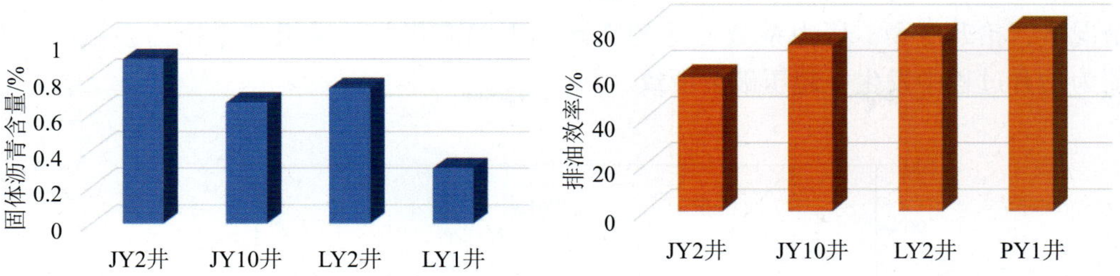

图 6-16　典型井五峰组—龙马溪组优质页岩固体沥青与滞留油效率对比图

与涪陵超压区相比，以彭水地区桑柘坪向斜为代表的常压页岩气藏具有“先天物质基础（静态生烃指标）优越、中期（排油期）排烃效率较高、晚期（抬升期）较强改造散失”的特点。

从常压的形成过程来看，对页岩生排滞的控制主要表现为控制生成油的排油效率，以及滞留油裂解气和干酪根裂解气的排气效率两个方面。

第三节　沉降-抬升过程中页岩滞留气量变化特征

一、流体压力和地温演化

龙马溪组页岩气藏在四川盆地内普遍表现为超压（压力系数大于 1.2），而在盆地边缘和盆地外则多表现为常压（压力系数 0.8~1.2），页岩气初始测试产量与地层压力系数呈现明显的正相关关系，研究页岩在沉降-抬升过程中的流体压力演化，对于明确常压页岩气形成机制具有重要意义。

沉积盆地超压形成机制主要有欠压实（不均衡压实）、流体体积膨胀（生烃作用、水热作用）、压力传递、成岩作用（黏土矿物脱水、石英溶蚀与胶结）和构造作用等，其中欠压实和烃类生成是产生大规模超压的两种主要机制。对于富含有机质且热演化程度较高的龙马溪组来说，已完成了主要的生油气过程，生烃增压应是龙马溪组沉积埋藏期间最重要的增压机制。

抬升剥蚀主要从两个方面影响页岩气压力。一方面抬升剥蚀造成上覆地层减薄，围压降低，孔隙回弹，泥页岩超固结比增大，脆性增大，裂缝产生可能性增加，导致页岩气散失；另一方面抬升剥蚀使得地层温度降低，压力系数增大，从而产生超压，如超过泥页岩水力压裂的流体压力门限值，则发生超压破裂，导致页岩气散失，超压释放。

抬升过程中流体压力和压力系数的变化取决于孔隙回弹、温度降低和上覆地层卸载三者耦合作用的总体影响。袁玉松等专家学者利用 PVTsim2.0 软件，针对彭水常压区（PY1 井）、涪陵超压区（JY1 井）龙马溪组典型井抬升过程中流体压力变化特征进行了模拟计算，并设置了模拟边界条件，如气藏的气体为纯甲烷，封闭体系，不考虑抬升过程游离气和吸附气的转化，不考虑气体扩散、超压破裂，孔隙度不变，抬升的初始压力由包裹体古压力计算获取等。模拟结果表明（图 6-17），PY1 井抬升前，约距今 140 Ma，龙马溪组压力系数为 1.66，抬升过程中流体压力逐渐降低，但压力系数逐渐增大，不考虑超压破裂情况下，抬升至今，压力系数可达到 2.6，但 PY1 井龙马溪组现今压力系数为 0.96，可能为抬升过程中发生了超压破裂所致。

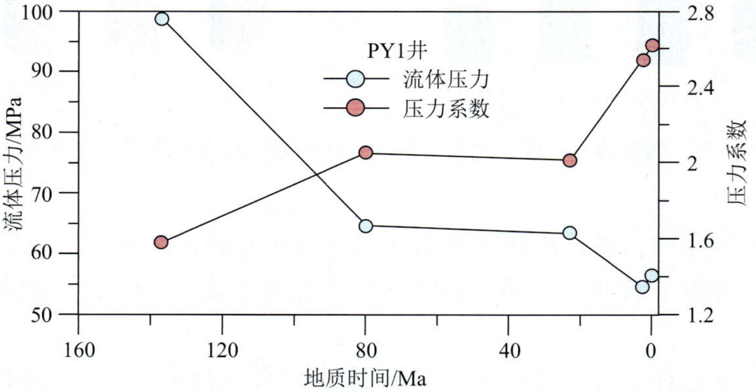

图 6-17　PY1 井龙马溪组流体压力演化史

如图 6-18 所示，JY1 井抬升前（约 95 Ma）龙马溪组压力系数为 1.92，不考虑超压破裂情况下，抬升过程中压力系数最高可达到 2.8，现今涪陵地区龙马溪组主体为超压状态，压力系数为 1.30~1.55，从压力系数的变化来看，可以推断涪陵地区龙马溪组抬升阶段也发生了较为明显的天然气散失，只是涪陵地区距离雪峰推覆体距离相对较远，抬升改造时间相对较短，页岩裂缝闭合程度较高，天然气的散失程度相比彭水地区要低。

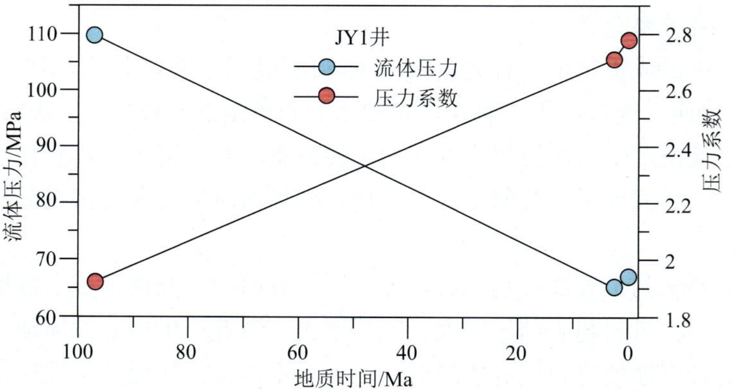

图 6-18　JY1 井龙马溪组流体压力演化史

沉降过程中，随着埋深增加，PY1 井龙马溪组地温逐渐升高（图 6-19），至最大埋深时地层温度超过 200℃，抬升过程中，地层温度逐渐降低，现今为 63℃左右。JY1 井龙马溪组最大埋深时地层温度接近 200℃，抬升过程中，地层温度逐渐降低，现今约 74℃（图 6-20）。

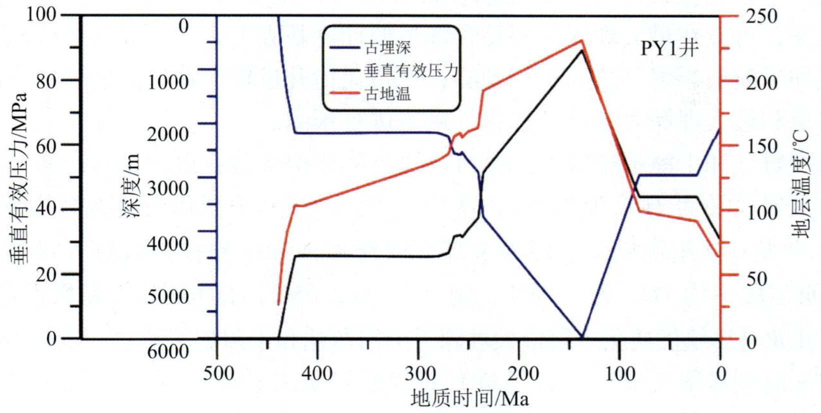

图 6-19　PY1 井龙马溪组埋深和地温演化史

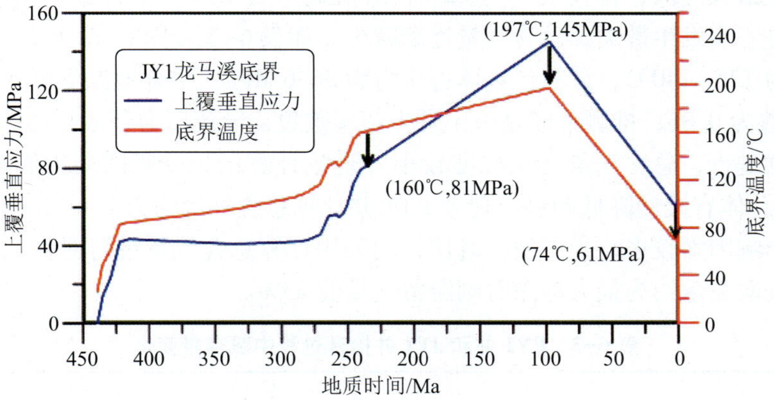

图 6-20　JY1 井龙马溪组地层温度演化图

二、沉降-抬升过程中页岩滞留气量计算

综合沉积特征、构造演化、应力演化、岩石力学性质演化和流体压力演化特征分析认为，四川盆地及周缘五峰组—龙马溪组压力系统演化主要经历两个阶段，一是沉积建造阶段，五峰组—龙马溪组页岩随着埋深增加，温度升高，有机质热演化程度逐渐增加，干酪根生烃、液态烃裂解生气以及欠压实作用使得超压形成；二是抬升改造阶段，盆外相对强烈的断裂活动、褶皱变形，以及抬升卸载，致使超固结比增加以及超压破裂，导致页岩气发生散失，从而由超压变为常压（袁玉松等，2020）。从常压页岩气形成过程来看，构造作用对页岩生排滞过程的影响主要体现在对液态烃排油效率和排气效率（滞留油裂解气和干酪根裂解气）控制上。

热模拟实验以及热演化史模拟结果表明，龙马溪组的排油期主要为 R_o=1.0%～2.0% 阶段，对于彭水地区龙马溪组来说，排油期为三叠纪至早侏罗世中期。滞留油裂解可生成烃气和一定量的固体沥青，因此可通过统计现今龙马溪组中的固体沥青含量，结合残余有机碳，反算滞留油规模，进而明确超压区和常压区龙马溪组的排油效率差异。

排气散失（滞留油裂解气和干酪根裂解气散失）主要有两个途径，一是在埋藏沉降阶段排气散失，可以在最大埋深时刻总含气量的计算基础上，结合烃气生成模式，计算滞留油裂解气和干酪根裂解气之和进行预测；二是在抬升过程中发生的散失，可以结合现今实测总含气量和最大埋深时刻计算总含气量来进行预测。

滞留油裂解气和干酪根裂解气总量可以通过热模拟实验获得的烃气产率计算得到。如PY1井优质页岩段平均 *TOC* 为3.2%，现今 R_o 为2.6%，有机碳恢复系数设定为2.9，计算得出PY1井龙马溪组优质页岩段最大埋深时滞留油和干酪根裂解总气量为16.7 m^3/t。JY1井优质页岩段平均 *TOC* 为3.58%，现今 R_o 为2.65%，有机碳恢复系数设定为2.9，计算得到JY1井龙马溪组优质页岩段最大埋深时刻滞留油和干酪根裂解总气量为18.37 m^3/t。

最大埋深时刻滞留气量（总含气量）可以通过页岩孔隙空间、天然气相态，并结合包裹体古压力预测来进行计算。如表6-3所示，PY1井在最大埋深（约140 Ma）时，压力系数为1.66，地层压力为100 MPa，计算总含气量为3 m^3/t。可以看出，在沉降阶段，PY1井演化至最大埋深，排气效率为82%，滞留效率为18%；抬升过程中，滞留在页岩中的天然气进一步发生散失，总含气量逐渐减少。如表6-3和图6-21所示，PY1井包裹体均一温度为125~140℃，计算包裹体古压力为36.6 MPa，结合地温史可知大致对应100 Ma，压力系数为0.86，推测可能是由于发生超压破裂，导致压力释放，已经演变为常压。随着抬升继续进行，总含气量变化幅度较小（理论计算结果受吸附能力影响较大，数据略有波动），总体有缓慢降低趋势，现今PY1井计算总含气量约为2 m^3/t（现场解吸得到的总含气量影响因素较多，为了便于对比，均采用计算总含气量进行对比），PY1井抬升过程中页岩气散失量约为最大埋深时刻滞留气量的33%。

表6-3　PY1井和JY1井抬升过程中赋存量变化

井名	年龄/Ma	埋深/m	*TOC*/%	地温/℃	压力系数	地层压力/MPa	总气量/($m^3 \cdot t^{-1}$)
PY1井	140	6000	3.2	200	1.66	100	3
	100	4200	3.2	130	0.86	36.6	2.2
	80	3150	3.2	100	0.86	27.5	1.99
	23	3050	3.2	90	0.86	26	2.01
	0	2160	3.2	63	0.96	20.6	2
JY1井	95	5708	3.58	200	1.92	110	5.64
	60	4500	3.58	150	1.55	70	5.02
	23	3250	3.58	95	1.55	50.4	4.91
	0	2409	3.58	70	1.55	37.2	4.55

对于JY1井来说，最大埋深时的孔隙压力约为110 MPa，压力系数为1.92，计算的总含气量为5.64 m^3/t。在沉降阶段，JY1井演化至最大埋深，排气效率为69%，滞留效率为31%，与PY1井相比，散失量要小得多。抬升过程中，滞留在页岩中的天然气进一步发生散失。如表6-3和图6-21所示，抬升至现今，计算得到的含气量为4.55 m^3/t，结合最大埋深时的滞留气量，可以计算出，滞留气量在抬升过程中散失了19%，同样比PY1井散失要少，反映出保存条件对抬升阶段散失气量具有明显的控制作用。

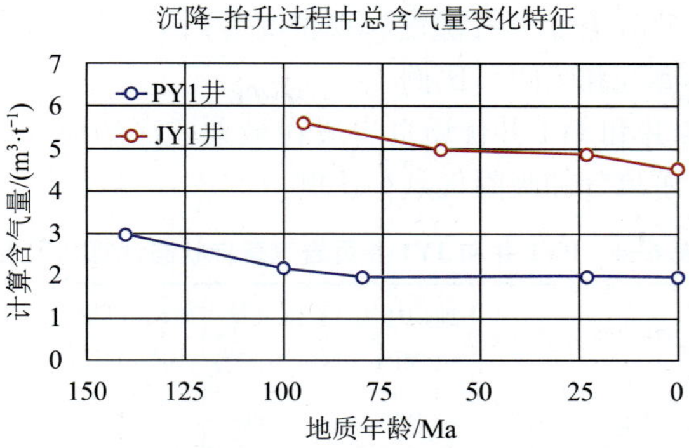

图 6-21　PY1 井和 JY1 井抬升过程中赋存量变化

第四节　沉降-抬升过程对页岩气赋存方式的控制

页岩气的赋存状态主要取决于地层温度、压力、孔隙空间和含水饱和度。在地层沉降和抬升过程中，随着埋藏深度的变化，温压条件随之发生变化，进而控制页岩气的赋存状态。

彭水-南川-涪陵地区龙马溪组页岩气勘探程度较高，钻井和测试数据较为系统，前人对 *TOC* 与等温吸附参数经验关系、温度与等温吸附参数经验关系以及 *TOC* 与视密度之间的关系均有较为系统的研究成果，只需设定压力系数、地温及含水饱和度，则可以计算不同埋藏条件下页岩中的吸附气和游离气赋存比例。

分别针对 JY1 井和 PY1 井埋藏抬升过程中页岩气赋存比例展开计算，探讨常压形成过程对页岩气赋存状态的控制作用。

埋藏条件下页岩中均含有一定程度的束缚水，如 JY11-4 井和 LY4 井，实测页岩的含水率分布在 0.7%~1.3%之间，且可以看出随着埋深的增加，页岩中含水率具有降低的趋势。相比于含水率，含水饱和度与 *TOC* 之间的负相关性更明显（图 6-22）。因此，可以利用 *TOC* 与含水饱和度之间的线性相关性，通过 *TOC* 含量计算龙马溪组页岩的含水饱和度。

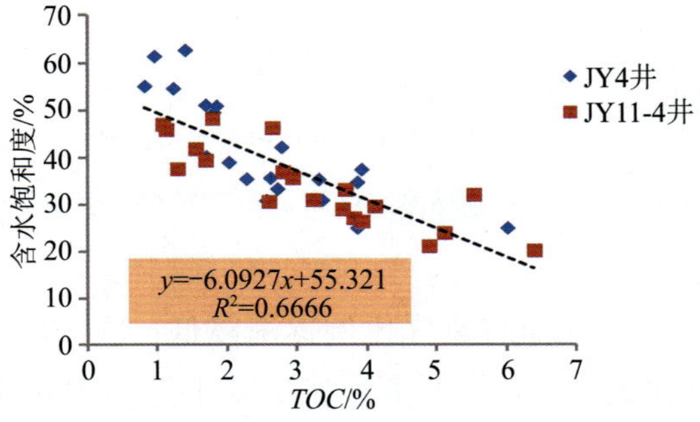

图 6-22　涪陵地区典型井龙马溪组页岩 *TOC* 与含水饱和度相关图

在流体压力、地层温度以及含水饱和度确定的基础上，结合 PY1 井和 JY1 井优质页岩段的基本静态参数（*TOC* 含量、孔隙度、视密度等），计算两口井龙马溪组在不同地史阶段的总含气量以及游离气和吸附气比例。

表 6-4 显示了 PY1 井和 JY1 井优质页岩段在最大埋深和现今埋深状态下的 *TOC*、温度、压力、总含气量、游离气和吸附气赋存比例。

表 6-4　PY1 井和 JY1 井页岩气赋存状态计算结果表

井名	年龄/Ma	埋深/m	*TOC*/%	地温/℃	地层压力/MPa	吸附气量/($m^3 \cdot t^{-1}$)	游离气量/($m^3 \cdot t^{-1}$)	总气量/($m^3 \cdot t^{-1}$)	游离气比例/%	吸附气比例/%
PY1 井	140	6000	3. 2	200	100	0. 59	2. 4	3	80. 3	19. 7
	100	4200	3. 2	130	36. 6	0. 83	1. 37	2. 2	62. 3	37. 7
	80	3150	3. 2	100	27. 5	0. 95	1. 04	1. 99	52. 3	47. 7
	23	3050	3. 2	90	26	1	1. 01	2. 01	50. 2	49. 8
	0	2160	3. 2	63	20. 6	1. 12	0. 88	2	44	56
JY1 井	95	5708	3. 58	200	110	0. 62	5. 02	5. 64	89	11
	60	4500	3. 58	150	70	0. 84	4. 18	5. 02	83. 3	16. 7
	23	3250	3. 58	95	50. 4	1. 1	3. 81	4. 91	77. 6	22. 4
	0	2409	3. 58	70	37. 2	1. 21	3. 34	4. 55	73. 4	26. 6

从两口井的计算结果看（图 6-23、图 6-24），PY1 井优质页岩段在最大埋深时（140 Ma），游离气比例为 80. 3%，赋存状态以游离态为主体；JY1 井在最大埋深时（95 Ma），游离气比例为 89%，与彭水地区较为一致。

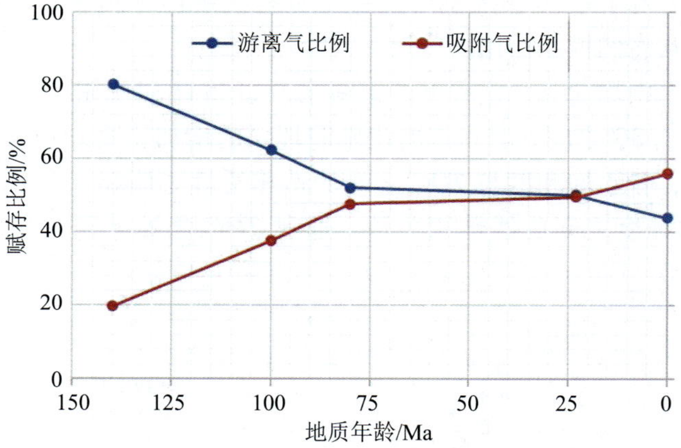

图 6-23　PY1 井龙马溪组优质页岩段赋存比例演化图

随着抬升过程进行，PY1 井的游离气比例逐渐降低，在 80 Ma 左右，游离气比例为 52. 3%，游离气和吸附气比例基本各占一半，继续抬升至 23 Ma，PY1 井游离气比例降低为 50. 2%，继续抬升至今，游离气比例降低至 44%，页岩气赋存状态以吸附态为主。从赋存状态演化的过程来看，23 Ma 以来的晚期强烈抬升对 PY1 井页岩气赋存状态影响尤为明显。

JY1 井抬升过程中（图 6-24），游离气比例同样表现出降低的趋势，但演化至今，游离气比例仍高达 73.4%，显示出页岩气以游离态天然气为主的赋存状态。

综上所述，涪陵-彭水一带的龙马溪组页岩沉降阶段赋存状态均表现为以游离态为主，抬升过程中，游离气比例逐渐降低。以彭水地区为代表的常压区，由于相对强烈的构造改造，压力逐渐释放，导致了页岩气赋存状态由以游离态为主逐渐转变为以吸附态为主。涪陵地区在抬升过程中压力释放相对较少，现今仍然保持超压状态，页岩气的赋存仍然以游离态天然气为主。

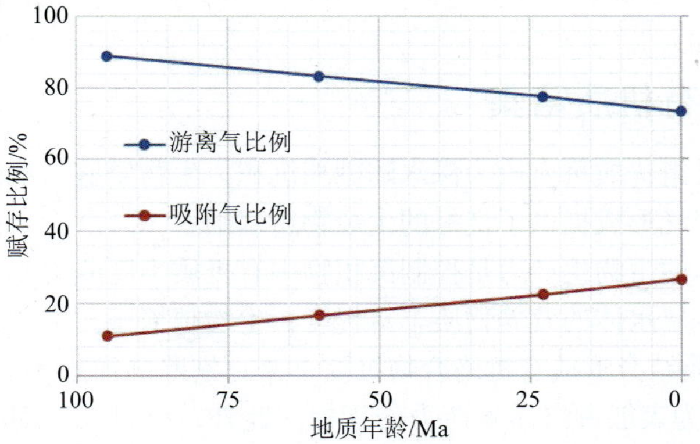

图 6-24　JY1 井龙马溪组优质页岩段赋存比例演化图

第七章　页岩气形成富集主控因素

第一节　深水陆棚相是前提

一、有利于有机质富集

五峰组—龙马溪组优质页岩段为深水陆棚相沉积，生物繁盛，水体还原性强，有机质富集程度高，为页岩气形成提供了良好的生烃物质基础。

海相沉积中水体的生物生产力是控制沉积物中有机质丰度的主要因素，海洋表层生物生产力大小取决于表层水体的营养物质丰富程度，生物越繁盛，生产力就越高，营养元素 Ni、Cu、Zn 与有机质结合形成有机络合物沉淀下来，剔除陆源影响（Ti 校正或 Al 校正）的 Ni、Cu、Zn 可作为表征古海洋生产力的指标。此外，痕量元素 Mo、Ba 可以通过与水体有机碳通量的关系来反映水体表层生物生产力。

TOC 含量与古生产力指标 Mo_{xs}、Ni_{xs} 具有良好的相关性（图 7-1），*TOC* 含量大于 2%的富有机质页岩处于高生产力发育阶段，*TOC* 含量小于 2%的页岩处于中低生产力阶段，这表明高生产力是五峰组—龙马溪组优质页岩有机质富集的重要条件之一。

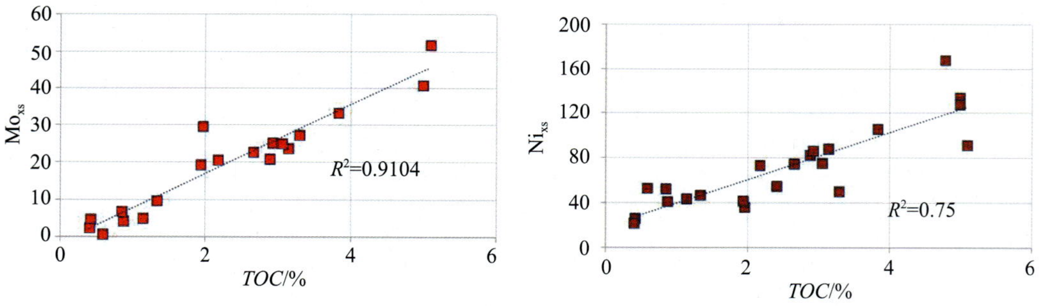

图 7-1　彭水及邻区五峰组—龙马溪组古生产力指标与 *TOC* 相关性图

沉积有机质的富集除受古海洋生产力影响外，沉积环境或底层水的氧化还原条件也是控制有机质富集的主要因素，常用于指示氧化还原条件的微量元素比值主要有 Ni/Co、V/Cr、V/（Ni+V）等。结合吴胜和等人的研究成果，Ni/Co>7 为厌氧环境；Ni/Co<5 为常氧环境；Ni/Co=5~7，为贫氧环境；V/Cr>4. 25 为厌氧环境；V/Cr<2 为常氧环境；V/Cr=2~4. 25，为贫氧环境。本书针对彭水-道真-綦江一带的典型钻井开展了元素地化分析。

可以看到，*TOC* 含量与氧化还原指标具有良好的正相关关系（图 7-2），*TOC* 含量大于 2%的富有机质页岩 V/Cr 分布在 2~7 之间，Ni/Co 分布在 4~12 之间，形成于贫氧-厌氧环境，表明贫氧或厌氧水体环境有利于有机质富集和保存。五峰组—龙马溪组底部优质页岩层段古生产力高，大量有机质降解会消耗较多氧气，从而加剧水体缺氧程度。

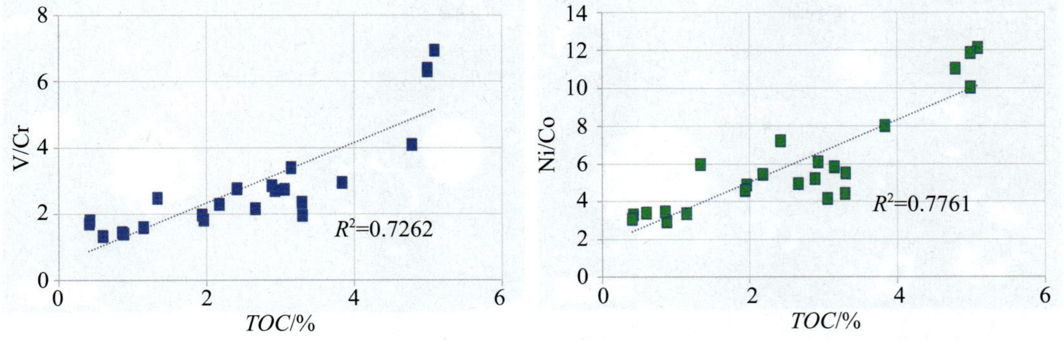

图 7-2　彭水及邻区五峰组—龙马溪组氧化还原指标与 *TOC* 相关性图

二、有利于生物成因硅发育

深水陆棚相优质页岩除具备有机碳含量高特征外，还具有脆性矿物含量高的特征。硅质是决定页岩脆性的重要矿物，硅质主要为生物成因（放射虫、海绵骨针等硅质生物），*TOC* 与石英矿物含量的关系可以揭示有机质与硅质的同步富集机理。

彭水、武隆、南川、涪陵以及川南古蔺地区五峰组—龙马溪组 *TOC* 与石英含量的关系如图 7-3 所示，从图 7-3 上可以看到，石英含量与 *TOC* 含量的关系表现出分段性，对于 *TOC* 含量大于 2.0%的样品，*TOC* 含量与石英含量表现出良好的正相关趋势；对于 *TOC* 含量小于 2.0%的样品，*TOC* 含量与石英含量相关性不明显。LY1 井、PY1 井以及涪陵地区 *TOC* 大于 2.0%层段，薄片观察发现大量的微体生物化石，包含含量较多的硅质放射虫、海绵骨针等化石（图 7-4），表明该层段石英主体为生物成因。

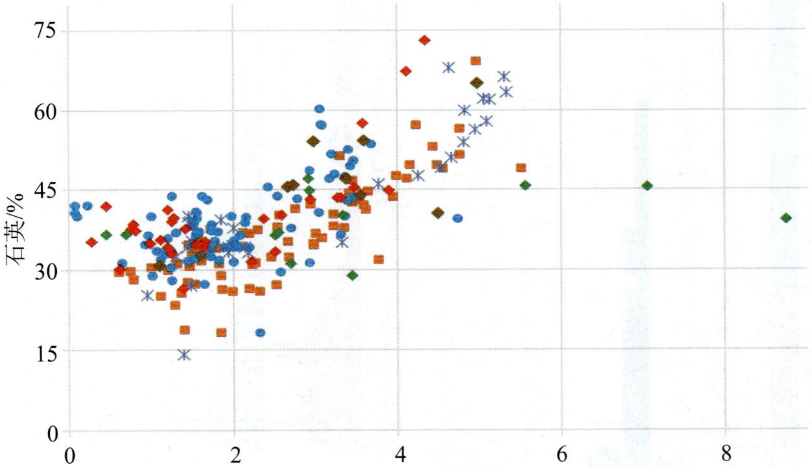

图 7-3　彭水及邻区五峰组—龙马溪组石英含量与 *TOC* 关系图

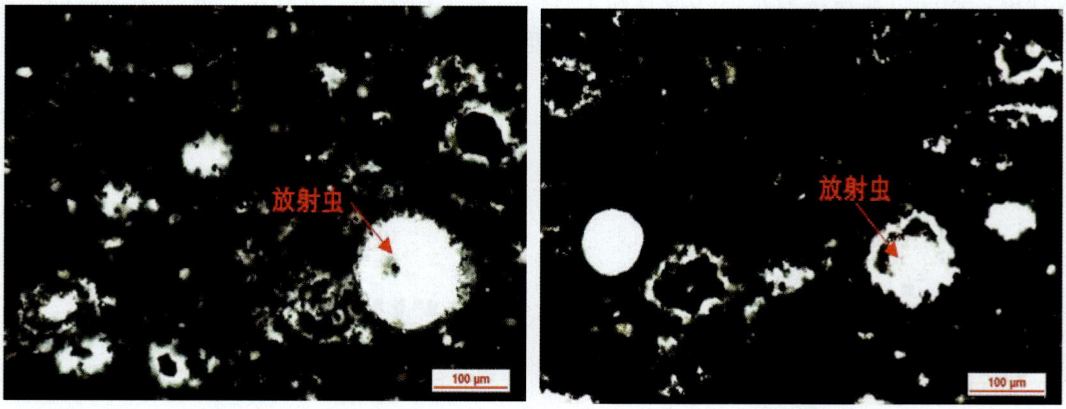

图 7-4　LY1 五峰组—龙马溪组优质页岩薄片照片（正交偏光）

此外，从图 7-3 上还可以看到，古蔺石宝剖面 *TOC* 含量大于 2.0%的样品，*TOC* 含量与石英含量相关性不明显，没有表现出与彭水武隆涪陵一带相似的相关关系，产生这一现象，与古蔺石宝剖面距离隆起区相对较近，沉积水体相对较浅有关。

图 7-5 为 LY1 井五峰组—龙马溪组生烃、矿物、储层与含气性综合柱状图，从图 7-5 上可以看到，*TOC* 大于 2.0%层段为深水陆棚相，具有高 *TOC* 含量、高石英含量、高孔隙度、高含气量的特点，随着深度变浅，各项指标都有变小的趋势，深水陆棚相页岩是页岩气形成富集的重要前提。

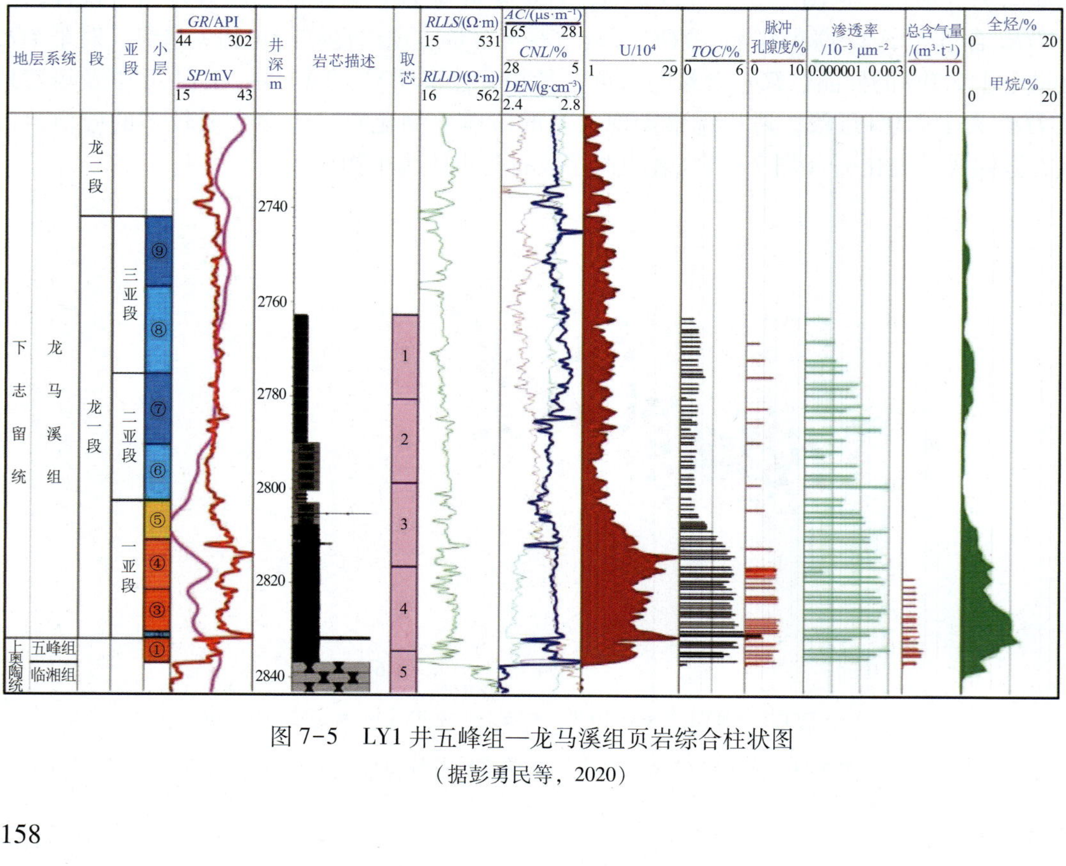

图 7-5　LY1 井五峰组—龙马溪组页岩综合柱状图

（据彭勇民等，2020）

第二节　适中热演化是基础

一、有利于烃气大量生成

通过开展热模拟实验，可以获取烃气产率随成熟度 R_o 的变化趋势，选取广元大隆组黑色页岩为低熟模拟样品开展热模拟实验，有机质生烃热演化过程可划分为 3 个阶段，其演化模式如图 7-6 所示。

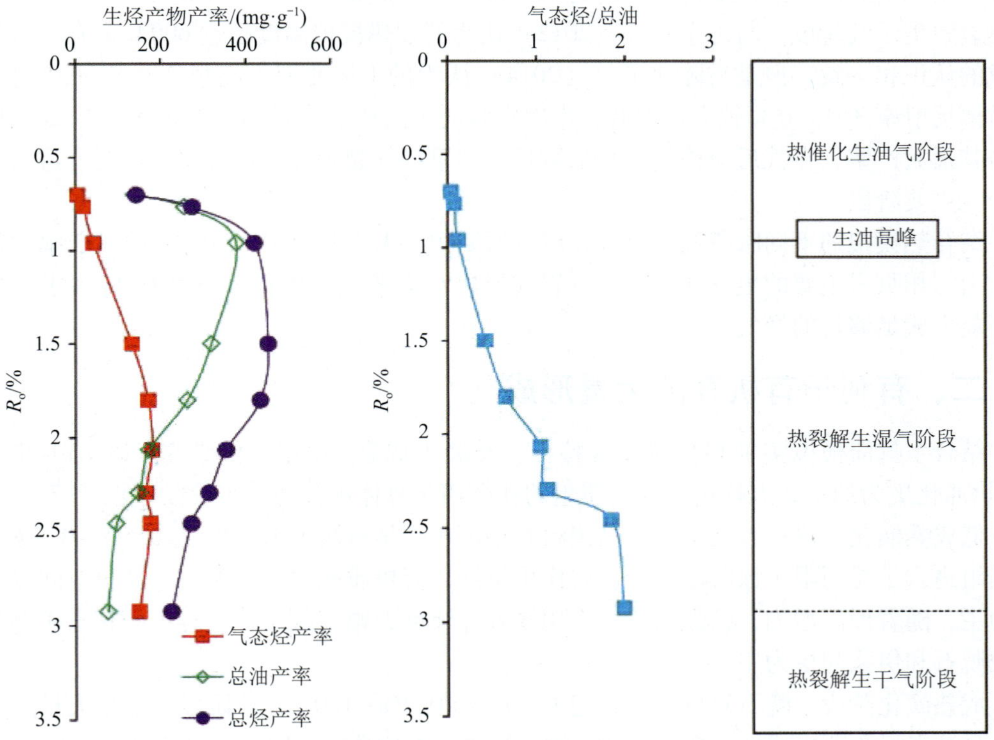

图 7-6　黑色页岩生烃模式图

（1）热催化生油气阶段

黑色页岩在实验最低温度（T=325℃，R_o=0.7%），页岩油已经生成，而气态烃生成量很少。随温度升高，热成熟度 R_o 值增加，在实验温度 340℃（R_o=0.96%）时，油的生成量达到了高峰，而气态烃形成相对较少。在达到生油高峰之前，总烃、气态烃和总油的生成量随 R_o 增加，产率持续增加，峰值之后总油的产率逐渐降低，气态烃不断增加。因而温度低于 360℃（R_o=0.96%）之前，页岩主要为热催化生油气阶段。

（2）热裂解生湿气阶段

如图 7-6 所示，在生油高峰（T=360℃，R_o=0.96%）之后，总油的产率逐渐降低，而气态烃产率逐渐增大，说明生油高峰后，油因二次裂解不断生成气态烃，此阶段油和气态烃共存，气态烃产率与总油产率的比值显著增大。该阶段生烃热模拟温度为 360～

550℃，在最高热模拟温度550℃（R_o=2.92%）时，油的产率仍有75.44 mg/g，重烃气也仍存在一定的比例。因此，直至本次热模拟实验结束仍处于热裂解生气阶段。这与前人热模拟研究认为的泥页岩进入过成熟阶段（R_o=3.5%）仍未进入干气阶段的认识相一致，反映了在过成熟阶段海相页岩气仍具有很好的资源潜力，也展现了中国南方下古生界海相页岩气广阔的资源前景。

（3）热裂解生干气阶段

前人研究表明，当热模拟温度超过570℃，液态烃产物由于裂解成气消耗殆尽，重烃也大量裂解成甲烷气体，甲烷气干燥系数超过95%，说明页岩气的形成进入干气阶段。本次热模拟实验由于热模拟温度最高为550℃，等效镜质体反射率为R_o=2.92%，并未进入热裂解生干气阶段，与王东良等（2012）认为的在热模拟温度超过600℃仍有大量气体生成的认识相一致，但是与陈建平等（2014）认为的Ⅰ和Ⅱ型干酪根“生气死亡线”为镜质体反射率3.0%差异较大。因此，本次实验的页岩样品在最高实验温度下形成的甲烷并非其最大产率，在其后应该仍有相当数量油和重烃气裂解成甲烷气体，此时方进入热解生干气主要阶段。

结合热模拟的不同阶段烃气产率，可以看到R_o=1.3%~2.0%期间，烃气产率大量增加，为海相页岩主要的生气期，对于页岩气形成富集来说，热演化程度R_o应大于2.0%，保证能生成足够量的烃气。

二、有利于有机孔隙大量形成

结合生排滞模拟实验和孔隙发育特征，开展了成岩-孔隙演化研究，以LY1井埋藏史-热演化史为约束，五峰组—龙马溪组的孔隙演化总体可分为5个阶段（图7-7）：

低成熟演化阶段：五峰组—龙马溪组开始沉积至早石炭世末，R_o为0.5%~0.7%，龙马溪组进入生烃门限；该阶段处于成岩作用早期，有机质孔隙尚未形成，储集空间以无机孔为主，随着埋深增加，较强的压实作用导致孔隙度大幅度减小，页岩中的黏土矿物类型以蒙脱石和伊蒙间层为主。

成熟演化阶段：晚石炭世至二叠纪末，R_o为0.7%~1.0%，该阶段干酪根大量降解生油，是液态烃主要生成期，R_o在1.0%的时候达到生油高峰，同时也是滞留油高峰；随着页岩的快速埋藏，成岩作用继续加强，压实作用造成无机孔隙提供的孔隙度继续降低，有机质孔开始形成，且生成的液态烃部分充注到无机孔中，如黄铁矿晶间孔中，有机酸大量生成，对长石、碳酸盐等矿物产生溶蚀作用。

成熟-高成熟演化阶段：三叠纪至早侏罗世中期，R_o为1.0%~2.0%，热模拟实验表明，该阶段主要为滞留在页岩中的液态烃裂解生气和干酪根直接生气，对于页岩气勘探来说，是最关键的主生气期，当R_o在2.0%的时候，干酪根直接生气和滞留油裂解气均达到高峰。此外该阶段排油效率逐渐增加，对于常规油气勘探来说，也是主要的供烃期。该阶段岩石基本固结完成，压实作用减弱，由于烃类气体集中大量生成，生烃增压，使得有机质孔隙发育程度继续增加，流体压力显著增大，页岩中内生裂隙不断形成。在此过程中，黏土矿物也继续发生转化，蒙脱石含量在不断降低的同时，相继转化为过渡矿物-混层矿物，但混层矿物含量也会随着热演化程度的增加而逐渐减少，向更稳定的伊利石转化，转化过程中，黏土矿物孔有所增大，但所增加的孔隙度相对较低。

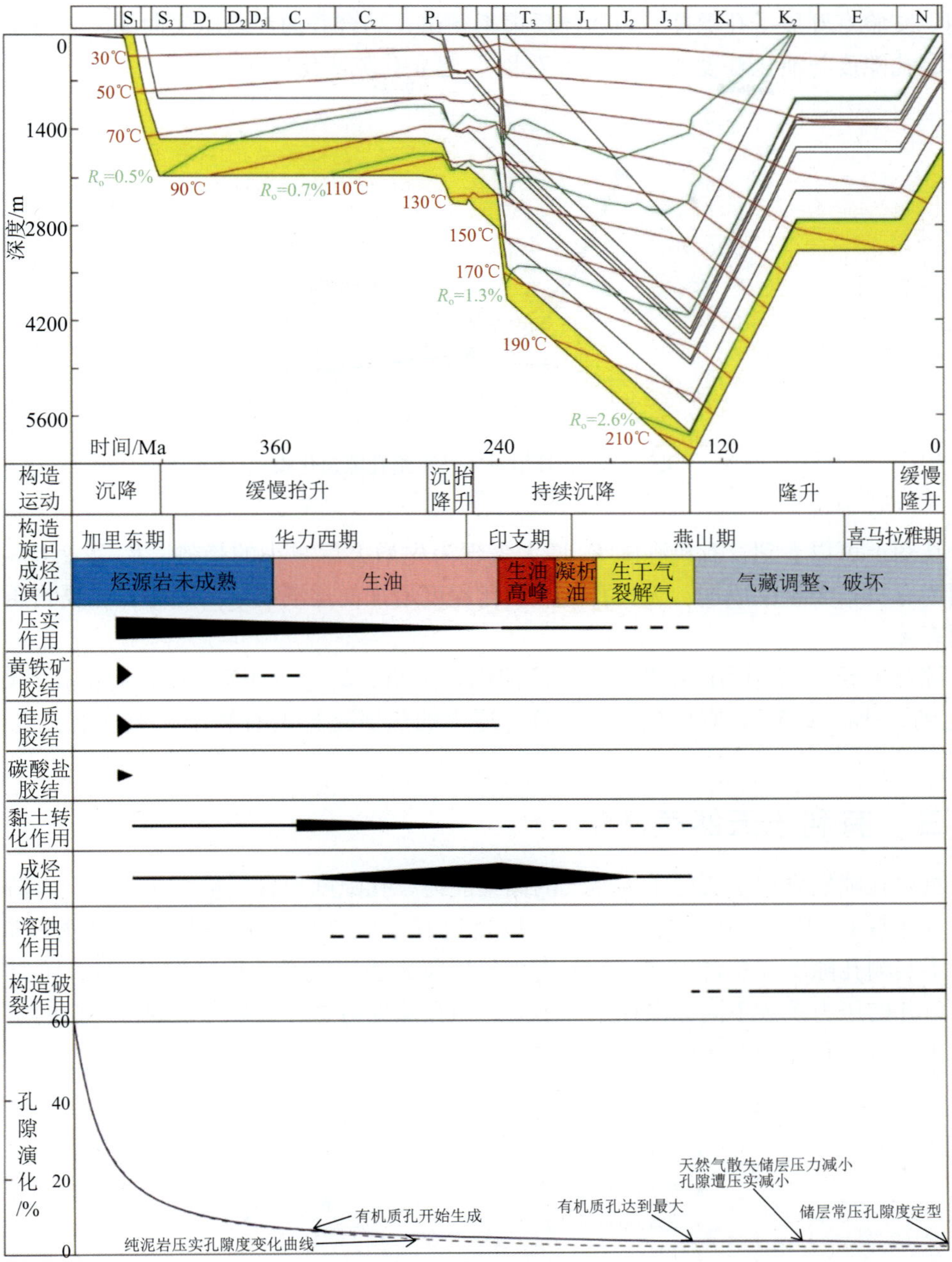

图 7-7 页岩储层孔隙演化及页岩储层形成模式图

（据李东海，2022）

过成熟演化阶段：早侏罗世晚期—侏罗纪末，R_o 为 2.0%~2.6%，干酪根直接生气能力减弱，滞留油产气率也逐渐降低，以滞留液态烃继续裂解生气为主。

晚期抬升阶段：早白垩世至今，持续隆升使得有机质生烃演化中止，页岩孔隙（有机质孔）从“建造期”向“改造期”转变，孔隙主要受控于压力系数和破裂程度。

收集了四川盆地及周缘龙马溪组大量典型钻井（含气性相似）优质页岩岩芯样品，在同一实验室开展了孔隙度、镜质体反射率测试，结合普通泥岩压实曲线，获取了自然演化样品孔隙度与演化程度的关系（图7-8），建立孔隙演化模式。

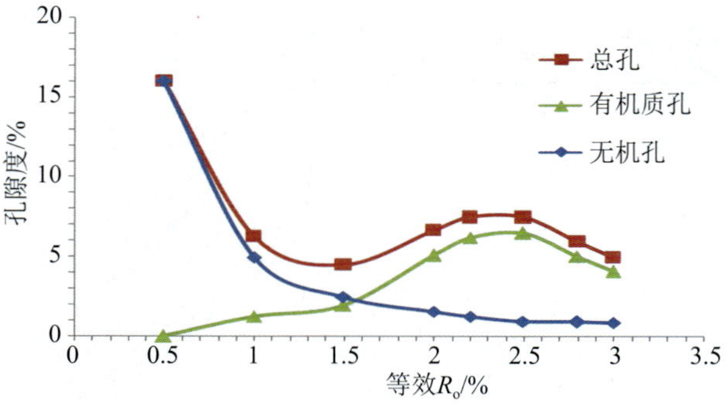

图7-8 五峰组—龙马溪组孔隙演化模式

从图上可以看到，有机孔随R_o增大表现为先增大后减小的趋势，R_o在2.0%~2.5%期间为有机孔大量生成期；无机孔随热演化程度增加而逐渐减小的趋势，主要与压实减孔作用有关。

综合生烃-成岩作用-孔隙演化正反演综合分析，R_o从1.0%开始，有机孔开始形成，R_o达到2.0%~2.5%，有机孔最为发育，适中的热演化程度有利于孔隙（有机孔）大量形成。

三、有利于天然气储集

页岩孔隙发育程度决定了天然气的储集能力，孔隙度与含气量密切相关，以涪陵焦石地区（超压）、綦江丁山地区（超压）以及道真地区（常压）三口典型井为研究对象，开展了实测孔隙度与总含气量（同一损失气恢复方法）关系分析（图7-9），可以看到尽管三口井的压力系数不同，保存条件不同，但孔隙度与总含气量均表现出一定的正相关趋势，表明页岩孔隙发育程度决定了页岩的含气性。

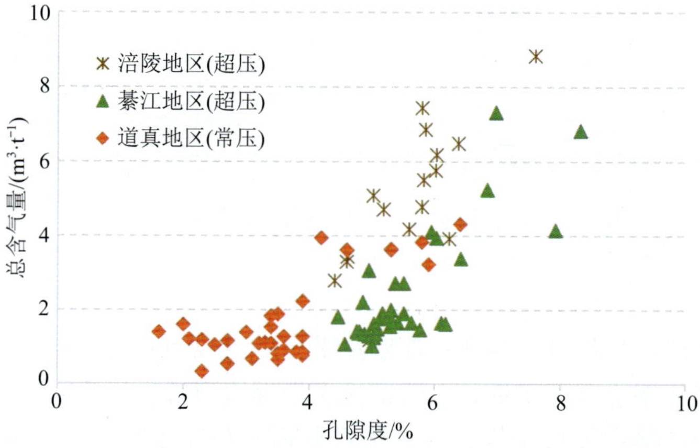

图7-9 不同地区五峰组—龙马溪组孔隙度与总含气量关系图

综合来看，适中的热演化决定了生成天然气的量和生成有机孔的量，是页岩气形成富集的基础。

第三节　良好的保存是关键

一、适中的抬升有利于页岩减少开启性裂缝

川东-湘鄂西地区印支期以来至今经历了3次区域性的抬升事件，不同的构造位置，抬升的时间和幅度均有差异，距离推覆体越近，抬升时间越早，抬升造成的剥蚀量也就越大，页岩脆性增大，气藏遭受构造改造的时间越长，此外，由于上覆地层压力降低，原先紧闭的层理缝泄压开启，增大了页岩横向的渗透性，增加了页岩气侧向逸散的可能性。因此，评价不同抬升时间、抬升幅度对页岩气保存的影响，对研究页岩气形成富集具有重要意义。

抬升幅度对页岩气保存的控制作用可以采用泥页岩超固结比（Overcon Solididation Ratio，缩写为OCR）来进行表征。

在页岩气勘探开发中，杨氏模量和泊松比以及脆性矿物含量经常用于评价泥页岩的脆性。泊松比越小，脆性越大；随着杨氏模量的增加，脆性增加。石英、长石和碳酸盐矿物含量越高，脆性越大。然而，脆性并非完全由泥页岩本身决定，除了岩性、矿物组成、总有机碳含量、成岩作用、热成熟度、孔隙度等因素之外，还受有效应力、温度和流体等多种因素的影响。在沉积盆地油气勘探领域之内，温度（小于200℃）对泥页岩的岩石力学性质虽然有一定影响，但远远小于围压的影响。

考虑到围压对泥页岩脆延性的显著影响，引入了超固结比（*OCR*）这一参数评价泥页岩的脆延性特征。泥页岩超固结比，指泥页岩在地质历史时期所经受的最大垂直有效压力（$\sigma_{v_{max}}$）与现今垂直有效压力（σ_v）之比。即：

$$OCR = \frac{\sigma_{v_{max}}}{\sigma_v} \approx \frac{(\rho_1 - 1.07)H_{max}}{(\rho_2 - 1.07)H_{present}}$$

式中：*OCR* 为泥页岩超固结比；ρ_1 为最大埋深时上覆地层平均密度（g/cm^3）；ρ_2 为现今上覆地层平均密度（g/cm^3）；H_{max} 为最大古埋深（m）；$H_{present}$ 为现今埋深（m）。

当 *OCR* 达到某一门限值时，泥页岩完全转变为脆性。例如，当志留系龙马溪组的 *OCR* 达到脆性破裂的门限值为2.6，为脆性泥页岩（袁玉松等，2018）。泥页岩发生破裂的可能性与超固结比有关，超固结比越大，页岩脆性与发生破裂的可能性越大，不利于页岩气保存。*OCR* 大于3.5表示极易破裂，*OCR* 在2.6~3.5之间表示较易破裂，*OCR* 小于2.6表示不易破裂。

正常固结泥页岩的 *OCR* 等于1，超固结泥页岩 *OCR* 大于1，抬升剥蚀越大，*OCR* 越大，泥页岩的脆性也越大。基于埋藏史重建，由古埋深计算最大垂直有效压力和抬升后任一时间点的垂直有效压力（袁玉松，2020），结合地层密度可以计算彭水及邻区龙马溪组页岩现今的 *OCR* 值，彭水、武隆、南川、丁山一带典型井龙马溪组现今 *OCR* 分布在1.27~3.0之间，且与地层压力系数具有相关性，压力系数越大，*OCR* 越小（袁玉松，2020）。

在彭水及邻区龙马溪组地史最大埋深（图 7-10）和现今埋深研究基础上，利用盆地模拟，获得了龙马溪组的现今 *OCR* 平面分布（图 7-11），可以看出，龙马溪组页岩 *OCR* 指数大小差异明显，且具有一定的规律性，齐岳山断裂东侧的大量残留向斜内 *OCR* 相对较低，且向斜核部附近 *OCR* 基本小于2.6，表明抬升幅度相对较小，页岩发生破裂的可能性小，具有较好的自封闭能力，如彭水区块桑柘坪向斜、武隆向斜、道真向斜等，从向斜核部到翼部，随着埋深的变浅，自封闭性逐渐变差。此外，页岩层理缝的闭合程度也与埋深有关，随着埋深减小，页岩的层理缝逐渐开启，大致埋深在 1000 m 以浅，页岩层理缝开启程度高，不利于页岩气保存。

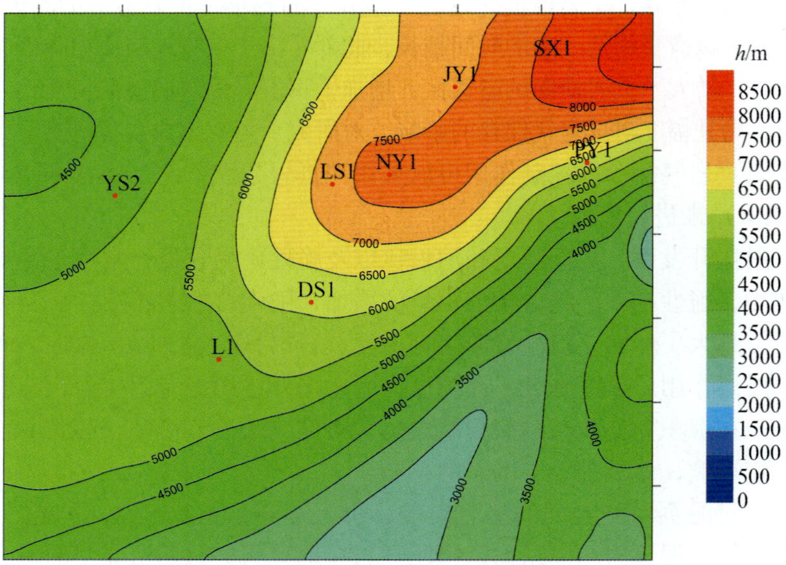

图 7-10　研究区龙马溪组底面燕山期（146 Ma）埋藏深度图

二、宽缓构造与相对晚抬升有利于气体保存

晚期持续抬升阶段，生烃演化基本停止、是页岩气逸散的主要阶段，页岩气逸散的强度和规模决定了页岩气层含气性。川东-湘鄂西地区五峰组—龙马溪组页岩气层开始持续抬升的起始时间主要在燕山期，不同构造部位存在差异，从盆外到盆内持续抬升的起始时间表现出从早到晚有序递进的特征。图 7-12 展示了彭水武隆和涪陵地区典型井所处的构造部位、距出露区距离、压力系数以及产量情况。距控盆断裂或出露区越远，越有利于页岩气保存，一般应至少大于 3~5 km。主要发育 6 种典型的构造样式，盆缘带主要为宽缓箱状断背斜、断鼻、单斜及断背斜-断鼻复合型，盆地内主要发育高陡背斜型，盆外主要发育残留向斜型。不同构造样式地层褶皱变形、断裂发育程度、倾角、剥蚀程度、横向渗流和扩散作用存在差异。勘探实践表明盆缘宽缓箱状背斜型构造样式更有利于页岩气富集保存，其次为鼻状构造（冯动军等，2021）。对于盆外的广大地区来说，宽缓的残留向斜是相对有利的构造类型，如有逆断层侧向封堵则更优。

从彭水-武隆-南川-涪陵地区典型井五峰组—龙马溪组岩芯裂缝发育程度上，也可以

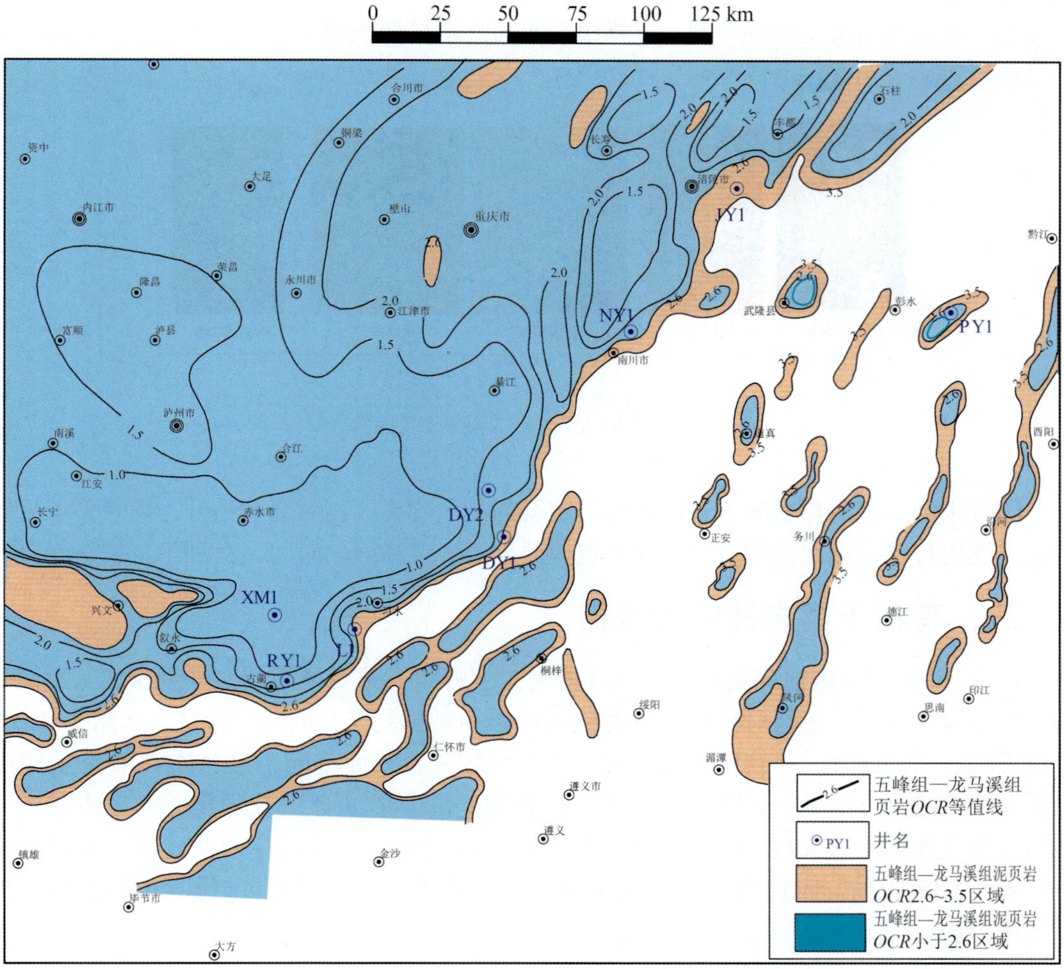

图 7-11 彭水及邻区龙马溪组超固结比（*OCR*）等值线图

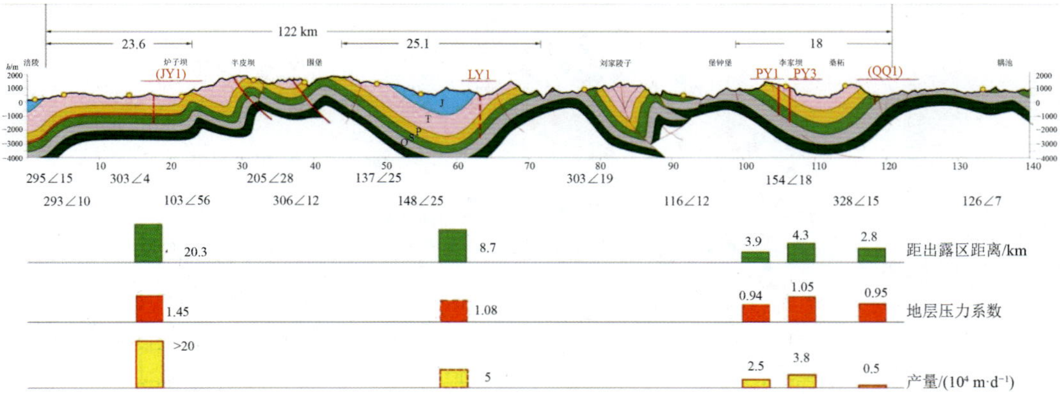

图 7-12 彭水-涪陵地区构造与页岩气特征模式图

明显地看出构造变形的差异（图7-13），由南东往北西方向，从盆缘到盆内，受雪峰山晚印支期—燕山期递进变形的影响，五峰组—龙马溪组裂缝表现出数量逐渐减少，产状逐渐变缓的特点，表明保存条件逐渐变好。

图7-13　彭水-涪陵地区构造与页岩气特征

综合来说，远离控盆断裂和出露区，较弱的构造变形，相对晚的抬升，缩短了五峰组—龙马溪组接受构造改造的时间，同时也能减少页岩气逸散的时间，有利于页岩气保存。

三、有利于页岩孔隙的保持

图7-14是川东南地区超压和常压区典型井五峰组—龙马溪组 *TOC* 与孔隙度关系图，为了便于对比分析，参与对比的孔隙度和 *TOC* 含量数据均来自同一实验室，从图7-14上可以看到，不同的井，尽管所处的位置、压力系数和含气性不同，但总体 *TOC* 和孔隙度呈正相关的趋势，但是不同的井斜率不同，表明单位 *TOC* 贡献的孔隙度差异较大，进一步结合含气性和压力系数分析，认为单位 *TOC* 贡献的孔隙度受保存条件（压力系数和总含气量）控制明显，表现为压力系数越大，含气量越高，有利于页岩孔隙空间的保存，反之则不利。

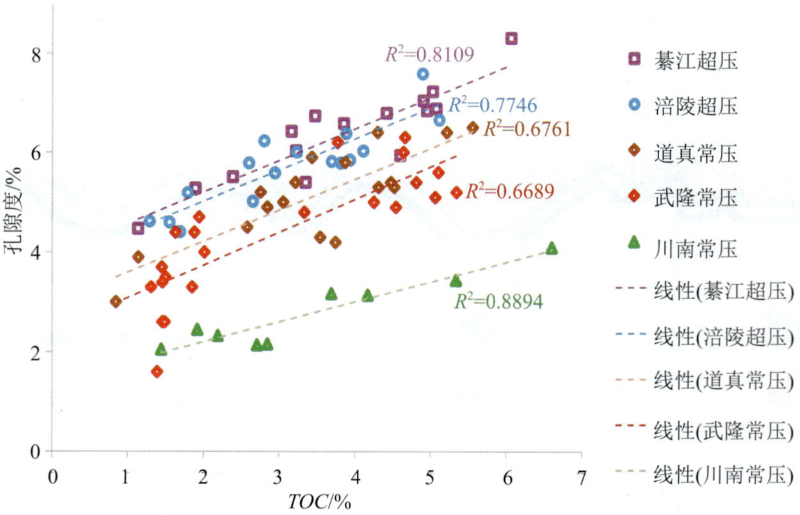

图7-14　川东南地区五峰组—龙马溪组 *TOC* 与孔隙度相关图

图 7-15 上是不同井五峰组—龙马溪组优质页岩段有机孔隙发育特征，可以较为直观地看到，綦江和涪陵超压区，压力系数达到 1.5~1.6，总含气量在参与对比的井中也相对最高，孔隙普遍较圆，孔径大，表明较高的压力和较高的含气性，对孔隙的形态和大小具有明显的保护支撑作用，也间接说明保存条件决定了页岩孔隙（有机孔）能否保持。

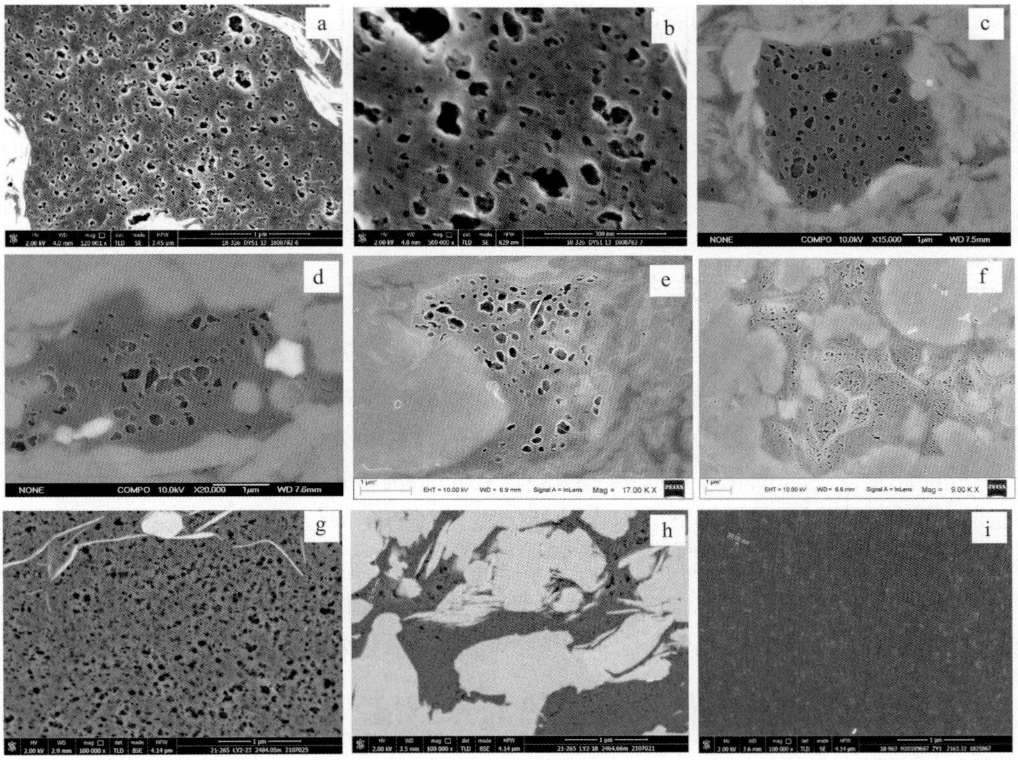

图 7-15　川东南地区典型井五峰组—龙马溪组孔隙发育特征

a—綦江超压区；b—綦江超压区；c—涪陵超压区；d—涪陵超压区；e—道真常压区；f—道真常压区；g—武隆常压区；h—武隆常压区；i—川南常压区

道真地区五峰组—龙马溪组为常压，压力系数 0.9~1.0，相比綦江和涪陵地区来说相对略低，但由于侧向受逆断层遮挡，也表现出较高的含气性，从图 7-15 上可以看到，有机孔的发育程度也较好，孔径较大，形态上较圆，较高的含气量对孔隙具有一定的支撑和保护作用，武隆地区五峰组—龙马溪组压力系数 1~1.1，含气性较好，有机孔的数量和大小也较好。

本书选取的川南常压区典型井，压力系数 0.9~1.0，但含气性相对较低，岩芯观察高角度缝发育，从图 7-15 上看，有机孔普遍孔径小，发育程度较低，部分孔形态较不规则，孔隙发育情况一般，*TOC* 与孔隙度尽管也表现出一定的正相关趋势，但趋势线的斜率相对来说较低，同样也表明保存条件对含气性和压力系数具有明显控制作用，进而控制了孔隙的保持程度。

第四节　复杂构造区页岩气选区评价建议

中国南方地区经历了多期构造改造，广泛发育的寒武系、志留系、二叠系等多套富有机质页岩现今大多赋存于四川盆地外围的残留向斜中，彭水桑柘坪向斜、武隆向斜、道真向斜等构造内实施的页岩气井均表现为常压特征，生产上表现为初期产气低、产量递减慢和单井可采储量小等特征（何希鹏等，2021）。尽管常压页岩气的产量不及超压区，但我们还应该看到复杂构造和富有机质页岩叠置区的面积是广阔的，资源潜力大，中国南方常压页岩气技术可采资源量达 $9.08\times10^{12}\ m^3$（张大伟等，2012），从保障国家能源安全角度来看，加强常压页岩气的勘探选区评价以及低成本开发攻关，具有重要意义。基于常压页岩气地质特征与形成富集主控因素分析，对于复杂构造区页岩气勘探选区评价，有以下三点建议。

一、要更加重视页岩气物质基础的评价

四川盆地外围复杂构造区一般具有抬升相对较早、抬升幅度相对较大、构造改造强度相对较大和埋深相对较浅等特点，相对长时间的改造使得常压区页岩气的总散失量明显大于超压区。海相页岩的生烃品质取决于成烃生物的数量和类型，原始有机质丰度直接影响烃类生成的总量，生烃演化阶段控制了生烃产物的结构，排烃能力决定了滞留烃的数量，进而控制原始页岩气总量。因此在复杂构造区页岩气勘探评价过程中，必须更加重视页岩生烃潜力和排烃效率研究，优选厚度较大、较优成烃生物组合（如较高浮游藻类比例）、较高原始有机碳含量、热演化程度适中、自封闭性较好且相邻地层为致密岩性的富有机质页岩，利用更高的资源丰度来弥补沉降和抬升过程中相对大的页岩气散失量。

二、有必要客观评价页岩的热演化程度

富有机质页岩的热演化程度决定了页岩的生烃总量以及有机质孔的发育规模，是页岩气选区评价的重要指标。对于中国南方下古生界及前寒武系的海相页岩来说，由于页岩中缺乏镜质体，无法获取有效的镜质体反射率（肖贤明等，2020），通常采用的成熟度指标是基于固体沥青反射率换算得到的等效镜质体反射率（多采用丰国秀等在 1988 年提出的换算公式 $R_o=0.3364+0.6569R_b$）。对于富含笔石体的五峰组—龙马溪组来说，较多的学者还开展了笔石体反射率来研究页岩的热演化程度。无论是固体沥青反射率和笔石体反射率均受来源、颗粒大小及光学各向异性的制约（Schoenherr et al.，2007；Suárez-Ruiz et al.，2012；Sanei et al.，2015），非粒状笔石表皮来源单一、颗粒较大、特征明显，相比较于固体沥青更适合反射率测试，其随机反射率换算为等效镜质体反射率是一个实用的成熟度指标，为下古生界有机质成熟度提供了可信的参考。近年来，沉积岩中有机质的显微激光拉曼光谱参数在烃源岩成熟度评价中逐渐得到应用，肖贤明等（2020）针对页岩全岩样品的矿物-有机质复合体（MOA）激光拉曼光谱开展了系统研究，并建立了高-过成熟度页岩热演化程度判别方法，王民等（2016）则建立了基于激光拉曼的有机质成熟度模型而不需要区分显微组分，更加适合于分散有机质热演化程度的定量表征，有效地解决了镜质组缺少、镜质体反射率抑制和显微组分难以区分导致的常规热演化程度难以评价或

评价结果不可靠的问题 。

目前在页岩气勘探评价实践中，镜质体反射率/沥青反射率仍然是热成熟度的常规分析测试手段，对于存在镜质体/沥青反射率异常的地层，应加强其他方法的对比研究，进一步论证页岩的热演化程度。对于非海相地层而言，也可以利用页岩气目的层上下煤系地层（如龙潭组）镜质体反射率作为约束，客观地判断热演化程度这一重要的页岩气评价指标。

三、要结合生排滞过程以及赋存状态，动态评价页岩气的保存条件

对比常压区彭水武隆和超压区涪陵地区的龙马溪组页岩，二者的静态生烃评价指标如有机质丰度、有机质类型以及成熟度基本是相似的，但是追溯地史演化阶段，在早期持续深埋和后期抬升改造过程中，二者的生-排-滞烃过程具有明显差异，主要表现在生-排油期二者所处的构造环境不同。生-排油期构造改造强度较大，页岩易发生微破裂，孔隙结构遭到破坏，页岩自封闭性随之降低，增大了排烃（油）效率。对于以龙马溪组为代表的海相页岩气来说，生烃、排烃以及滞留机制决定了页岩气的原始总量，也就是说早期滞留油量的多少直接决定了现今页岩含气性的贫富。因此在四川盆地外围页岩气选区评价过程中，需要加强对构造变形时序以及改造强度的研究，在富有机质页岩生烃演化史研究基础上，动态评价页岩气的保存条件，优选页岩排油期构造变形相对较弱的地区。

不同的地层埋藏条件下，页岩气的赋存方式具有明显差异，对于自身特征相似（有机质类型、有机质丰度、有机质成熟度、矿物组成、含水饱和度等）的页岩目的层来说，埋藏深度越大，页岩所处位置的温度和压力越高，吸附能力越低，游离态页岩气的比例越高，对保存条件的要求也就更加苛刻；反之则吸附能力强，具有较强的抗改造能力。因此评价页岩气的保存条件时，还应结合埋藏条件下的气体赋存状态来进行综合判别。

参 考 文 献

四川油气区(中国石化)编纂编员会. 2022. 中国石油地质志“卷十三”四川油气区　中国石化 [M]. 北京: 石油工业出版社.

鲍云杰, 邓模, 翟常博, 等. 2014. 煤心损失气量计算方法在页岩气中应用的适用性分析 [J]. 中国煤炭地质, 26(04): 22-24.

鲍云杰, 邓模, 翟常博, 等. 2016. 页岩对甲烷的吸附作用及其固气效应初步研究——以渝东南残留向斜为例[J]. 石油实验地质, 38(04): 509-513.

蔡勋育, 刘金连, 张宇, 等. 2021. 中国石化“十三五”油气勘探进展与“十四五”前景展望 [J]. 中国石油勘探, 26(01): 31-42.

蔡勋育, 赵培荣, 高波, 等. 2021. 中国石化页岩气“十三五”发展成果与展望 [J]. 石油与天然气地质, 42(01): 16-27.

曹涛涛, 邓模, 刘虎, 等. 2018. 可溶有机质对泥页岩储集物性的影响 [J]. 岩性油气藏, 30(03): 43-51.

曹涛涛, 邓模, 罗厚勇, 等. 2018. 下扬子地区中上二叠统页岩有机孔发育特征 [J]. 石油实验地质, 40(03): 315-322+396.

曹涛涛, 刘光祥, 曹清古, 等. 2018. 有机显微组成对泥页岩有机孔发育的影响——以川东地区海陆过渡相龙潭组泥页岩为例 [J]. 石油与天然气地质, 39(01): 40-53.

陈建平, 孙永革, 钟宁宁, 等. 2014. 地质条件下湖相烃源岩生排烃效率与模式 [J]. 地质学报, 88(11): 2005-2032.

陈孔全, 张斗中, 庹秀松. 2020. 中扬子地块西部地区结构构造与页岩气保存条件的关系 [J]. 天然气工业, 40(04): 9-19.

谌志远. 2019. 南方海相页岩气散失控制因素研究 [D]. 北京: 中国石油大学(北京).

崔景伟, 朱如凯, 崔京钢. 2013. 页岩孔隙演化及其与残留烃量的关系: 来自地质过程约束下模拟实验的证据 [J]. 地质学报, 87(05): 730-736.

邓模, 段新国, 翟常博, 等. 2020. 页岩热模拟过程中液态烃含量变化及对物性的影响[J]. 石油与天然气地质, 41(06): 1310-1320.

邓模, 翟常博, 杨振恒, 等. 2021. 低成熟海相黑色页岩生烃特征的热模拟实验[J]. 科学技术与工程, 21(01): 130-137.

邓模, 吕俊祥, 潘文蕾, 等. 2009. 鄂西渝东区油气保存条件分析[J]. 石油实验地质, 31(02): 202-206

丁道桂, 郭彤楼, 翟常博, 等. 2005. 鄂西-渝东区膝折构造[J]. 石油实验地质, 27(03): 205-210

范小林, 翟常博, 邓模. 2006. 中新生代构造运动在南方海相油气勘探中的意义[J]. 石油实验地质, 28(06): 539-543

冯动军, 胡宗全, 李双建, 等. 2021. 川东盆缘带龙马溪组关键保存要素对页岩气富集的控制作用 [J]. 地质论评, 67(01): 144-158.

高键, 李慧莉, 何治亮, 等. 2022. 渝东彭水地区常压页岩气压力演化与富集保存[J]. 天然气工业, 42(08): 124-135.

郭洪金. 2020. 涪陵海相页岩气富集及高产机理 [M]. 北京: 科学出版社.

郭洪金. 2020. 页岩气地质评价技术与实践 [M]. 北京: 中国石化出版社.

郭秋麟, 陈晓明, 宋焕琪, 等. 2013. 泥页岩埋藏过程孔隙度演化与预测模型探讨[J]. 天然气地球科学, 24(03): 439-449.

郭彤楼. 2016. 涪陵页岩气田发现的启示与思考 [J]. 地学前缘, 23(01): 29-43.

郭彤楼, 刘若冰. 2013, 复杂构造区高演化程度海相页岩气勘探突破的启示——以四川盆地东部盆缘 JY1 井为例[J]. 天然气地球科学, 24(04): 643-651.

郭彤楼, 曾萍. 2017. 复杂构造区页岩气地质特征、资源潜力与成藏关键因素 [M]. 北京: 科学出版社.

郭彤楼, 张汉荣. 2014. 四川盆地焦石坝页岩气田形成与富集高产模式[J]. 石油勘探与开发, 41(01): 28-36.

郭伟, 王玉满, 刘洪林, 等. 2020. 页岩气优质储层形成机制与定量表征[M]. 北京: 石油工业出版社.

郭旭升. 2014. 涪陵页岩气田焦石坝区块富集机理与勘探技术 [M]. 北京: 科学出版社.

郭旭升, 蔡勋育, 刘金连, 等. 2021. 中国石化“十三五”天然气勘探进展与前景展望 [J]. 天然气工业, 41(08): 12-22.

郭旭升, 郭彤楼, 魏志红, 等. 2012. 中国南方页岩气勘探评价的几点思考[J]. 中国工程科学, 14(06): 101-105+112.

郭旭升, 胡东风, 李宇平, 等. 2017. 涪陵页岩气田富集高产主控地质因素[J]. 石油勘探与开发, 44(4): 481-491

郭旭升, 李宇平, 腾格尔, 等. 2020. 四川盆地五峰组—龙马溪组深水陆棚相页岩生储机理探讨 [J]. 石油勘探与开发,

47(01)：193-201.
郭旭升，赵永强，申宝剑，等. 2022. 中国南方海相页岩气勘探理论：回顾与展望［J］. 地质学报，96(01)：172-182.
何贵松，何希鹏，高玉巧，等. 2019. 低勘探程度区常压页岩气保存条件定量分析方法［P］. 中国专利：CN110245855A.
何贵松，何希鹏，高玉巧，等. 2019. 基于三因素控气的常压页岩气富集高产目标优选方法［P］. 中国专利：CN110242289A.
何希鹏. 2021. 四川盆地东部页岩气甜点评价体系与富集高产影响因素［J］. 天然气工业，41(01)：59-71.
何希鹏，高玉巧，何贵松，等. 2021. 渝东南南川页岩气田地质特征及勘探开发关键技术［J］. 油气藏评价与开发，11(03)：305-316.
贺儒良，贾望鲁，彭平安. 2018. 排-留烃过程对富有机质页岩纳米孔隙发育影响的热模拟实验研究［J］. 地球化学，47(05)：575-585.
胡东风，张汉荣，倪楷，等. 2014. 四川盆地东南缘海相页岩气保存条件及其主控因素［J］. 天然气工业，34(06)：17-23.
黄磊. 2013. 彭水-南川地区龙马溪组页岩气资源潜力及经济评价［D］. 北京：中国地质大学(北京).
黄文明，刘树根，马文辛，等. 2011. 川东南-鄂西渝东地区下古生界页岩气勘探前景［J］. 地质通报，30(Z1)：364-371.
姜本鸿，韩庆之. 1993. 川东南地区地温场形成的地质背景及温泉形成模式探讨——以四川彭水长溪坝址区温泉为例［J］. 现代地质，(04)：485-494.
姜振学，杨威，罗群，等. 2021. 四川盆地及周缘五峰组-龙马溪组页岩气藏成藏要素匹配效应与综合评价［M］. 北京：石油工业出版社.
蒋恕，李醇，陈国辉，等. 2022. 中美常压页岩气赋存状态及其对可动性与产量的影响——以彭水和阿巴拉契亚为例［J］. 油气藏评价与开发，12(03)：399-406.
金之钧，袁玉松，刘全有，等. 2012. J_3-K_1 构造事件对南方海相源盖成藏要素的控制作用［J］. 中国科学：地球科学，42(12)：1791-1801.
雷裕红，王晖，罗晓容，等. 2016. 鄂尔多斯盆地张家滩页岩液态烃特征及对页岩气量估算的影响［J］. 石油学报，37(08)：952-961.
李东海，姚红生，何希鹏，等. 2022. 复杂构造区常压页岩气地质理论与资源潜力［M］. 北京：地质出版社.
李东晖，聂海宽. 2019. 一种考虑气藏特征的页岩含气量计算方法——以四川盆地及其周缘焦页 1 井和彭页 1 井为例［J］. 石油与天然气地质，40(06)：1324-1332.
李恒超，刘大永，彭平安，等. 2017. 人工熟化过程中可溶有机质对页岩孔隙特征的影响［J］. 地球化学，46(05)：466-475.
李双建，李建明，周雁，等. 2011. 四川盆地东南缘中新生代构造隆升的裂变径迹证据［J］. 岩石矿物学杂志，30(02)：225-233.
李双建，袁玉松，孙炜，等. 2016. 四川盆地志留系页岩气超压形成与破坏机理及主控因素［J］. 天然气地球科学，27(05)：924-931.
李武广，杨胜来，徐晶，等. 2012. 考虑地层温度和压力的页岩吸附气含量计算新模型［J］. 天然气地球科学，23(04)：791-796.
李新，冀昆，方朝强，等. 2015. 储层条件下页岩样品吸附潜力预测模型［J］. 西北大学学报(自然科学版)，45(03)：440-444.
梁兴，徐政语，张朝，等. 2020. 昭通太阳背斜区浅层页岩气勘探突破及其资源开发意义［J］. 石油勘探与开发，47(01)：11-28.
刘国恒，黄志龙，姜振学，等. 2015. 湖相页岩液态烃对页岩吸附气实验的影响——以鄂尔多斯盆地延长组页岩为例［J］. 石油实验地质，37(05)：648-653+659.
龙鹏宇，张金川，唐玄，等. 2011. 泥页岩裂缝发育特征及其对页岩气勘探和开发的影响［J］. 天然气地球科学，22(03)：525-532.
卢庆治，马永生，郭彤楼，等. 2007. 鄂西-渝东地区热史恢复及烃源岩成烃史［J］. 地质科学，(01)：189-198.
马永生，黎茂稳，蔡勋育，等. 2020. 中国海相深层油气富集机理与勘探开发：研究现状、关键技术瓶颈与基础科学问题［J］. 石油与天然气地质，41(04)：655-672+683.
梅廉夫，刘昭茜，汤济广，等. 2010. 湘鄂西-川东中生代陆内递进扩展变形：来自裂变径迹和平衡剖面的证据［J］. 地球科学(中国地质大学学报)，35(02)：161-174.
聂海宽，包书景，高波，等. 2012. 四川盆地及其周缘下古生界页岩气保存条件研究［J］. 地学前缘，19(03)：280-294.

聂海宽，边瑞康，张培先，等. 2014. 川东南地区下古生界页岩储层微观类型与特征及其对含气量的影响[J]. 地学前缘，21(04)：331-343.
潘磊，陈桂华，徐强，等. 2013. 下扬子地区二叠系富有机质泥页岩孔隙结构特征 [J]. 煤炭学报，38(05)：787-793.
秦建中，申宝剑，陶国亮，等. 2014. 优质烃源岩成烃生物与生烃能力动态评价 [J]. 石油实验地质，36(04)：465-472.
秦建中，申宝剑，腾格尔，等. 2013. 不同类型优质烃源岩生排油气模式 [J]. 石油实验地质，35(02)：179-186.
申宝剑，秦建中，冯丹，等. 2017. 烃源岩有机碳含量与生排油效率动态评价 [J]. 石油实验地质，39(04)：505-510.
申宝剑，仰云峰，腾格尔，等. 2016. 四川盆地焦石坝构造区页岩有机质特征及其成烃能力探讨——以焦页 1 井五峰—龙马溪组为例 [J]. 石油实验地质，38(04)：480-488+495.
汤济广，汪凯明，秦德超，等. 2021. 川东南南川地区构造变形与页岩气富集 [J]. 地质科技通报，40(05)：11-21.
陶成，翟常博，俞凌杰，等. 2020. 页岩释气过程中碳同位素的分馏特征[J]. 石油实验地质，42(01)：113-116.
腾格尔，陶成，胡广，等. 2020. 排烃效率对页岩气形成与富集的影响 [J]. 石油实验地质，42(03)：325-334+344.
王东，王国芝，刘树根. 川东南地区燕山期以来的隆升剥蚀历史研究[J]. 四川地质学报，2009，29(01)：5-7+10.
王东良，张英，卢双舫，等. 2012. 烃源岩过成熟阶段生气潜力的实验室模拟 [J]. 沉积学报，30(06)：1172-1179.
王民，Li Z S. 2016. 激光拉曼技术评价沉积有机质热成熟度 [J]. 石油学报，37(09)：1129-1136.
王庆，宁正福，张睿，等. 2015. 基于吸附势理论的页岩气藏吸附平衡预测 [J]. 新疆石油地质，36(03)：308-312.
王玉满，董大忠，程相志，等. 2014. 海相页岩有机质碳化的电性证据及其地质意义——以四川盆地南部地区下寒武统筇竹寺组页岩为例 [J]. 天然气工业，34(08)：1-7.
魏祥峰，李宇平，魏志红，等. 2017. 保存条件对四川盆地及周缘海相页岩气富集高产的影响机制 [J]. 石油实验地质，39(02)：147-153.
魏志红，魏祥峰. 2014. 页岩不同类型孔隙的含气性差异——以四川盆地焦石坝地区五峰组—龙马溪组为例[J]. 天然气工业，34(06)：37-41.
吴航. 2019. 川东地区中-新生代构造隆升过程研究 [D]. 北京：中国石油大学(北京).
吴娟，陈学忠，刘文平，等. 2022. 川南五峰组—龙马溪组页岩流体活动及压力演化过程 [J]. 地球科学，47(02)：518-531.
武景淑，于炳松，张金川，等. 2013. 渝东南渝页 1 井下志留统龙马溪组页岩孔隙特征及其主控因素[J]. 地学前缘，20(03)：260-269.
肖青波，张茂林，王永胜，等. 2014. 高于临界温度的页岩吸附甲烷数据预测 [J]. 石油化工应用，33(12)：64-65+84.
肖贤明，周秦，程鹏，等. 2020. 高-过成熟海相页岩中矿物-有机质复合体(MOA)的显微激光拉曼光谱特征作为成熟度指标的意义 [J]. 中国科学：地球科学，50(09)：1228-1241.
熊健，梁利喜，刘向君，等. 2014. 基于吸附势理论的页岩对甲烷吸附特性 [J]. 科技导报，32(17)：19-22.
熊健，刘向君，梁利喜. 2015. 页岩中甲烷虚拟饱和蒸汽压的计算方法研究 [J]. 西南石油大学学报(自然科学版)，37(04)：90-100.
徐旭辉，高长林，江兴歌，等. 2009. 中国含油气盆地动态分析概论 [M]. 北京：石油工业出版社.
杨兆彪，秦勇，高弟，等. 2011. 超临界条件下煤层甲烷视吸附量、真实吸附量的差异及其地质意义 [J]. 天然气工业，31(04)：13-16+122.
杨振恒，魏志红，何文斌，等. 2017. 川东南地区五峰组—龙马溪组页岩现场解吸气特征及其意义 [J]. 天然气地球科学，28(01)：156-163.
杨振恒;翟常博;邓模，等. 2019. 彭水及邻区五峰—马溪组成烃生物特征及意义 [J]. 油气藏评价与开发，09(05)：40-44+62.
俞凌杰，范明，腾格尔，等. 2016. 埋藏条件下页岩气赋存形式研究[J]. 石油实验地质，38(04)：438-444+452
袁玉松，孙冬胜，周雁，等. 2010. 四川盆地川东南地区“源—盖”匹配关系研究[J]. 地质论评，56(06)：831-838.
翟常博. 邓模，曹清古，等. 2021. 川东地区上二叠统龙潭组泥页岩基本特征及页岩气勘探潜力[J]. 石油实验地质，43(06)：921-932.
张大伟，李玉喜，张金川，等. 2012. 全国页岩气资源潜力调查评价 [M]. 北京：地质出版社.
张海涛，张颖，何希鹏，等. 2018. 渝东南武隆地区构造作用对页岩气形成与保存的影响 [J]. 中国石油勘探，23(05)：47-56.
张昆. 2019. 复杂构造背景海相页岩气保存机理与评价方法 [D]. 北京：中国石油大学(北京).
张晓明，石万忠，徐清海，等. 2015. 四川盆地焦石坝地区页岩气储层特征及控制因素 [J]. 石油学报，36(08)：926-

939+953.
郑和荣，胡宗全. 2000. 中国前中生代构造层序-岩相古地理图集［M］. 北京：地质出版社.
郑伦举，秦建中，张渠，等. 2008. 中国海相不同类型原油与沥青生气潜力研究[J]. 地质学报，82(03)：360-365.
周雁. 1999. 湘鄂边区断裂构造特征及其油气地质意义[J]. 海相油气地质，(04)：31-38.
周圆圆，吉珍娃，申宝剑，等. 2017. 成烃生物对页岩含气性影响控制因素研究进展[J]. 矿物岩石地球化学通报，36(02)：332-338.
Charpentier R R, et al. 1993. Estimates of unconventional natural gas resources of the Devonian Shales of the Appalachian Basin [M]. Petroleum geology of the Devonian and Mississippian black shale of eastern North America.
Daniel M J, Ronald J H, Tim E R, et al. Pollastro. 2007. Unconventional shale-gas systems: The Mississippian Barnett Shale of north-central Texas as one model for thermogenic shale-gas assessment[J]. AAPG Bulletin, 91 (4): 475-499.
Ewing T E. 2006. Mississippian Barnett Shale, Fort Worth basin, north-central Texas: Gas-shale play with multi-trillion cubic foot potential: Discussion [J]. AAPG Bulletin, 90 (6): 963-966.
Jarvie D M. 2014. Components and processes affecting producibility and commerciality of shale resource systems [J]. Geologica Acta, 12 (4): 307-325.
Jr Perry W J, Wallace L G. 1975. Oil and gas data from Devonian and Silurian rocks in the appalachian basin[R].
Kinley T J, Cook L W, Breyer J A, et al. 2008. Hydrocarbon potential of the Barnett Shale (Mississippian), Delaware Basin, west Texas and southeastern New Mexico [J]. AAPG Bulletin, 92 (8): 967-991.
Ko L, Loucks R, Zhang T, et al. 2016. Pore and pore network evolution of Upper Cretaceous Boquillas (Eagle Ford-equivalent) mudrocks: Results from gold tube pyrolysis experiments [J]. AAPG Bulletin, 100 (1-11): 1693-1722.
Loucks R G, Ruppel S C. 2007. Mississippian Barnett Shale: Lithofacies and depositional setting of a deep-water shale-gas succession in the Fort Worth Basin, Texas [J]. AAPG Bulletin, 91 (4): 579-601.
Luo Q, Fariborz G, Zhong N, et al. 2020. Graptolites as fossil geo-thermometers and source material of hydrocarbons: An overview of four decades of progress [J]. Earth-Science Reviews, 200: 103000.
Martini A M, Walter L M, Mcintosh J C. 2015. Identification of microbial and thermogenic gas components from Upper Devonian black shale cores, Illinois and Michigan basins [J]. AAPG Bulletin, 92 (3): 327-339.
Merkel A, Fink R, Littke R. 2015. The role of pre-adsorbed water on methane sorption capacity of Bossier and Haynesville shales[J]. International Journal of Coal Geology, 147-148: 1-8.
Rodriguez N D, Philp R P. 2010. Geochemical characterization of gases from the Mississippian Barnett Shale, Fort Worth Basin, Texas [J]. AAPG Bulletin, 94 (11): 1641-1656.
Sanei H, Haeri-Ardakani O, Wood J M, et al. 2015. Effects of nanoporosity and surface imperfections on solid bitumen reflectance (BRo) measurements in unconventional reservoirs [J]. International Journal of Coal Geology, 138: 95-102.
Schoenherr J, Littke R, Urai J L, et al. 2007. Polyphase thermal evolution in the Infra-Cambrian Ara Group (South Oman Salt Basin) as deduced by maturity of solid reservoir bitumen [J]. Organic Geochemistry, 38 (8): 1293-1318.
Strapo D, Mastalerz M, Schimmelmann A, et al. 2010. Geochemical constraints on the origin and volume of gas in the New Albany Shale (Devonian-Mississippian), eastern Illinois Basin [J]. Bookbird World of Childrens Books, 94 (11): 32-34.
Suárez-Ruiz I, Flores D, Filho J, et al. 2012. Review and update of the applications of organic petrology: Part 2, geological and multidisciplinary applications [J]. International Journal of Coal Geology, 98 (none): 73-94.
Yang C, Ni Z, Li M, et al. 2018. Pyrobitumen in South China: Organic petrology, chemical composition and geological significance [J]. International Journal of Coal Geology, 188 51-63.
Zhang S, He K, Hu G, et al. 2018. Unique chemical and isotopic characteristics and origins of natural gases in the Paleozoic marine formations in the Sichuan Basin, SW China: Isotope fractionation of deep and high mature carbonate reservoir gases [J]. Marine and Petroleum Geology, 89: 68-82.